Bildmanipulation

Oliver Deussen

Bildmanipulation

Wie Computer unsere Wirklichkeit verzerren

Prof. Dr. Oliver Deussen
Fachbereich Informatik und Informationswissenschaft
Universität Konstanz
E-mail: Oliver.Deussen@uni-konstanz.de

Bibliografische Information der Deutschen Nationalbibliothek
Die Deutsche Nationalbibliothek verzeichnet diese Publikation in der Deutschen Nationalbibliografie; detaillierte bibliografische Daten sind im Internet über http://dnb.d-nb.de abrufbar.

Springer ist ein Unternehmen der Springer Science+BusinessMedia
Springer.de

Spektrum Akademischer Verlag ist ein Imprint von Springer

07 08 09 10 11 5 4 3 2 1

Planung und Lektorat: Dr. Andreas Rüdinger, Bianca Alton
Herstellung: Katrin Frohberg
Umschlaggestaltung: WSP Design, Heidelberg unter Verwendung einer Aufnahme von Andreas Depping, http://www.depping-design.de
Titelfotografie:
Fotos/Zeichnungen:
Satz: Autorensatz
Druck und Bindung: Stürz GmbH, Würzburg

Printed in Germany

ISBN 978-3-8274-1900-2

Vorwort

Als Computergrafiker arbeite ich seit vielen Jahren an Verfahren, um täuschend echte Bilder mit dem Computer zu erzeugen. Zusammen mit der Industrie sind meine Kollegen und ich inzwischen sehr weit gekommen. In vielen Filmen und Werbungen sieht der Zuschauer gar nicht mehr, dass es sich um rein synthetische Bilder handelt oder um eine Mischung aus echtem und künstlichem Material. Viele moderne Kinofilme konnten nur mithilfe der Computergrafik entstehen, so etwa Comicsverfilmungen wie *Superman*, *Spiderman* oder *Catwoman* – oder denken Sie an den Film *Matrix*.

Das mag unterhaltend sein, doch werden Bilder in unserer bildorientierten Gesellschaft immer wieder auch zur Beeinflussung eingesetzt. In diesem Buch möchte ich daher zeigen, wie Computergrafiken entstehen und warum wir sie so oft als „echt" empfinden. Ich werde die vielfältigen neuen Manipulationsmöglichkeiten für digitale Bilder beschreiben, die uns die Technik beschert. Wir werden sehen, dass der Sehvorgang im Auge wesentlich komplexer ist als wir annehmen und eigentlich schon hier die Schwierigkeiten beginnen. Ein Streifzug wird uns durch die Geschichte der Bild- und Fotofälschung führen und mit manipulierten Filmsequenzen enden.

Die Datenvisualisierung bietet ebenfalls reiche Manipulationsmöglichkeiten, in vielen Printmedien finden sich Diagramme und Schaubilder, die falsche Sachverhalte vortäuschen. Selbst mit einer unbearbeiteten Fotografie kann man auf schönste Weise manipulieren, wenn man sie nur richtig aufnimmt. Wie schützt man sich gegen solcherlei Beeinflussung? Man muss wissen, wie es funktioniert – hierfür soll das Buch eine Hilfe sein.

Mein Dank geht an alle, die mich beim Schreiben des Buches unterstützt haben. Meine Frau Maria ist immer erste Leserin und zugleich die kritischste. Außerdem haben mitgeholfen beim „Debugging": Dr. Irmtraud Röhlig, Daniela Oelke sowie Dr. Andreas Rüdinger, Bianca Alton und Regine Zimmerschied vom Verlag.

Dank auch für die Hilfe bei der Beschaffung von Bildbeispielen an Daniela Oelke, Christian Rohrdantz, Eduard Schibrowski. Prof. Heidrun Schumann und Christian Tominski haben mich bei Farbskalen und deren Anwendung unterstützt. Mein spezieller Dank gilt auch allen anderen Personen, die Bildmaterial beigesteuert haben; im Abbildungsnachweis sind Autoren und Bildgeber genannt.

Inhalt

1 Bildmanipulation

Einleitung

Man ist nicht automatisch gewappnet gegen Bildmanipulation, wenn man dieses Buch gelesen hat. Hat man aber eine Ahnung von den technischen Möglichkeiten, so stutzt man wenigstens öfter bei der Betrachtung und weiß, was alles machbar ist. Ich werde Sie in den folgenden Kapiteln durch eine Reihe verschiedener Forschungsfelder führen, angefangen von der Kognitiven Psychologie über Computergrafik und Visualisierung bis hin zur Bildwissenschaft. Der kritische Umgang mit Bildmedien soll dabei im Mittelpunkt stehen. Als Informatiker möchte ich das Gebiet aber nicht philosophisch oder soziologisch behandeln, sondern aus einem technischen Blickwinkel heraus Möglichkeiten, Gefahren und Trends moderner Bildmedien aufzeigen. Auf der anderen Seite möchte ich Ihnen meine Faszination für die Arbeit mit Bildern vermitteln, neben aller Spielerei eröffnet sie auch vielerlei Einblicke in die Grundlagen unserer Wahrnehmung.

Am Anfang steht daher ein Kapitel über den Sehvorgang; es beschreibt das Entstehen eines Bildes vom Auftreffen der Lichtstrahlen auf die Netzhaut bis zum Erkennen im Gehirn. Vielleicht erinnern Sie sich aus der Schule noch an die Stäbchen und Zapfen, mit denen wir Helligkeit und Farben wahrnehmen. Das mag ein alter Hut sein, die moderne Forschung hat aber viele neue Erkenntnisse über diesen Aspekt des Sehens gewonnen. Informatiker haben überdies versucht, den Computern das Sehen beizubringen, und sind nach vielen Rückschlägen sogar zu brauchbaren Teillösungen gekommen. Es ist aber auch eine große Ehrfurcht vor den Leistungen des Gehirns entstanden, da vieles selbst mit den besten Rechnern heute noch nicht funktioniert, was wir als selbstverständlich empfinden.

Allerdings machen wir beim Sehen viele unbewusste Annahmen, um uns ohne große Anstrengung in der Welt zurechtzufinden. Wir sehen Dinge, die es überhaupt nicht gibt, und übersehen vieles, wenn wir uns auf Details konzentrieren. Andauernd assoziieren wir das Gesehene mit bereits Bekanntem unter Zuhilfenahme unseres Weltbilds und sind deshalb laufend in der Gefahr, Wesentliches zu übersehen. Diejenigen, die sich damit auskennen – wie etwa die Fachleute der Werbebranche – sind in der Lage, unser Weltbild zu formen, und verwenden visuelle Effekte für ihre Zwecke. Viele Dinge sehen wir nicht bewusst, aber sie werden doch aufgenommen, und das lässt sich ausnutzen.

Im ersten Kapitel möchte ich Sie davon überzeugen, wie komplex selbst einfache Sehvorgänge sind; danach werden wir uns der Technik zuwenden und uns mit der analogen und digitalen Bilderzeugung durch Fotoapparat und Computer beschäftigen. Schon mit den ersten Fotos entstanden Verfahren zu ihrer Bearbeitung. Die digitale Bildverarbeitung macht das heute einerseits viel einfacher, sie eröffnet aber andererseits auch faszinierende neue Möglichkeiten. Hier wird es dann auch Zeit, über Begriffe wie „Realität“ und „Fotorealismus“ zu sprechen. So könnte es im Zusammenhang mit Fotografie in der Zukunft möglich sein, einen „Moment“ einzufangen anstatt der physikalischen Realität eines Augenblicks. Meine Kollegen Michael Cohen und Richard Szeliski vertreten diese Ansicht und entwickeln bei Microsoft Research Methoden, solche Momente mit modernen digitalen Fotoapparaten aufzunehmen: etwa ein Gruppenbild, bei dem immer alle lächeln, oder ein Panorama, welches automatisch in der Kamera entsteht, während man seine Umgebung fotografiert.

Fotorealismus spielt auch in der Computergrafik eine wichtige Rolle. Schließlich haben sich Forscher seit nunmehr 40 Jahren bemüht, den Fotoapparat nachzuahmen und entsprechende Bilder zu erzeugen. Hier wird alles im Rechner simuliert: Man erzeugt eine virtuelle Kamera sowie virtuelle Lichtquellen und mathematische Objekte, die von ihnen beleuchtet werden. Die Methoden sind inzwischen so ausgefeilt, dass praktisch alle physikalischen Vorgänge simuliert werden können. Zunehmend nimmt man aber auch fotografisches Material und verwendet somit Realbilder zur Erzeugung von neuen Computerbildern. Die Ergebnisse sehen damit noch realistischer aus und lassen sich auch leichter mit weiterem Material verschmelzen, etwa den immer noch menschlichen Schauspielern im Film. Auf diese Weise wachsen Computergrafik und digitale Bildverarbeitung zusammen. In vielen Fällen werden ähnliche Verfahren verwendet, um Bilder zu analysieren oder synthetisch zu erzeugen.

Viele Darstellungen entstehen heute auch durch die Methoden der Visualisierung: Hierbei handelt es sich um ein relativ junges Forschungsgebiet, bei dem alle möglichen Daten in abstrakte Darstellungen umwandelt werden. Die Bilder sollen helfen, in den Daten Zusammenhänge und Muster zu finden, die man sonst nicht erkennen könnte. Insbesondere bei den großen Datenmengen, die in vielen Firmen und Institutionen entstehen, kann das ein wichtiges Hilfsmittel sein. Beispiele sind Telekommunikations- und Finanzdaten sowie Daten der öffentlichen Hand. Leider ergeben sich mit der Technik auch vielfältige Manipulationsmöglichkeiten. So macht man aus denselben Daten durch unterschiedliche Farbgebung und Auswahl von Parametern ein positives oder ein erschreckendes Bild. Das begegnet uns auch im Alltag: Oft wird mit Diagrammen und Schaubildern gelogen.

Nach den technischen Fragestellungen kehren wir im letzten Teil des Buches zurück zu den grundsätzlichen Fragen. Ich möchte den Begriff des Fotorealismus noch einmal aufgreifen: Viele bekannte Bilder sind gar keine Abbilder der Realität, sondern wurden inszeniert oder entstanden erst durch die Anwesenheit des Fotografen. Kennen Sie das Bild vom Vietcong mit der Pistole am Kopf kurz vor seinem Tod? Heute weiß man, dass dieser Mord nur stattfand, weil der Offizier dem Fotografen ein Exempel statuieren wollte. Das Bild wurde zum Symbol für die Grausamkeit des Vietnamkrieges, aber um welchen Preis!

In vielen Fällen berühren uns Fotografien ganz besonders, weil sie eine tiefe Bildsymbolik enthalten. Denken wir an den 11. September 2001: Der brennende Turm ist ein uraltes Symbol, das sich vom Turmbau zu Babel mit seinen Folgen in vielen Geschichten erhalten hat. Neben dem schrecklichen faktischen Inhalt löst das Bild auch deshalb in uns Ängste aus – und war damit eine perfekte Inszenierung des Horrors. Ich werde Ihnen weitere Bildsymbole beschreiben, Sie werden sie dann in aktuellen Bildern wiederfinden.

Nicht fehlen darf in diesem Zusammenhang die Frage nach den Möglichkeiten zur automatischen Aufdeckung von Bildmanipulationen durch technische Verfahren. Hier gibt es Forschungsanstrengungen, die es ermöglichen, sogar schwer wahrzunehmende Veränderungen an den statistischen Eigenschaften der Bilder abzulesen. Die Ergebnisse können strafrechtliche Relevanz bekommen, da sich viele Prozesse um Bildmanipulationen drehen – beispielsweise in der Boulevardpresse.

Bildmedien nehmen einen großen Raum in unserer Gesellschaft ein. Die ARD-Langzeitstudie zum Medienkonsum ermittelt in deutschen Haushalten einen durchschnittlichen Fernsehkonsum der Erwachsenen von über vier Stunden pro Tag. Der Anteil von Bildern in Nachrichtenmedien ist stetig steigend – und nicht nur bei BILD. Das Internet bietet den Nachrichtensendern und Zeitungen ganz neue Plattformen und Möglichkeiten: Neben Texten enthalten auch seriöse Nachrichtenseiten immer häufiger Bildstrecken und Videosequenzen, der Anteil der Texte geht zurück. Das ist kein grundsätzliches Problem, wir müssen uns nur über die Konsequenzen im Klaren sein. Lassen Sie sich dennoch nicht abhalten, auf den folgenden Seiten eine vergnügliche Reise ins Gehirn und in den Computer zu unternehmen, die Ihnen anhand vieler Bilder ein neues Bild vom Bild verschaffen soll.

Weitere Inhalte, Foren, interessante Verweise und die Möglichkeit zur Kritik finden Sie auf der Webseite **http://www.bildmanipulation.org**.

2

Wie funktioniert Sehen?

Der Sehprozess

Während Sie diese Zeilen lesen, nimmt Ihr Auge pro Sekunde einige Dutzend Mal ein sehr detailliertes Bild auf: Es enthält mehr Informationen, als ein Computermonitor heute darstellen kann. Außerdem wird das Bild nicht nur empfangen, es wird vom Gehirn auch gleich analysiert, Wissen wird extrahiert, mit vorhandenem Wissen verknüpft und abgespeichert. Im Auge findet bereits eine erste Analyse statt. Die Informationen werden anschließend über etwa eine Million Nervenfasern ins Gehirn transportiert. Hierbei wird pro Sekunde eine Datenmenge übertragen, die dem Text einiger dicker Romane entspricht. Der visuelle Sinn ist damit der Wahrnehmungskanal mit der größten Informationsmenge, oftmals wird das Auge daher auch als Ausstülpung des Gehirns bezeichnet. Darüber hinaus prägt die enorme Informationsmenge in besonderer Weise den Aufbau des gesamten Gehirns und die Art, wie wir Informationen mental abspeichern.

Doch ist es allenfalls ein Teil der Wahrheit, wenn man das Auge nur als Kamera, das Gehirn nur als Computer ansieht. Sehen ist mehr als ein rationaler, analytischer Vorgang. In diesem Kapitel möchte ich Sie im Schnelldurchlauf durch interessante Aspekte des Sehprozesses führen. Wir werden sehen, wie mentale Zustände beeinflussen, was wir überhaupt erkennen und assoziieren. Teile der visuellen Information nehmen wir nur grob auf, unser Gehirn ergänzt und vervollständigt erstaunlich vieles, ohne Probleme mit dem Erkennen zu bekommen oder Dinge nicht mehr als „echt" anzusehen. Andere Objekte betrachten wir extrem genau und erkennen geringste Unstimmigkeiten. Die Ursache ist die unterschiedliche Relevanz des Gesehenen. Unser Gehirn verschwendet keine Kapazität an unwichtige Dinge. Das Erkennen eines Gesichtsausdrucks kann in einer Konfliktsituation überlebenswichtig sein, daher sind wir hier extrem empfindlich. Andere Informationen müssen nur schemenhaft erkannt werden, um richtig auf sie zu reagieren. Die Verarbeitung der visuellen Information folgt also ökonomischen Grundsätzen.

Die Kognitive Psychologie hat das Gehirn lange als eine lineare Prozesskette beschrieben, in der die visuelle Information über das Auge und die Netzhaut zur Bildverarbeitung im Gehirn übertragen und dort analysiert wird. Inzwischen weiß man, dass der Vorgang nicht so einfach ist. Es gibt mehrere parallele Wege ins Gehirn. Wichtige, schnell zu verarbeitende Information wird direkt weitergeleitet und reflexhaft bzw. emotional behandelt. Die höheren Stufen der Informationsverarbeitung werden nur dann eingeschaltet, wenn wir uns das leisten können.

Ich möchte im Folgenden diese Prozesse grob skizzieren und halte mich dabei an die Methodik, die auch die Kognitive Psychologie bevorzugt. Ganz bewusst möchte ich mich auf die Aspekte beschränken, die mit der Wahrnehmung und emotionalen Bewertung von Bildern einhergehen, und werde viele andere spannende Themen beiseite lassen.

Interessierten Lesern möchte ich einige Lehrbücher der Kognitiven Psychologie empfehlen. Klassiker wie [6, 13, 31, 55] umfassen das Gebiet nicht nur vollständig, sie sind oft so verständlich geschrieben, dass es auch dem nicht vorgebildeten Leser leicht fällt, den Gedanken zu folgen, viele vergnügliche Beispiele helfen auch in diesen Büchern, als Leser beim Thema zu bleiben.

2.1 Sehen beginnt im Auge

Betrachten wir noch einmal diese fantastische Kamera in unserem Auge, von der wir gleich zwei Stück eingebaut haben. Ihre visuelle Auflösung entspricht etwa dem Sechsfachen des derzeitigen HDTV-Standards für hochauflösendes Fernsehen[1]. Würden wir über Augen mit der Leistung einer konventionellen Videokamera verfügen, so wären wir zu 90 % sehbehindert. Aber auch eine HDTV-Kamera käme noch lange nicht an das Auge heran, sie müsste dafür entsprechend klein sein, über Schmutz und Schlagresistenz verfügen, extreme Hitze und Kälte aushalten, über eine automatische Reinigung verfügen, Kratzer selbständig ausbessern und eine extrem weitgehende Sehfehlerkorrektur bieten!

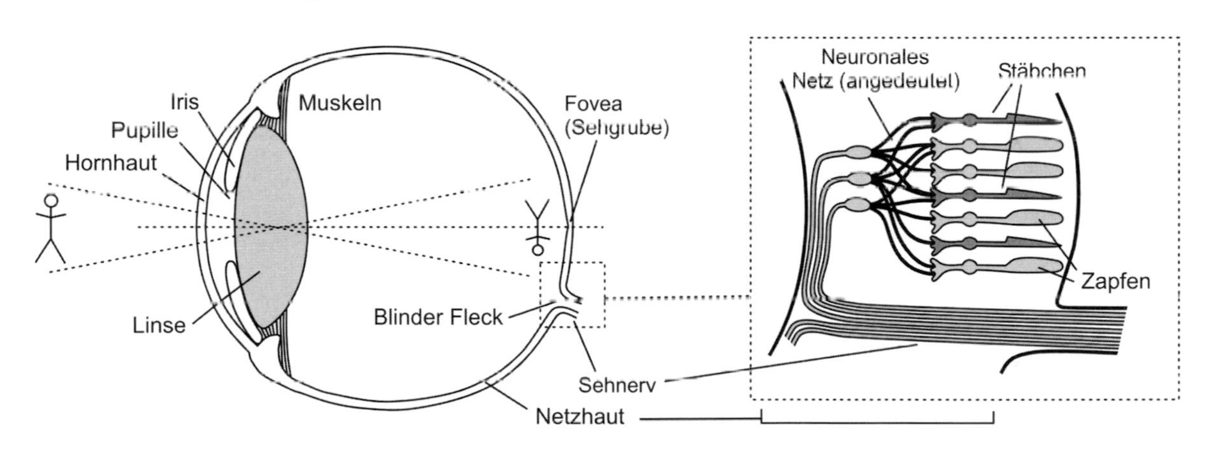

Abbildung 2.1
Aufbau des Auges aus Linse, Netzhaut mit Stäbchen und Zapfen.

Die visuellen Daten werden im Auge von der Linse auf die Netzhaut übertragen und dort in elektrische Informationen umgewandelt. Dazu dienen die schon erwähnten Stäbchen und Zapfen (Abbildung 2.1). Sie enthalten lichtempfindliche Moleküle, deren Formänderung bei Lichteinfall einen Rezeptor anregt. Die Anordnung von Stäbchen und Zapfen ist unterschiedlich: Das Zentrum der Netzhaut (die Fovea oder Sehgrube), wo wir am schärfsten sehen, enthält nur Zapfen, etwa 50 000 Stück. Weitere fünf Millionen befinden sich in der Peripherie, wo sie mit Stäbchen durchmischt sind. Davon gibt es etwa 120 Millionen. Die beiden Rezeptorarten erlauben es uns, Licht in einem Wellenlängenbereich von etwa 400–700 nm wahrzunehmen.

Stäbchen und Zapfen unterscheiden sich nicht nur durch ihre Anordnung, sie sind auch für unterschiedliche Dinge zuständig. So arbeiten die Zapfen im Hellen optimal und sind eher auf den langwelligen Bereich des Lichtes (rote Farben) spezialisiert. Die Stäbchen arbeiten im Dunkeln besser und sind auf kurzwelliges Licht spezialisiert. Es gibt drei Arten von Zapfen, die für unterschiedliche Wellenlängen empfindlich sind, ihre Erregungswerte werden vom Gehirn in Farbeindrücke umgesetzt. Diese Konfiguration führt dazu, dass wir nachts schwarzweiß sehen und typischerweise besser in den Augenwinkeln. Probieren Sie es aus: Auf einem

[1] 1920×1080 Bildpunkte

Nachtspaziergang sehen Sie den Weg besser, wenn Sie nicht direkt darauf sehen, sondern daneben.

Vor der Übertragung ins Gehirn geschehen im Auge eine Reihe von Dingen. So enthalten Stäbchen und Zapfen einen Adaptions- und Regenerationsmechanismus, mit dem sie sich auf die aktuelle Helligkeit einstellen können. Ist auf einmal wenig Licht vorhanden, so passt sich das Auge innerhalb von Minuten an, bei sehr viel Licht ebenfalls. Für die schnelle Anpassung sorgt zusätzlich die Iris, die sich verengt und somit weniger Licht in das Auge lässt. Beide Faktoren führen dazu, dass ein gutes Auge in der Nacht bereits auf wenige Lichtteilchen (Photonen) pro Sekunde reagiert, aber im Sonnenlicht auch mit der hundertmillionenfachen Menge zurecht kommt.

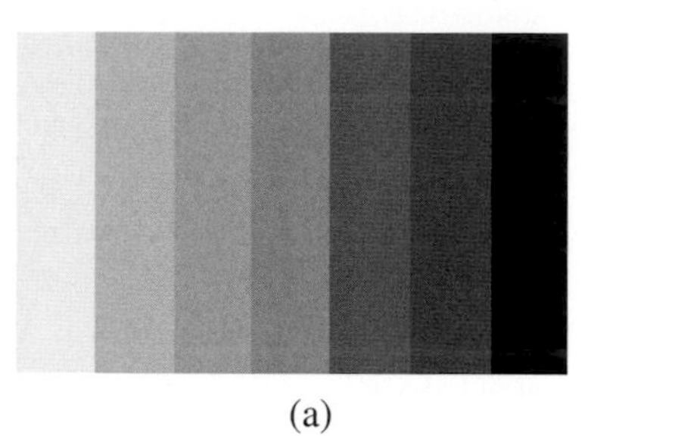

(a)

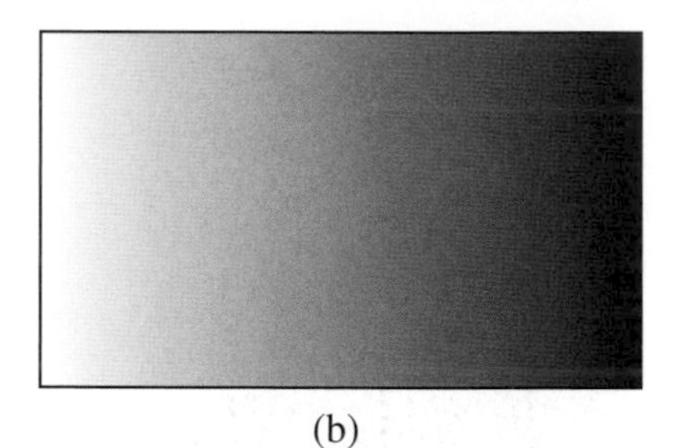

(b)

Abbildung 2.2
a) Mach-Band-Effekt: Die Streifen erscheinen jeweils links dunkler, rechts heller. b) Bei einem Helligkeitsverlauf geschieht das nicht.

Bevor die elektrischen Impulse der Stäbchen und Zapfen den Sehnerv erreichen und ins Gehirn transportiert werden, durchlaufen sie ein kleines Netzwerk aus verschiedenen Zellen. Wir Informatiker sprechen von einem neuronalen Netz; in der Tat ist in unserer Netzhaut bereits ein Kleincomputer eingebaut, der einen Teil der Bildverarbeitung beim Sehen übernimmt. Er erzeugt beispielsweise den Mach-Band-Effekt in Abbildung 2.2 a und führt dazu, dass wir die Streifen jeweils an der linken Kante dunkler und an der rechten heller sehen.

(a) (b)

Abbildung 2.3
a) Simultaner Helligkeitskontrast; b) White'sche Illusion.

Das Auge führt eine lokale Kontrastverstärkung aus: Entlang von Bereichsgrenzen mit unterschiedlicher Helligkeit wird die gesehene Helligkeit im dunkleren Bereich vermindert, im helleren erhöht. Man hat an Katzen nachgewiesen, dass durch die Verschaltung der Rezeptoren jeweils kleine kreisförmige Bereiche analysiert werden. Falls sich dort ein sprunghafter Helligkeitswechsel ergibt, wird dieser durch Nervenimpulse dem Gehirn mitgeteilt.

Ein weiterer Effekt ist der Simultankontrast. Flächen gleicher Helligkeit erscheinen unterschiedlich, wenn sie von verschieden hellen Flächen umgeben sind (Abbildung 2.3 a). Dies geschieht durch die so genannte laterale Inhibition: Sind seine Nachbarn erregt, so wird die Erregung eines Rezeptors gedämpft. Beim Simultankontrast führt daher die helle Außenfläche zu einer Verminderung der Helligkeit des Inneren. Die White'sche Illusion in Abbildung 2.3 b wird so aber nicht erklärt. Auch hier sind die grauen Rechtecke gleich hell und werden doch unterschiedlich empfunden. Das Äußere ist hier allerdings ähnlich. Neueren Erkenntnissen zufolge arbeitet das visuelle System jedoch unter Berücksichtigung der Objektzugehörigkeit [31]. Das linke Objekt gehört für uns zum Hintergrund und erscheint uns deswegen dunkler, das rechte zu den schwarzen Streifen und erscheint entsprechend heller. Ähnliche Effekte finden sich auch für Farbkontraste.

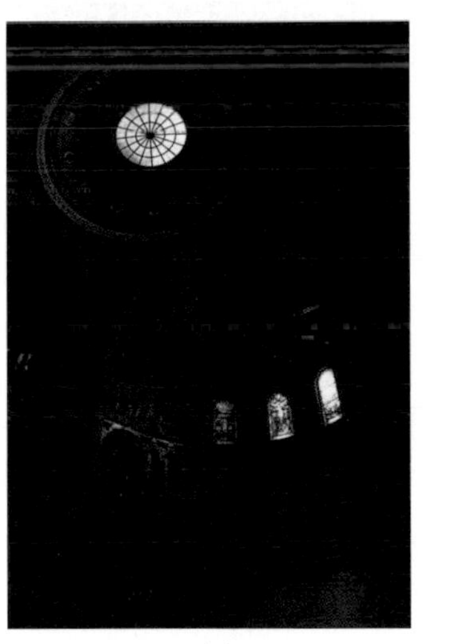

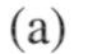

(a)

(b)

(c)

Abbildung 2.4
a) und b) Fotografien mit unterschiedlichen Belichtungszeiten; c) wahrgenommene Szene.

In der Netzhaut lassen sich weitere Bildverarbeitungsoperationen nachweisen, etwa das Erkennen balkenförmiger Objekte und anderer einfacher Grundmuster. Stäbchen und Zapfen sind hierbei unterschiedlich verschaltet; so werden weit mehr Stäbchen in der Peripherie der Netzhaut zusammengeschaltet als Zapfen im zentralen Bereich.

Wozu diese Details? Nun, beispielsweise sind sie der Grund, warum wir überhaupt Bilder auf unserem Fernseher oder Computermonitor als Abbilder der Realität akzeptieren. Ein heutiger Monitor hat einen Kontrast von etwa 500 : 1. Die maximale Intensität ist also 500-mal so stark wie das dunkelste Schwarz. Eine Szene der Realität kann aber leicht einen Kontrast von 1 000 000 : 1 besitzen. Würde unser Auge die Kontraste nicht anpassen, so wären Monitore für uns ziemlich uninteressante flaue Flächen.

In Abbildung 2.4 ist die Situation für eine Szene mit hohem Kontrast illustriert. Links sehen Sie zwei Bilder, die von einer konventionellen Kamera aufgenommen wurden. Entweder sind helle Stellen überstrahlt oder dunkle Bildteile schwarz. Unser Auge kann aber beides zusammenfügen und wir haben einen Eindruck ähnlich Abbildung 2.4 c. Dieses Bild wurde durch moderne Methoden der Computergrafik nachträglich aus den beiden anderen synthetisiert. Die Kontraste werden dabei so angepasst, dass wir die maximale Information erhalten. Ähnliches geschieht beim Ansehen dieser Druckseite, nur in entgegengesetzter Richtung. Papier hat einen begrenzten Maximalkontrast und doch wirken die Fotos aus Abbildung 2.4 echt. Dafür sorgt die Kontrastanpassung des Auges, welche die Kontraste diesmal verstärkt und zusammen mit weiteren Funktionen im Gehirn für uns den Eindruck von Realität erzeugt. Das ist nicht selbstverständlich, viele Tiere können das nur begrenzt. So erkennt die Katze die Maus im Fernsehen (oder Monitor) eben nicht, sie reagiert allenfalls auf eine Bewegung im Bild.

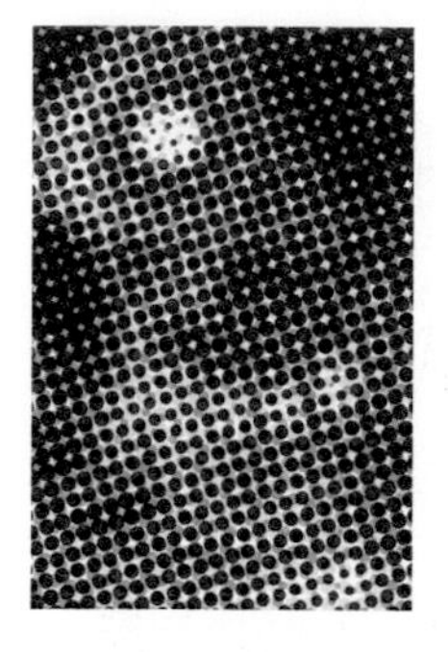

Ein weiterer Effekt ist in diesem Zusammenhang bemerkenswert. Unser Auge ist auch sehr tolerant in Bezug auf die Farbinformation, die uns erreicht. Misst man die Lichtintensität für verschiedene Wellenlängen im sichtbaren Bereich, so erhält man ein Spektrum. Für die Realwelt enthält das Spektrum viele Wellenlängen. Ein Computermonitor und eine Druckseite geben aber nur diskrete Farben ab, üblicherweise Rot, Grün und Blau für Bildschirme sowie Gelb, Magenta, Cyan und Schwarz für normale Vierfarbdrucke. Wir werden das in Kapitel 4 noch genauer betrachten. In der Realität ist das Spektrum also eine Kombination sehr vieler Wellenlängen, auf Monitor und Druckseite nur von wenigen. Das stört uns aber nicht sonderlich. Seitlich sehen Sie eine Darstellung von Abbildung 2.4 c in der Form, wie sie als Druckbild erscheint – hier allerdings sind die Farbpunkte extrem vergrößert. Wenn Sie die Abbildung aus der Entfernung betrachten, so sollte das Original erkennbar sein.

Farbdrucke →

Wir können mit solch einer vergröberten Farbdarstellung umgehen, weil zwei Effekte zusammenkommen: Erstens fügt das Auge viele kleine Einzelpunkte zu einem flächigen Eindruck zusammen, zweitens werden dabei die Farbwerte ebenfalls gemischt, was im Gehirn den Eindruck von Farbabstufungen erzeugt. Das haben bereits die Impressionisten und insbesondere die Pointillisten erkannt und mischten daher die Farben nicht mehr auf der Palette. Vielmehr erzielten sie beim Betrachter den Farbeindruck durch die Kombination vieler kleiner Punkte oder Striche in den Grundfarben – und nahmen damit auch den Vierfarbdruck vorweg.

Wenn Sie also ein gedrucktes Bild sehen, so betrachten Sie eine aus Punkten kombinierte, auf vier Farben reduzierte Darstellung mit einem Kontrast, der vielleicht auf ein Tausendstel des Originals reduziert ist – und dennoch wirkt es ähnlich der Realität. Das mag schon ein erster Eindruck für die Toleranz unseres visuellen Systems in Bezug auf visuelle Information sein.

Noch ein weiterer Effekt ist für das Verstehen des Auges wichtig: Wir sehen nicht überall gleich scharf. Vielmehr haben wir nur einen sehr kleinen Bereich in der Sehgrube, in dem wir eine maximale Sehschärfe erreichen, der Rest wird nur verschwommen wahrgenommen. Abbildung 2.5 zeigt Buchstaben in unterschiedlicher Größe. Wenn Sie ein Auge schließen und aus ca. 10–15 cm Entfernung den Kreis in der Mitte fixieren, so sollten alle Buchstaben ungefähr gleich gut zu erkennen sein.

Abbildung 2.5
Abnahme der Sehschärfe. Beim Fixieren auf die Mitte aus 10–15 cm Abstand sollten alle Buchstaben etwa gleich gut erkennbar sein.

Dies bedeutet, dass in den Randbereichen des Auges Information sehr viel gröber wahrgenommen wird. Auch sinkt hier der Anteil von Zapfen, die Farbinformation wird also ebenfalls ungenauer. Wir nehmen das nicht wahr, weil sich unser Auge ständig in Bewegung befindet und neue Teile des Sehfeldes betrachtet. Man hat sogar herausgefunden, dass man nach kurzer Zeit überhaupt nichts mehr sieht, wenn das Auge gezwungen wird, genau auf einen Punkt zu sehen. Dies liegt an der Ermüdung der Rezeptoren, die sehr schnell eintritt, wenn Stäbchen oder Zapfen kontinuierlich mit Licht bestrahlt werden. Auch deshalb ist das Auge ständig in Bewegung.

Die vielen Stäbchen im Randbereich haben einen weiteren wichtigen Effekt: Sie nehmen Intensitätswechsel sehr schnell auf, genauso wie die neuronalen Netze, die sie verschalten. Daher nimmt man Bewegungen am Rand des Sehfeldes viel besser wahr. Und das muss so sein: Gefahr (früher der Tiger, heute das Auto) kommt typischerweise aus dem Augenwinkel und muss daher auch dort erkannt werden. Wenn Sie noch einen älteren Fernseher besitzen, so sehen Sie sich das Bild einmal aus den Augenwinkeln an. Sie sollten das Flimmern dann viel stärker wahrnehmen.

Abbildung 2.6
Der blinde Fleck: Halten Sie das rechte Auge zu und fixieren Sie das Kreuz aus ca. 25–30 cm Entfernung. Der Kreis verschwindet.

Noch ein letzter Effekt zur Demonstration, wie viel Information beim Sehen korrigiert wird: Abbildung 2.1 zeigt den blinden Fleck. Das ist die Stelle, an welcher der Sehnerv das Auge verlässt. Hier befinden sich keine Rezeptoren und tatsächlich sehen wir an dieser Stelle auch nichts. In Abbildung 2.6 kann man es sehen; es ist ein klassisches Experiment der Kognitiven Psychologie. Uns fällt der Verlust nicht auf, weil das Gehirn die Informationen einfach ergänzt.

Übrigens ist es eine interessante Frage, warum die Netzhaut (Retina) nicht anders herum aufgebaut ist: mit den Stäbchen und Zapfen zur Linse hin und den Nervenzellen und -fasern nach hinten. Dann gäbe es keinen blinden Fleck. Eine mögliche Erklärung ist eine nichtoptimale Entwicklung der Evolution, die im Gehirn korrigiert wird.

Man könnte noch vieles über das Auge sagen. Wir wollen stattdessen den Prozess der Informationsverarbeitung weiterverfolgen: In der Einleitung war bereits vom Sehnerv die Rede, der vom Auge ins Gehirn führt. Darunter darf man sich allerdings keine Videoleitung zur Übertragung von Pixelinformationen vorstellen. Dies geschieht nur teilweise, parallel dazu werden die Ergebnisse der neuronalen Berechnungen auf der Netzhaut in spezialisierte Zentren des Gehirns übertragen. So gibt es wahrscheinlich Kantenzentren, Balkenzentren, Zentren für periodische Muster und auch solche für Gesichter [27]. Alle tragen später zur Analyse des gesehenen Bildes bei.

2.2 Der Weg ins Gehirn

Ganz wesentlich für unser Verständnis von Bildern ist die Tatsache, dass es zwei Arten der visuellen Informationsverarbeitung gibt. Einerseits dienen viele Areale in der Sehrinde zur analytischen Verarbeitung und helfen uns, Dinge, Personen und Situationen zu erkennen. Hierzu werden zumeist die Details und Farben verwendet, die von den Zapfen aus dem Zentrum des Sehfeldes stammen.

Zwei Zugänge →

Darüber hinaus gibt es Situationen, in denen wir schnell reagieren müssen. Oben hatte ich schon Tiger und Auto erwähnt. Die von den schnellen Stäbchen gelieferten Bewegungsinformationen werden daher direkt in ein spezielles Areal transportiert um reflexhafte und emotionale Handlungen einzuleiten: die Amygdala. Hier ist keine Zeit für die Analyse, hier kann es nur Flucht oder Angriff geben. Die Amygdala steuert daher alles, was für eine schnelle Reaktion notwendig ist und kann alle anderen Formen der Bildauswertung unterdrücken [83, 49]. Die Folgen werden wir weiter unten sehen.

Der Übergang von der bewussten Verarbeitung in der Sehrinde zur reflexhaften der Amygdala lässt sich gut an Computerspielen studieren. Spielt man ein neues Rennspiel, so muss zuerst die Reaktion des Fahrzeugs und der Verlauf der Strecke erlernt werden und man bewegt sich daher durch bewusstes Hinsehen und Abfahren des Parcours. Hat man das Spiel jedoch sehr oft gespielt und durchfährt dieselbe Strecke mit hoher Geschwindigkeit, so erfolgen nur noch reflexhafte Bewegungen, die sich an subtilen visuellen Mustern orientieren. Die Wahrnehmung der Umgebung hat sich völlig geändert. Durch die hohe Geschwindigkeit kann jetzt nur noch die Amygdala die erforderlichen Reaktionszeiten liefern und dominiert somit die Wahrnehmung. Wenn Computerspieler von einer Art Trance, einem „Flow“ sprechen, so meinen sie damit einen Zustand, in dem sie zumeist nur noch reflexhaft reagieren, dies aber im Einklang mit der Maschine, dem Spiel. Hat man das Gefühl, nicht überfordert zu sein und mit seinen Reflexen die Situation dauerhaft zu meistern, so kann sich durchaus ein tranceartiges positives Gefühl einstellen.

In Abbildung 2.7 ist der Weg der Information beschrieben. Ausgehend von der Netzhaut gelangt die Information über den Sehnerv (1) zuerst in den Thalamus (2), eine Art Verteilstation, an die viele Hirnareale angeschlossen sind, auch die Amygdala (3). Dort werden sie emotionell bewertet; hierzu werden auch Erinnerungen aus dem Hippocampus (4) hinzugezogen. Im Falle einer potentiellen Gefahr wird der Hypothalamus (5) aktiviert, der zusammen mit der Hypophyse

(6) Stresshormone ausschüttet, welche Atmung und Herzschlag beschleunigen (7) und die Schweißproduktion ankurbeln. In der Hirnrinde (8) werden derweil Fluchtmöglichkeiten eruiert. Erst an dieser Stelle wird die Sehrinde (9) aktiv, sie ist für die bewusste, höhere Verarbeitung verantwortlich [5].

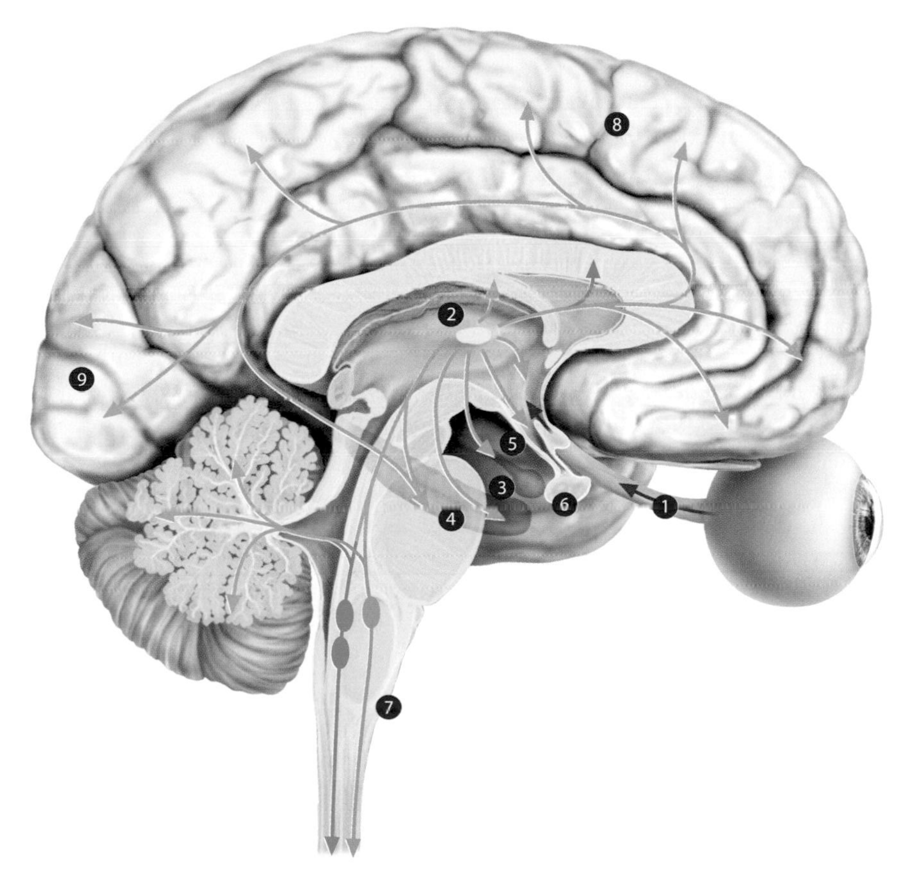

Abbildung 2.7
Die Wege der Information ins Gehirn. Beschreibung siehe Text.

Viele einfache Tiere können mit nur wenigen höheren Verarbeitungsfunktionen überleben. So hören wir für viele Vögel auf zu existieren, wenn wir uns nicht mehr bewegen. Sie haben kein Areal, welches Lebewesen an sich und ohne Bewegung erkennt. Für ihren Lebensstil genügt es, auf bewegte Objekte zu reagieren. Höher entwickelte Lebewesen benötigen solche Areale, da sie differenzierte Reaktionen auf Gesehenes erlauben und damit das Jagd- und Fluchtverhalten verbessern.

Wie entscheidend die Areale zur visuellen Informationsverarbeitung sind, zeigen Beispiele von Menschen, die blind geboren wurden. Als Folge der fehlenden visuellen Reize können sich die entsprechenden Zentren nicht entwickeln. Einigen Blindgeborenen wurde im Lauf ihres Lebens die Sehfähigkeit durch eine Operation geschenkt, leider oft mit schlimmen Folgen: Da die entsprechenden Zentren fehlten bzw. nur rudimentär angelegt waren, konnten die Menschen mit den visuellen Reizen nichts mehr anfangen. Für sie bestand die gesehene Information nur aus Lichtblitzen. Die Folge waren Depressionen und in einigen Fällen auch Selbstmorde [7].

In der Bibel finden wir eine interessante Analogie, diesmal aber mit gutem Ausgang[2]: Jesus heilt einen Blinden und fragt ihn nach dem Erfolg. Dieser antwortet, er sähe zwar, würde die Menschen aber wie Bäume umherlaufen sehen – das Sehen funktioniert, die Interpretation nicht. Daraufhin heilt ihn Jesus ein zweites Mal, nun vollständig. Schon hier wird zwischen dem biologischen Prozess des Sehens und der für das Wahrnehmen notwendigen Verarbeitung im Gehirn unterschieden!

2.3 Emotionale Verarbeitung

Ein Actionfilm vermag uns ohne Schwierigkeiten zwei Stunden lang zu fesseln. Wir merken nicht, wie die Zeit vergeht. Hinterher fühlen wir uns oft genug nicht entspannt, sondern erschöpft und finden nur schwer in die Wirklichkeit zurück. Wenn wir danach über die Handlung nachdenken, so merken wir vielleicht, dass sie unlogisch, undifferenziert oder einfach nur dümmlich war.

Actionfilm →

Wir haben eine emotionale Gefangennahme erlebt: Actionfilme beruhen auf schnellen Handlungen, Effekten und Schnitten, aktivieren also durch dauernde Bewegung die Amygdala. Mit den visuellen Effekten werden auch die entsprechenden Stressreaktionen ausgelöst. Diese führen dann zum Erschöpfungszustand nach Ende des Filmes. Dieser Zustand gleicht dem, der nach der Bewältigung einer entsprechenden realen Situation entstanden wäre.

Ein Regisseur eines Actionfilmes hat es folglich nicht schwer, seine Zuschauer zu fesseln. Allerdings nur auf einer sehr niedrigen Wahrnehmungsebene. Fehlende oder schwache Handlung kann leicht kaschiert werden, weil wir als Zuschauer gar nicht zum Nachdenken kommen: Die Sehrinde wird nicht aktiv, weil sie durch die Amygdala blockiert wird. Diese Form der emotionellen Gefangennahme geschieht auch bei extrem schnell geschnittenen Musikvideos oder in der Werbung, wenn dort hauptsächlich Emotionen vermittelt werden. Sehen Sie ein paar Werbespots an und überlegen sich, wie viel Information Sie tatsächlich gesehen haben. Viele Produkte werden durch Emotionen beworben – bevorzugt solche, die sich nicht mehr durch klar definierbare Vorteile von Konkurrenzprodukten unterscheiden lassen. Zigaretten und Autos sind hierfür gute Beispiele.

Eine wesentlich schlimmere Art der emotionellen Gefangennahme erleben Menschen mit einem Trauma. Oftmals lösen gerade visuelle Eindrücke Traumata aus. Es ist der Moment, in dem ein Unfall unmittelbar bevorsteht, ohne dass man ihn verhindern kann, oder der, in dem ein Mitmensch zu Tode kommt. Diese visuellen Eindrücke werden im Gehirn abgespeichert und aktivieren die Amygdala beim kleinsten Anlass, bei der geringsten Assoziation. Starker Stress und Angst sind die Folge, betroffene Menschen fliehen vor entsprechenden Situationen und Eindrücken und sind im schlimmsten Fall nicht mehr lebensfähig.

[2] Markus-Evangelium, Kapitel 8

Ein Mann, der den Tsunami auf den Philippinen miterlebte, musste seine Wohnung in einem Hochhaus am Rhein aufgeben, weil der Blick auf das Wasser Angstattacken auslöste. Auch hier war es nicht der Tsunami selbst, der das Trauma auslöste, sondern der Anblick eines weiteren Mannes, der von einem Betonteil erschlagen wurde, welches die Flutwelle heranschleuderte. Diesen visuellen Eindruck hatte der Mann bis ins kleinste Detail abgespeichert und war nicht mehr in der Lage, sich von ihm zu distanzieren.

Glücklicherweise kann man mit einer Therapie die Assoziationen und die übermäßigen Reaktionen der Amygdala wieder abschwächen. In vielen Fällen lassen sich solche Traumata daher überwinden. Die Therapie konfrontiert den Patienten mit angstauslösenden Eindrücken, die aber in der Dosierung variiert werden können. Durch ständige Konfrontation erkennt der Patient, dass die Angst nicht beliebig groß wird und lernt Stück für Stück, sie zu kontrollieren.

← Fernsehen

Eine ähnliche Art der emotionalen Desensibilisierung bewirken Gewaltdarstellungen im Fernsehen. Durch wiederholte Konfrontation mit solchen Szenen trainieren insbesondere Kinder und Jugendliche ihre emotionalen Zentren und reagieren später weniger emotional. Dies muss nicht automatisch zu Gewalttätigkeit führen, viele Studien sehen aber einen klaren Zusammenhang zwischen Fernsehkonsum und Gewaltpotential in einer Gesellschaft [74].

← David Grossman

Eine besonders krasse Meinung vertritt David Grossman, ein ehemaliger Militärpsychologe. Er schrieb 1996 ein Buch mit dem Titel *On Killing* [33]. Grossman wurde eingestellt, um einen Missstand zu bessern, der den Militärs schwer zu schaffen machte: Im Zweiten Weltkrieg war nur ein kleiner Prozentsatz der Soldaten in der Lage, auf eine freistehende feindliche Person zu schießen. Also entwickelte er spezielle Ausbildungsprogramme, um die emotionelle Sperre fürs Töten abzubauen. Die Soldaten wurden immer wieder gewalttätigen Bildern ausgesetzt und kurz darauf belohnt. Eine ganz ähnliche Technik setzte das japanische Militär ein, das zuerst Feinde im großen Stil vor den Augen der Soldaten hinrichten ließ, um sie danach mit Freudenmädchen zu beglücken.

In beiden Fällen geschieht nicht nur eine Desensibilisierung, sondern eine Pawlow'sche Konditionierung. Der zuerst negativ empfundene Reiz wird mit etwas Positivem verbunden, das im direkten Anschluss oder möglichst gleichzeitig stattfindet. Durch Gewöhnung verbindet der Mensch die positive Folge mit dem negativ empfundenen Auslöser. Im Lauf vieler Wiederholungen wird das Negative schließlich überlagert und verliert seine Wirkung. Später wird beim Eintreffen des negativen Reizes die positive Folge assoziiert bzw. das positiv Erlebte gefühlt. Grossman sieht ähnliche Effekte bei Werbeeinblendungen, die bevorzugt an den spannendsten (gewalttätigsten) Stellen geschehen und auf diese Weise Gewalt mit den positiven Werbebotschaften verbinden. Auf Blut folgt Schokolade.

Ich werde später noch auf den Einfluss der emotionellen Verarbeitung bei der Betrachtung von Bildern zurückkommen. Lassen Sie uns zuvor noch die zweite Form der Verarbeitung visueller Informationen in der Sehrinde ansehen. Hier entstehen die Formen, hier erkennen wir Dinge, teilweise unbewusst, teilweise durch bewusste Prozesse.

2.4 Die Organisation der Wahrnehmung

Die Sehrinde[3] besteht aus vielen Zentren, die verschiedene Aspekte der Wahrnehmung bearbeiten. Als Information erhalten diese Zentren die Signale der Netzhaut, auf der vorher schon einfache Muster erkannt wurden. Hierzu gehören Kanten und Kontraste, es gibt aber auch neuronale Operatoren, die auf Wellenmuster verschiedener Orientierung und Frequenz ansprechen.

Wie eine Reihe parallel arbeitender neuronaler Computer analysieren diese Zentren weitere Teilaspekte der visuellen Information und liefern ihre Ergebnisse an die nächsthöheren Zentren. Dort wird versucht, eine stimmige Gesamtinterpretation für das Gesehene zu finden. Man vermutet ca. 30 Areale, die Farbe, Form, Bewegung und Orientierung von Objekten bestimmen [27]. Die Bearbeitung geschieht in zwei Phasen der visuellen Wahrnehmung.

Wahrnehmungsphasen →

In der präattentiven, unbewussten Phase werden Muster analysiert und Regionen gleicher Muster zusammengefasst. In der zweiten, attentiven Phase wandert das Auge über das Bild und versucht weitere Informationen zu gewinnen. Dazu werden die Muster mit Gedächtnisinhalten verglichen. Bei der Informationsgewinnung wendet das Gehirn eine Reihe von Regeln an, um wichtige Information – typischerweise Dinge im Vordergrund – vom unwichtigen Hintergrund zu trennen. Es geht also um das Finden der Gestalt der Dinge; die Gesetzmäßigkeiten heißen daher auch Gestaltgesetze.

Ähnliche Mechanismen für die visuelle Informationsverarbeitung scheinen viele Tierarten zu besitzen, freilich in sehr unterschiedlicher Ausprägung. Eine typisch menschliche Eigenart sind aber Zentren zur Erkennung und Verarbeitung visuell abstrakter Repräsentationen. So scheinen Menschheitsentwicklung und technische Explosion vor 35 000 Jahren maßgeblich durch die Fähigkeit vorangetrieben worden zu sein, in visuellen Bildern zu denken und diese auch zu kommunizieren [82]. Ein komplexer Angriffsplan wird am besten gezeichnet, auch eine Maschine. Für diese Art der visuellen Informationsverarbeitung werden Zentren verwendet, die abstrakte Objektrepräsentationen speichern können.

Sehen Sie sich Abbildung 2.8 an. Hier ist ein Baum in verschiedenen Abstraktionsformen zu sehen. Haben Sie sich schon einmal darüber gewundert, dass Sie überhaupt in der Lage sind, ein Objekt aus einer Kugel und einem Rechteck als Baum zu erkennen? Wenn nein, dann sollten Sie es jetzt – schließlich hat das abstrakte Objekt mit dem Aussehen eines realen Baumes fast nichts mehr gemein. Es ist ein Symbol für das Konzept „Baum“.

Wir erkennen den Baum durch Areale in der Sehrinde, welche solche Konzepte als abstrahierte Form verwalten. Diese Areale melden eine Ähnlichkeit bei der visuellen Analyse des Gesehenen an die höheren Zentren. Für die Ähnlichkeitsbestimmung wird anscheinend auch der Umriss des Objekts verwendet, daher stört uns eine Linienzeichnung nicht.

[3] auch primärer visueller Cortex genannt

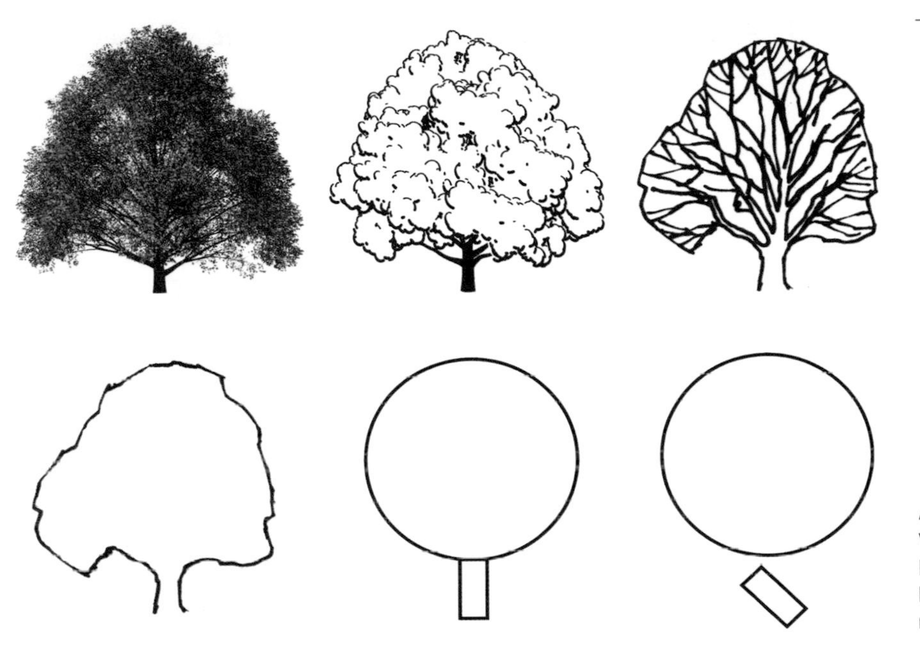

Abbildung 2.8
Verschiedene visuelle Repräsentationen eines Baumes. Rechts unten wird nichts mehr assoziiert.

An Patienten mit Wahrnehmungsstörungen kann man diese Form der Repräsentation gut beobachten. So berichten Milner und Goodale [59] von einer Frau, die aufgrund eines Unfalls selbst einfache Objekte wie einen Apfel oder ein Buch weder erkennen noch abzeichnen konnte. Aus dem Gedächtnis heraus konnte sie diese Objekte aber ohne Weiteres zeichnen. Die gelernte Repräsentation – das Konzept – war also vorhanden, nur der Vergleich mit dem Gesehenen funktionierte nicht mehr.

Präattentive Wahrnehmung

In der präattentiven Phase der visuellen Informationsverarbeitung werden Texturen und Muster wahrgenommen. Eine Textur wird hier als Füllung einer Fläche mit gleichartigen Objekten verstanden. Im Rahmen der Computergrafik wird der Begriff später auch für etwas anderes verwendet: für das Auftragen von bildlicher Information auf Oberflächen.

Die präattentive Phase geht der bewussten Bildbetrachtung voraus und dient zur Einteilung (Segmentierung) des Gesehenen in verschiedene Bereiche. Diese Bereiche werden später für die Analyse der Formen und Figuren benötigt.

Sehen Sie sich Abbildung 2.9 an. Links sollten sie die Ausnahme gleich erkennen, rechts wird es länger dauern. Das Gehirn benutzt für die Erkennung von Texturen bestimmte Elementarmerkmale wie Linienneigung, Bögen, Farbe oder Bewegung. Sind diese vorhanden, so fällt die Unterscheidung leicht, und augenblicklich (präattentiv) wird die Ausnahme erkannt. Rechts sind die Merkmale der Ausnahme in beiden Buchstaben vorhanden, daher wird die Ausnahme nicht präattentiv gefunden, sondern muss durch bewusstes Hinsehen gesucht werden.

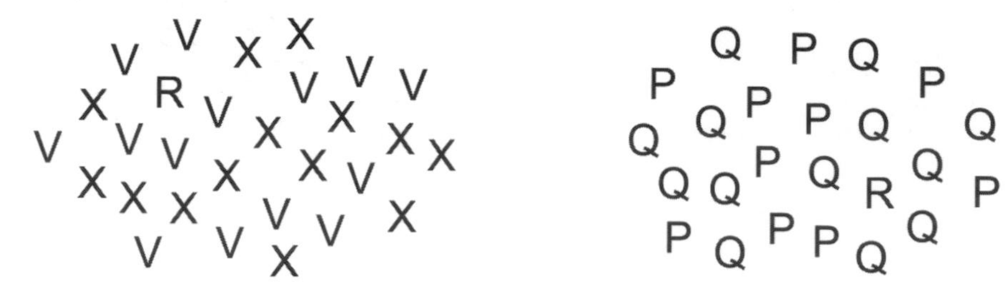

Abbildung 2.9
Texturerkennung: Finden Sie jeweils die Ausnahme.

Was und Wo →

Ist das visuelle Feld nach Texturen eingeteilt, beginnen weitere Areale zu arbeiten. Man kann zwei unterschiedliche Bahnen der weiteren Informationsverarbeitung unterscheiden, die auch in unterschiedlichen Hirnregionen zu finden sind [31]. Eine Bahn ist für die Objekterkennung entscheidend (das Was), die andere für die Objektlokalisation (das Wo bzw. Wie). Letztere Bahn beinhaltet auch die Koordination von Aktionen wie etwa die Überwachung unserer Hand, wenn wir sie an ein Objekt heranführen.

Oliver Sacks →

Daneben gibt es weitere spezialisierte Areale, etwa eines zum Erkennen von Gesichtern. Ist dieses Areal beschädigt, haben Personen große Schwierigkeiten, sogar vertrauteste Gesichter zu erkennen. Oliver Sacks schreibt als Neurologe seit Jahren Bücher über interessante Wahrnehmungsstörungen seiner Patienten [70]. Er schildert einen begabten Musiker, der die Fähigkeit verlor, Gesichter zu erkennen. Nicht einmal seine Frau kann er ohne weitere Hinweise bildlich erkennen. Interessanterweise ist er durchaus in der Lage, sich Einzelheiten im Gesicht einer Person zu merken, wie „das ist ein Rauschebart, es muss sich um X handeln", das Gesicht selbst kann er aber nicht mehr erkennen. Diese Störung kann man heute der Degeneration eines bestimmten Areals zuschreiben, des so genannten Gyrus fusiformis.

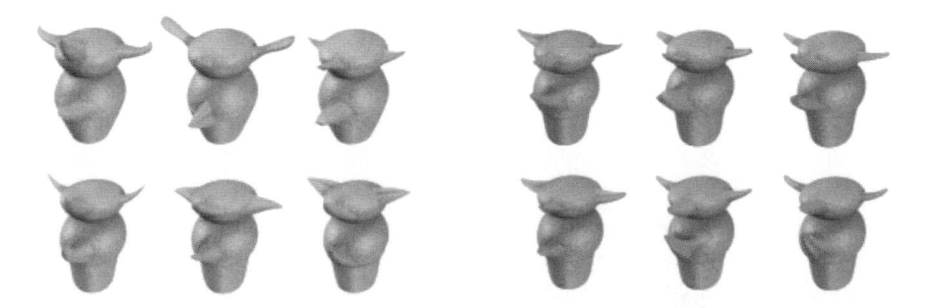

Abbildung 2.10
Greebles: für Lernfähigkeitstest des Gehirns verwendete computergenerierte Objekte.

Diese spezielle Ausrichtung auf Gesichter ist auch der Grund, warum es bis heute kaum gelingt, Gesichter synthetisch per Computergrafik zu erzeugen und insbesondere auch zu bewegen. Wir sind darauf spezialisiert, selbst kleinste Änderungen in einem Gesicht wahrzunehmen. Den Gesichtsausdruck eines synthetischen

Monsters, beispielsweise eines Dinosauriers, kann man viel weniger interpretieren, weil hier das spezialisierte Areal fehlt bzw. trainiert werden müsste. Wer weiß schon, ob und wie ein Dinosaurier zwinkert. Daher akzeptieren wir entsprechende Animationen viel eher.

Die Gesichtserkennung des Gehirns kann auch erweitert werden. Das hat man an so genannten Greebles herausgefunden [76]. Greebles sind computergenerierte Formen, die wie menschliche Gesichter individuell unterschiedlich, aber dennoch ähnlich sind. In Abbildung 2.10 sind Beispiele zu sehen. Wenn Sie jetzt meinen, die sähen alle gleich aus, so geht es Ihnen wie den Versuchspersonen im Experiment. Nach einer Trainingsphase von 3×8 Stunden konnten die Testpersonen die Greebles aber sehr gut unterscheiden. Außerdem konnte man zeigen, dass sich auch die neuronalen Aktivitäten des Areals zur Gesichtserkennung geändert hatten. Das Gehirn hatte sich auf die neuen „Gesichter" eingestellt, hatte neue Reizmuster entdeckt und neue Erkennungsfunktionen entwickelt.

Attentive Wahrnehmung

Die bisher beschriebenen Dinge geschehen augenblicklich und unbewusst in dem Moment, in dem wir ein Objekt oder eine Person ansehen. Es scheint neben dem beschriebenen Areal für Gesichter noch weitere für andere Objektarten zu geben. Erblicken wir aber ein Objekt, das wir nicht auf diese Weise einordnen können, so laufen weitere Prozesse an, um das Geschehene zu interpretieren.

Abbildung 2.11
Eine Herausforderung der Trennung zwischen Figur und Hintergrund. Das Bild zeigt einen Dalmatiner rechts der Bildmitte.

Wie schon angedeutet ist dabei die Trennung von Objekt und Hintergrund ein wichtiger erster Schritt. Abbildung 2.11 demonstriert die Leistungsfähigkeit des Gehirns für diese Aufgabe. Es zeigt einen Dalmatiner rechts der Bildmitte, der am Boden schnüffelt.[4]

Unter der Bezeichnung „Gestaltgesetze" hat man eine Reihe von Regeln zusammengestellt, die vom Gehirn angewendet werden, um die Gestalt von Objekten zu ermitteln. Es gibt Gesetze, die sich auf die Figur/Hintergrundtrennung beziehen, andere beschreiben die Interpretation zusammengesetzter Objekte.

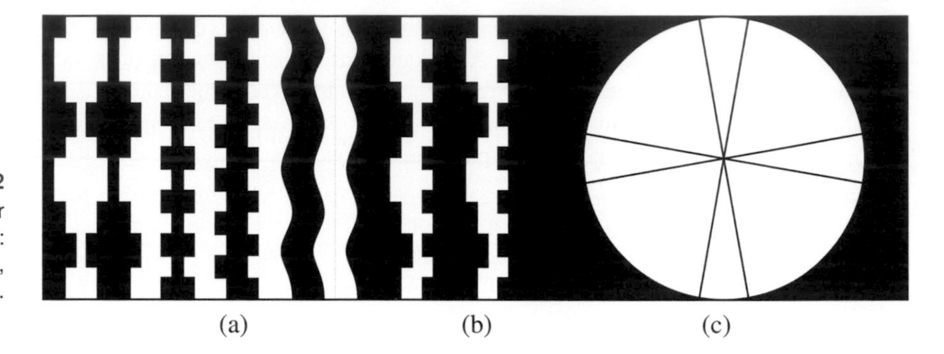

Abbildung 2.12 Merkmale für Figur/Hintergrundtrennung: a) Symmetrie und Parallelität, b) und c) Fläche.

Abbildung 2.12 zeigt Merkmale für die Entstehung von Formen als Figuren oder Hintergrund. In a sehen wir den Einfluss der Symmetrie und der Parallelität. Links am Rand werden abwechselnd schwarze und weiße Objekte durch die Symmetrie erkannt, nach rechts wechselt der Eindruck zur Parallelität. In b sind noch einmal die Objekte vom linken Rand zu sehen. Nun erkennen wir aber weiße Objekte aufgrund der kleineren Fläche. Dies gilt auch für c, in der tendenziell eher das Kreuz als Form gesehen wird als der Rest der Figur.

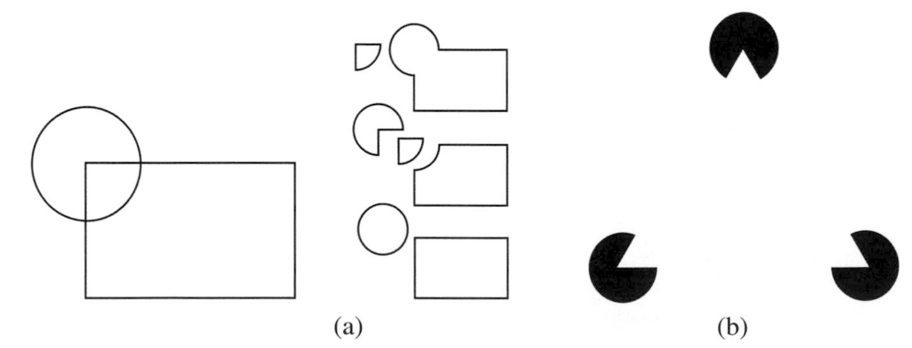

Abbildung 2.13 a) Gesetz der einfachen Form. Die Form wird visuell in einen Kreis und ein Viereck zerlegt. (b) Das Auge erzeugt Verbindungen zwischen Objekten (weißes Dreieck), um einfache Objekte entstehen zu lassen.

Den Bezug dieser Gesetze zur Bildmanipulation werden wir später näher betrachten. Beispielsweise wird aus einer Gruppierung aufgrund der Gestalt (wie etwa durch visuelle Nähe) oftmals auch ein inhaltlicher Bezug hergestellt. Zwei Perso-

[4] Allerdings ist dies eine grenzwertige Darstellung, da viele Menschen bei diesem Bild schon Probleme mit der Erkennung bekommen.

nen, die nahe beieinander stehen, müssen nicht unbedingt etwas miteinander zu tun haben, die Gestaltgesetze legen es für uns aber nahe.

Eine weitere wichtige Regel der Gestalttheorie ist das Prägnanzgesetz. Es sagt aus, dass immer die einfachste Form als die wahrscheinlichste angenommen wird. Hierzu erfindet das Gehirn sogar Dinge, die nicht da sind. Abbildung 2.13 zeigt Beispiele für Prägnanz. In a ist ein zusammengesetztes Objekt zu sehen, welches unser Auge in einen Kreis und ein Viereck zerlegt und nicht in komplexere Teilstücke. In b werden sogar Verbindungen ergänzt, um einfache Formen entstehen zu lassen. Wir sehen ein weißes Dreieck, das nicht vorhanden ist.

Das Vorgehen des Gehirns ist hier ebenfalls ökonomisch. Wir nehmen an, dass einfache Dinge wahrscheinlicher sind als komplizierte. Es handelt sich um eine visuelle Variante von Occams Rasiermesser, einem eigentlich von Aristoteles stammendem Gesetz, wonach bei mehreren Erklärungsmöglichkeiten für dieselbe Sache stets die einfachste zu wählen ist. Das heißt in unserem Zusammenhang, dass möglichst wenige, möglichst einfache Objekte zur Beschreibung ausreichen.

Abbildung 2.14
Die Brücke bei Courbevoie von Georges Seurat. Das Bild entsteht aus den Punkten erst im Gehirn des Betrachters.

← Impressionismus

Impressionisten wie Seurat, Manet oder Signac haben das Prägnanzgesetz schon vor den Psychologen gekannt und ihre Bilder so zerlegt, dass erst im Gehirn der Betrachter die eigentlichen Formen entstehen, d. h. Punkte und Linienstücke sich zu den Objekten zusammensetzen [7]. Dies ist neben der schon erwähnten Farbzerlegung in Grundfarben die zweite perzeptuelle Einsicht dieser Malweise (Abbildung 2.14).

2.5 Objekterkennung

Die vom Hintergrund separierten Objekte werden im nächsten Schritt mit abgespeicherten Informationen verglichen. Dieser Prozess ist erst in Ansätzen verstanden. Man hat aber verschiedene Mechanismen identifiziert, die wahrscheinlich parallel ablaufen und zum Erkennen beitragen.

Die einfachste Art des Vergleichs ist die Schablonenerkennung. Einfache Objekte wie etwa Buchstaben könnten als Schablonen im Gehirn abgespeichert sein, um sie mit Gelesenem zu vergleichen. Eine Schablone ist hierbei ähnlich dem Bild des Buchstabens. Problematisch wird diese Form des Vergleichs, wenn das Gesehene zu stark vom gespeicherten Inhalt abweicht. Dann kann das entsprechende Areal im Gehirn keine eindeutige Zuordnung mehr herstellen.

Daher wird in vielen Fällen vom Gehirn nach visuellen Merkmalen gesucht. Solche Merkmale können Kanten und Eckpunkte sein. Es wurde schon gesagt, dass eine erste Kantenextraktion bereits auf der Netzhaut feststellbar ist. Diese Informationen werden nun zum Erkennen verwendet. Allerdings sind die dabei ablaufenden Prozesse ziemlich kompliziert und nur teilweise verstanden. Das wissen wir Informatiker sehr genau, weil wir jahrzehntelang versucht haben, eine solche Erkennung auch per Computer zu bewältigen. Ich hatte bereits erwähnt, dass entsprechende Systeme bis heute nur Teilaspekte des Problems bearbeiten können. So ist die Texterkennung inzwischen ein weitgehend gelöstes Problem, die Erkennung beliebiger Bildinhalte aber noch nicht möglich.

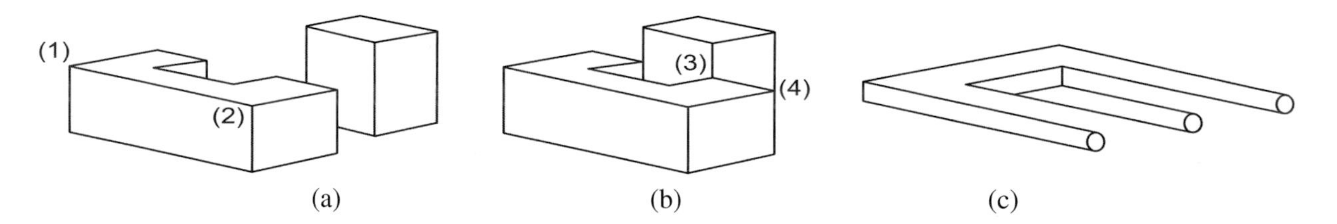

Abbildung 2.15
Kantenbilder, anhand derer Objekte erkannt werden können. Erklärung im Text.

Abbildung 2.15 zeigt Kantenbilder mehrerer Objekte. Für uns ist es nicht schwer zu erkennen, dass es sich in a um zwei Objekte handelt. Unser Gehirn verwendet dafür Eckpunkte, bei denen spitze Ecken (1) von Gabelungen (2) unterschieden werden. In b ist die Situation schwieriger. Hier ist eine spezielle Ansicht der Szene zu sehen, in der die Kanten der beiden Körper so aufeinander treffen, dass Gabelungen (3) und spitze Ecken (4) nun zu verschiedenen Objekten gehören.

Das Prägnanzgesetz und die visuelle Analyse der Szene überzeugen uns, dass es sich auch hier um zwei verschiedene Objekte handelt, ein Quader hinter dem vorderen Objekt. Ein Computer hätte mit dieser Schlussfolgerung schon große Probleme. Freilich müssen wir uns im Klaren sein, dass dies nur eine Annahme ist, die unser Gehirn aus dem Bild extrahiert (genauso wie in Abbildung 2.15 a). Es könnte sich auch um völlig andere Objekte handeln, etwa um flächige Formen ohne jede Tiefe. Allein das Prägnanzgesetz und unsere Seherfahrung drängen uns, diese Interpretation zu wählen.

Wie stark die Gesamtsituation unsere Interpretation des Gesehenen beeinflusst, zeigt Abbildung 2.15 c. Eine optische Täuschung lässt unser Auge unstetig auf dem Gesehenen umherwandern. Das Gehirn ist hier nicht in der Lage, eine stimmige Gesamtinterpretation zu finden. Einen weiteren Hinweis auf solche Gesamtinterpretationen zeigt sich in Abbildung 2.16. In beiden Teilbildern sind die grauen Teilflächen dieselben. In a können wir keine zusammenhängende Interpretation finden, die grauen Flächen stehen für sich. In b kann die Interpretation „Buchstaben werden von schwarzer Fläche teilweise verdeckt“ gebildet werden und wir können die Buchstaben für „SEHEN“ identifizieren. Mit der eigentlichen Information geschah hier nichts, die Interpretation wird durch die zusätzlich aufgebrachte schwarze Farbe nur wahrscheinlicher.

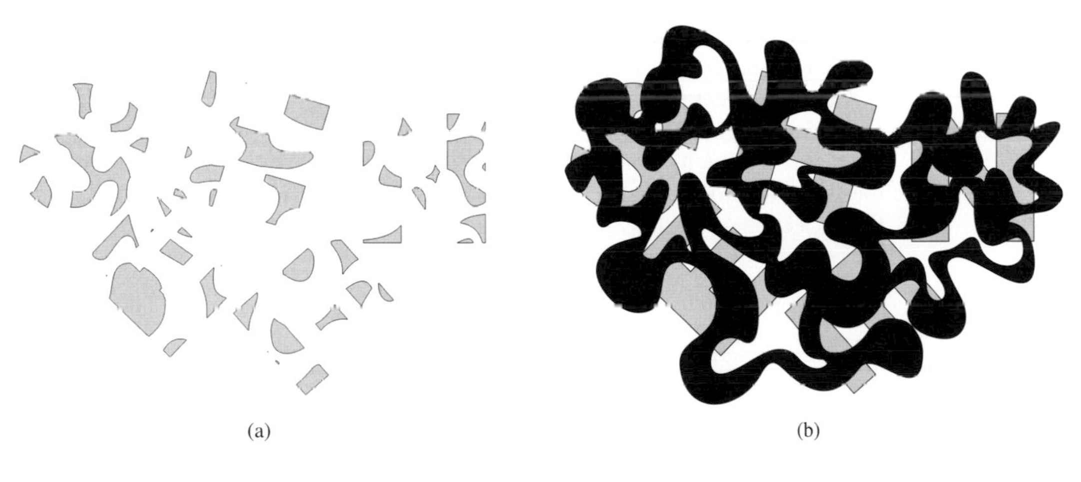

(a) (b)

Abbildung 2.16
Objekterkennung hängt von der stimmigen Gesamtdeutung ab.

Ähnlich sind wir auch in der Lage, teilweise verdeckte Texte immer noch zu erkennen, weil unser Gehirn aus den Teilen ein Ganzes macht und dabei fehlende Information ersetzt (Abbildung 2.17).

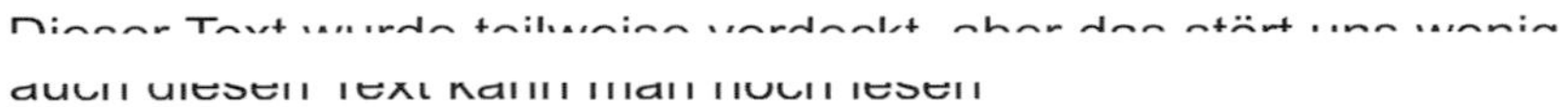

Dieser Text wurde teilweise verdeckt, aber das stört uns wenig
auch diesen Text kann man noch lesen

Abbildung 2.17
Teilweise verdeckter Text ist dennoch zu erkennen.

Dreidimensionale Objekte

Im Rahmen des Prägnanzgesetzes haben wir weiter oben schon ein Bild von dreidimensionalen Körpern gesehen. Das Erkennen solcher räumlicher Objekte baut ebenfalls auf den Merkmalen auf, die aus dem Bild extrahiert wurden. Hierbei spielen die bereits beschriebenen Gabelungen und spitzen Ecken eine wichtige Rolle. Wieder versucht das Gehirn, die visuelle Information über möglichst einfache Formen zu interpretieren.

Hierzu werden Kanten und weitere Elementarmerkmale mit Zusatzinformationen versehen und zu Flächen gruppiert. Man spricht von einer 2,5-dimensionalen Darstellung. Für alle Flächen wird eine Tiefenschätzung vorgenommen. Durch Vergleich mit bereits im Gehirn abgespeicherten dreidimensionalen Objekten werden die gesehenen Flächen zu Objekten zusammengefasst und erkannt.

Diese algorithmische Interpretation des Erkenntnisprozesses wurde Anfang der 1980er Jahre durch die Informatik inspiriert (siehe auch [55]). Viele biologische Vorgänge beschrieb man zu dieser Zeit erstmals als informationsverarbeitende Prozesse, die vom Gehirn ganz ähnlich zu einem Computer bearbeitet werden. Diese Vorstellung hat man auch noch heute, wenngleich inzwischen die große Vielfältigkeit der Prozesse erkannt wurde und mehrere Theorien nebeneinander existieren, die alle eine gewisse Berechtigung haben.

Eine dieser Theorien stammt von Irving Biederman [8]: Anhand von Elementarmerkmalen, wie etwa der schon beschriebenen Eckpunkte, bestimmt das Gehirn einfache geometrische Objekte, so genannte Geone. Beispiele für Geone sind Quader, Zylinder oder Kugeln, die jeweils auch verbogen, verdreht oder verjüngt sein können. Komplexe Objekte werden als Kombination dieser Geone wahrgenommen. Hierbei spielt die Anordnung der Geone im Objekt eine wichtige Rolle für die Bedeutung des Gesehenen. Insgesamt identifiziert Biederman 36 unterschiedliche Geone. Abbildung 2.18 a zeigt mehrere davon, in b sind zwei Objekte zu sehen, die aus denselben Geonen zusammengesetzt sind und sich nur durch deren Anordnung unterscheiden.

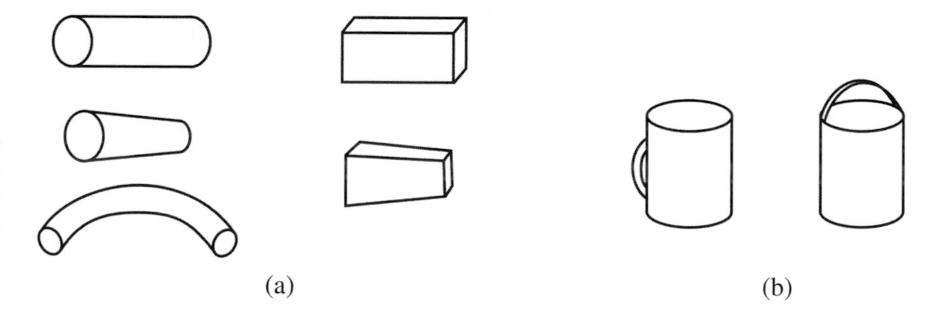

Abbildung 2.18
a) Geone; b) zwei Objekte, die sich durch die räumliche Anordnung der Geone unterscheiden.

Auf diese Weise können beliebig viele Objekte visuell zusammengesetzt werden. Wird eine Form beim Vergleich mit einer im Gehirn gespeicherten Form als hinreichend ähnlich klassifiziert, so erkennen wir sie. Im Fall optischer Täuschungen oder unmöglicher Objekte wird hingegen im Hippocampus ein weiteres Areal aktiviert, welches sich mit neuen und unerwarteten Mustern beschäftigt.

2.6 Der Einfluss des Kontextes

Wir haben bereits gesehen, dass die Wahrnehmung wesentlich vom Kontext des Gesehenen abhängt. So versucht das Gehirn, eine möglichst umfassende und widerspruchsfreie Interpretation zu finden. Hierbei wird einerseits die Wahrscheinlichkeit ermittelt, dass der visuelle Stimulus ein bestimmtes Objekt darstellt, andererseits die Wahrscheinlichkeit, dieses Objekt im gegebenen Kontext zu finden

[6]. Das Wahrgenommene ist bei mehreren Möglichkeiten die insgesamt wahrscheinlichste Interpretation.

Abbildung 2.19 zeigt diesen Vorgang. Dieselbe Form wird in a einmal als „A“ und einmal als „H“ interpretiert, weil der Stimulus es ähnlich wahrscheinlich erscheinen lässt, dass es sich um einen der beiden Buchstaben handeln könnte. Nur der Kontext führt zur unterschiedlichen Interpretation. In b ist die Interpretation des Stimulus eindeutiger, daher kann der Kontext hier nicht mehr korrigieren, es entsteht ein Konflikt in der Gesamtinterpretation.

Wir sehen in Bildern also das, was uns im gegebenen Kontext das Wahrscheinlichste zu sein scheint. Hierbei kann der Kontext aber auch von außen vorgegeben werden. Wenn man uns aufträgt, in einem Bild eine bestimmte Sache zu sehen, so erkennen wir sie auch, wenn es der Stimulus nur irgendwie zulässt.

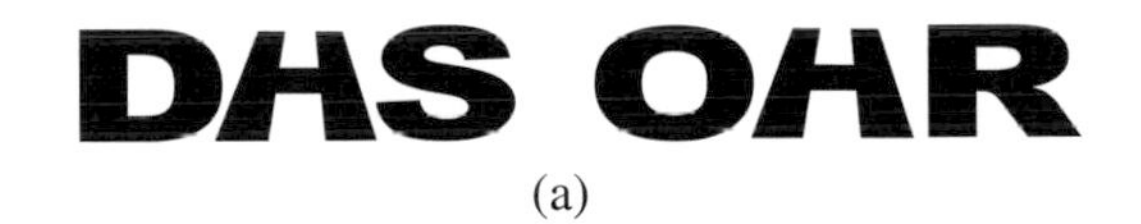
(a)

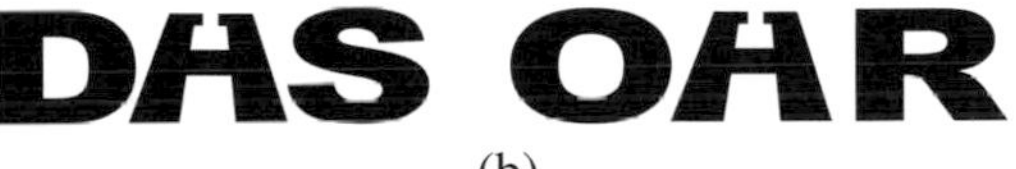
(b)

Abbildung 2.19
Wir interpretieren dasselbe Objekt einmal als „A“ und einmal als „H“, wenn es genügend mehrdeutig dargestellt ist.

Als Folgerung können wir in die nächsten Kapitel mitnehmen, dass es beim Sehprozess ganz entscheidend darauf ankommt, was wir in einem Bild sehen wollen. Wir sehen die Welt so, wie sie in unseren Kontext passt. Somit sieht jeder Mensch die Welt auf seine ganz eigene Weise. Durch Erziehung, kulturelles Umfeld und natürlich durch die Tatsache, dass manche Arten der Interpretation einfach mehr Sinn ergeben als andere, hat sich eine Art der Standardinterpretation herausgebildet, ein „common sense“, der ähnlich für viele Menschen ist. In mehrdeutigen Situationen ist jedoch das Gesehene oft sehr unterschiedlich.

Viele visuelle Stimuli verfügen über mehr Merkmale als zu ihrer Erkennung notwendig. Auf der anderen Seite ist für uns die Wahrnehmung bereits dann erfolgreich, wenn einige Merkmale stimmig erscheinen, der Rest wird vom Gehirn ergänzt. Diese Ergänzung ist es, die die unterschiedliche Wahrnehmung verursacht.

Kriminologen sind sehr vorsichtig bei Augenzeugenberichten. Beobachten verschiedene Zeugen dasselbe Ereignis, so bestehen oft große Unterschiede in dessen Wahrnehmung. Der zeitliche Ablauf kann sehr unterschiedlich erlebt werden. Je nach der individuellen Rolle des Zeugen (je nach Kontext) werden andere Dinge als wichtig empfunden und auch in der zeitlichen Reihenfolge unterschiedlich bewertet.

Sehen heißt also: Aus vielen Merkmalen und gegebenem Kontext extrahiert das Gehirn die Welt. Hierbei sind viele Mechanismen beteiligt, viele Gehirnareale liefern Beiträge. Und oftmals bestimmt der Kontext, was wahrgenommen wird. Hat mir in der Werbung ein bestimmtes Auto gut gefallen, so sehe ich es auf einmal häufig im Straßenverkehr. Beim Griff ins Supermarktregal lande ich unwillkürlich bei den Marken, die ich wahrnehme. Eine Werbestrategie hat meinen Sehkontext beeinflusst und mich gelehrt, was ich zu sehen habe.

Dieser Kontext gilt auch für ganze Gruppen von Menschen und er gilt für alle Arten der Wahrnehmung, da es ein Grundprinzip des Gehirns ist, Wissen kontextbezogen zu bearbeiten. Ein Beispiel für die Selbstwahrnehmung: Als Deutsche haben wir gründlich gelernt, alles und insbesondere uns selbst negativ zu sehen – und so reagieren wir auch auf die Welt. Andere Völker haben eine komplett unterschiedliche Wahrnehmung, sie *sehen* die aktuelle Weltlage ganz anders. So sind es nicht die Nachrichten selbst, die uns beeinflussen, es ist deren Auswahl und Wahrnehmung im Rahmen unseres Kontextes. Ein Islamwissenschaftler wurde angesichts der Islamismusdebatte nach seinem Eindruck von Syrien gefragt. Seine Antwort: „Es ist ein wunderbares, schönes Land" – seine Erfahrung erlaubte es ihm, das Land völlig jenseits unseres gängigen politischen Kontextes zu sehen.

2.7 Realistische und abstrakte Bilder

Kommen wir noch einmal zurück auf die menschliche Fähigkeit, visuell zu denken sowie abstrakte Bilder zu verstehen und zu kommunizieren. Ich hatte bereits Randall White zitiert mit seiner Vermutung, die Entwicklung der Menschheit sei maßgeblich von der Fähigkeit zur visuellen Kommunikation beeinflusst worden [82].

Was heißt nun visuelle Kommunikation? Zuerst einmal müssen hierfür wichtige allgemeine Informationen aus den bildlichen Eindrücken des täglichen Lebens extrahiert werden. Das Horn eines Tieres bedeutete für den Cro-Magnon-Menschen eine tödliche Gefahr. Daher wurden Hörner zu wichtigen Bestandteilen von Höhlenzeichnungen, sie wurden vergrößert und wandelten sich auf diese Weise zu *abstrakten Symbolen* im Kontext der damaligen Lebenswirklichkeit [56]. Wir benutzen heute eine Fülle anderer Symbole – teilweise in der Form von Piktogrammen zur sprachunabhängigen Kommunikation an internationalen Orten wie Flughäfen, teilweise sogar in der Form von Buchstaben unseres Alphabets.

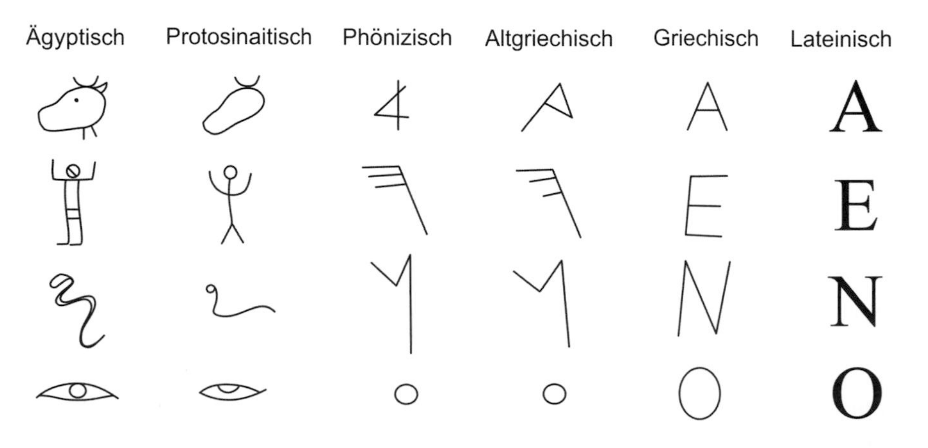

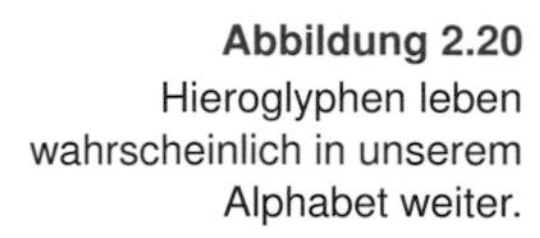
Abbildung 2.20 Hieroglyphen leben wahrscheinlich in unserem Alphabet weiter.

Abbildung 2.20 ist ähnlich in „Visual Intelligence"[7] von Ann Barry zu finden, einem Klassiker der visuellen Kommunikation, dem wir noch öfter begegnen werden. Das Bild zeigt einige Hieroglyphen. Sie sind noch klare bildliche Kommunikationssymbole. Später wurden diese Symbole weiter abstrahiert und es spricht einiges dafür, dass wir sie teilweise noch heute in unserem Alphabet benutzen.

Diese fortwährende Abstraktion geschieht natürlich im Rahmen der perzeptuellen Grundgesetze wie etwa des Prägnanzgesetzes. Ann Barry: „Visuelles Denken kann als die Erweiterung perzeptueller Prinzipien in die Welt des sozialen Diskurses durch die Anwendung von Metaphern gesehen werden" [7].

Und tatsächlich haben wir viele kulturelle und wissenschaftliche Errungenschaften visuell denkenden Menschen zu verdanken. Einstein entwickelte seine allgemeine Relativitätstheorie mittels visueller Bilder von einem frei fallenden Glasfahrstuhl, in dem man Dinge fallen lässt. Bekannt ist auch der Traum von August Kekulé bei der Suche nach der Struktur des Benzols. Er sah eine Schlange, die sich in den Schwanz beißt, und kam so auf die charakteristische Ringform.

Visuelles Denken und die Fähigkeit zur Abstraktion sind also wichtige Elemente des menschlichen Bewusstseins. Wenn wir ein Bild sehen, so bewerten wir seinen Abstraktionsgrad. Abhängig davon bewerten wir den Inhalt als eher symbolisch und allgemein oder als eher dinglich und konkret. Fotografien sind das eine Extrem, reine Symbole das andere.

Dies mag auch ein Grund dafür sein, dass wir Fotografien so schnell als „echt", als „wahr" ansehen. Diese Form der visuellen Repräsentation interpretieren wir unwillkürlich als dinglich-konkret. Stimmen hinreichend viele visuelle Merkmale, so handelt es sich für uns automatisch um das Abbild der Wirklichkeit. Dies eröffnet der Bildmanipulation ihre Möglichkeiten.

Bevor wir uns symbolische Bilder in Kapitel 8 noch einmal näher ansehen, möchte ich in den nächsten Kapiteln auf die technische Erzeugung und Manipulation von Bildern eingehen. Wir werden sehen, wie man Fotografien verändert und durch Digitaltechnik die Bildmanipulation nicht nur erleichtert, sondern völlig neue Möglichkeiten und Aspekte erzeugt. Per Computer kann man ganze virtuelle, aber fotorealistisch wirkende Welten erschaffen und animieren.

Das Foto und seine Macht

Fotografie und ihr Missbrauch

Das vorhergehende Kapitel hat Sie hoffentlich davon überzeugt, wie kompliziert der Sehprozess ist und wie unterschiedlich die bildlichen Informationen sein können, auf die wir reagieren. Das Foto trägt eine besondere Macht in sich, weil es dem Gehirn signalisiert „ich bin real“. Das Gehirn transformiert die ankommenden Signale ganz ähnlich wie die einer realen Szene. Limitierungen durch die verwendeten Medien spielen dabei keine große Rolle.

In diesem Kapitel stehen Fotografien im Mittelpunkt. Wir werden einen Blick in die Geschichte der Manipulation von Fotografien werfen und uns später der Bildverarbeitung zuwenden. Neben bekannten Techniken möchte ich aktuelle Trends in der digitalen Fotografie beschreiben. Der Computer ermöglicht heute eine Reihe von Veränderungen, die man vor zehn Jahren nicht für möglich gehalten hätte, und entlarvt einmal mehr das Auge als ein allzu gutgläubiges Instrument. Die Verfahren bilden auch eine gute Vorbereitung für die weiteren Kapitel, in denen die Methoden der Computergrafik beschrieben werden. Diese werden immer dann angewendet, wenn keine Realbilder zur Verfügung stehen und die Bildinhalte synthetisch hergestellt werden müssen.

Zu Anfang möchte ich Sie in ein Gebiet entführen, welches nur indirekt mit Bildmanipulation zu tun hat, uns aber die vielfältigen Mechanismen vor Augen führt, die im Zusammenhang mit Fälschungen eine Rolle spielen. Lassen Sie uns einen Blick in die Farbtöpfe der Kunstfälscher werfen.

3.1 Eine kurze Geschichte der Bildfälschung

Vor dem Aufkommen der Fotografie waren gemalte Bilder die einzige Möglichkeit der bildlichen Darstellung. Da man es nicht beherrschte, fotorealistisch gemalte – und damit zur Täuschung taugende – Bilder zu vervielfältigen, waren diese Darstellungen immer Einzelwerke und konnten nicht zur Beeinflussung der Massen verwendet werden. Stilisierte und geschönte Bilder der Herrscher wurden eher mit öffentlich aufgestellten Statuen und auf Geldmünzen verbreitet. Der Ursprung der Bildfälschung stammt daher aus einer ganz anderen Ecke: Hier steht seit jeher ein kommerzieller Aspekt im Vordergrund.

Schon immer stand eine große Anzahl vermögender Menschen einer kleinen Anzahl hochgeschätzter Kunstwerke gegenüber, weshalb die Anfänge der Kunstfälschung auch weit zurückreichen. In der Frühzeit wurden Bilder nur für kultische Zwecke gemalt und daher war es nicht üblich, sie zu signieren. Im antiken Griechenland kamen die ersten Signaturen auf und mit ihnen auch die ersten Fälschungen – erstaunlicherweise oft von den Meistern selbst, die Werke ihrer Schüler signierten, um diese verkaufen zu helfen.

Diese Methode zieht sich durch die Jahrhunderte. Ingres signierte eine Kopie seines Schülers Amaury-Duval, Corot tat das Gleiche [34]. Rembrandt war eine Art Franchising-Unternehmen, bei dem viele Malschüler in der Art des Meisters malten und dieser nach ein paar letzten Retuschen signierte.

Von Michelangelo sind die ersten Fälschungsgeschichten bekannt, die detailgetreu aufgezeichnet wurden: Als 15-Jähriger bekam er den Auftrag, ein Porträt zu kopieren. Es gelang ihm so gut, dass er die Kopie zurückgab und das Original behielt. Später plauderte er das Geheimnis selbst aus, was ihm aber nicht schadete, sondern zu erster Anerkennung verhalf. Eine weitere Geschichte berichtet von einer seiner Statuen, die im Boden vergraben und künstlich gealtert wurde. Es ist nicht klar, ob er selbst oder ein Kunsthändler dies veranlasste. Jedenfalls erbrachte die Statue nach ihrer „Entdeckung" einen erklecklichen Preis, von dem Michelangelo einen Anteil erhielt. Als die Sache aufflog, war es der erste große Skandal der Kunstfälschung – aber auch er vermehrte nur Michelangelos Ruhm. Goldene Zeiten!

Es gibt indes eine große Diskrepanz zwischen dem Künstler, dessen Bilder gefälscht werden, und dem zahlenden Kunstliebhaber oder Händler. Oftmals ist ein Künstler begeistert von einer gut gemachten Fälschung und hat keine Probleme mit dem unerwarteten Anwachsen seines Werkes. Picasso meint dazu: „Wenn es gut gefälschte Bilder sind ... Wie herrlich wäre das! Ich würde mich hinsetzen und die Bilder signieren." Von Dali ist bekannt, dass er leere Blätter signierte und damit andere einlud, ihn zu fälschen. Auch soll seine Ehefrau großzügig gewesen sein mit der Autorisierung fremder Dali-Fabrikate. Der Dali-Nachlass ist daher bis heute ein äußerst schwer zu beurteilendes Gebiet.

Viele bekannte Künstler wie Michelangelo, Rubens, Rembrandt, Degas oder Monet haben zahlreiche Bilder von anderen Künstlern kopiert. Freilich nicht um diese zu verkaufen, sondern um deren Malstil zu erlernen. Daher wird ein Künstler stets die kunsthandwerkliche Fähigkeit einer Kopie schätzen und bei einer Meisterfälschung den moralischen Aspekt nicht überbewerten.

Ganz anders jedoch der Käufer, der viel Geld für ein Kunstwerk ausgibt. Spätestens im 20. Jahrhundert ist die Kunstfälschung zu einer Industrie geworden. Die in den 1960er Jahren beschlagnahmten Falsifikate amerikanischer Zollfahnder lesen sich so: Rembrandt 9 428, Corot 103 227, Watteau 113 254, Utrillo 140 000 (siehe auch [4]). Leider treffen sich oftmals viel Geld und mangelndes Kunstverständnis, sodass diese Industrie jedes Jahr riesige Beträge umsetzen kann. Und leider spielen in diesem Zusammenhang allzu oft auch Händler, Auktionshäuser und Kunstsachverständige eine unrühmliche Rolle.

Jede Zeit hat ihre Starfälscher. Im 20. Jahrhundert sind dies Han van Meegeren, Lothar Malskat, Edgar Mugrella, Eric Hebborn und Tom Keating. Alle erzeugten eine Fülle von Fälschungen, die man für viel Geld verkaufte und die in die besten Museen gelangten, bevor sie entlarvt wurden.

← Starfälscher

Im Jahr 1945 gestand Han van Meegeren, eine große Anzahl Bilder von Jan Vermeer gemalt und verkauft zu haben. Leider auch an den Falschen: Während des Krieges verkaufte er für viel Geld ein Bild an Hermann Göring. Als Kunsthändler wurde er dafür nach Kriegsende der Kollaboration angeklagt. Die Todesstrafe konnte er nur abwenden, indem er gestand, die Vermeers gefälscht zu haben – viele von ihnen hingen zu diesem Zeitpunkt schon in bekannten Museen. Als Beweis für seine Aussage malte er einen vollendeten Vermeer in der Gefängniszelle.

Lothar Malskat sorgte für einen Skandal, als herauskam, dass er zwei Kirchen in Lübeck mit Fresken im Stil des 13. Jahrhunderts versehen hatte. Die bei seiner „Restauration“ freigelegten Kunstwerke wurden von den Kunsthistorikern als bedeutende Kunstwerke gefeiert, leider zu früh. Nebenbei gestand er, mehr als 600 andere Bilder gefälscht zu haben. Tom Keating, ein Engländer, fälschte mehr als 2 000 Gemälde und Zeichnungen von Renoir, Dégas und anderen. Aus Übermut entstanden witzige Details wie das Wort „Fake“ in der Grundierung oder ein „Guiness“-Glas in einem Rembrandt-Bild.

Eric Hebborn brachte mittels renommierter Auktionshäuser über 500 Zeichnungen à la Brueghel, Piranesi und van Dyck auf den Kunstmarkt. Er war ein hochkarätiger Kunstkenner, der viele Fälschungstechniken perfektionierte und auf diese Weise etliche Gutachter hinters Licht führen konnte. Er starb unter ungeklärten Umständen in Italien kurz nach der Veröffentlichung der italienischen Übersetzung seines Buches [34].

Edgar Mugrella hat in Deutschland ca. 2 500 Grafiken und Gemälde verschiedenster Künstler gefälscht und in den Umlauf gebracht. Als Autodidakt lernte er malen und ging dann bei verschiedenen Fälschern in die Lehre, bevor er selbst produktiv wurde. Ahrens und Müller [4] beschreiben eine Geschichte, die typisch für das Verhalten der Umgebung eines Fälschers zu sein scheint: Mugrella will einmal eine Reihe seiner Zeichnungen selbst verkaufen und keinen Zwischenhändler einschalten. Der Galerist ist bereit, 3 000 DM für die Zeichnungen zu geben, als Edgars kleine Tochter ruft: „So wenig will er dir bezahlen, Papi! Du hast Dir doch so viel Mühe gegeben.“ Der Galerist meint darauf: „Ah, Fälschungen! Also dafür zahle ich nur die Hälfte.“

Die beiden Autoren weisen immer wieder auf die Netzwerke hin, welche die Fälscher umgeben und die zumeist das große Geld verdienen, während die Fälscher nur mit kleinen Summen abgespeist werden. Als besonders erfolgreich erweisen sich Paarungen von Kunsthändlern und Kunsthistorikern. So verkaufte der Kunsthändler Joseph Duveen viele gefälschte Werke italienischer Maler mithilfe von Gutachten aus der Hand Bernard Berensons, eines angesehenen Renaissance-Kenners, der sehr großzügig an den erzielten Gewinnen beteiligt wurde.

Und auch die Kunstsammler spielen eine große Rolle. Da sie allzu oft bei einem scheinbaren Schnäppchen ihr Misstrauen verlieren, sind sie im Nachhinein in der Regel nicht bereit, den Fehler zuzugeben. Folglich verlaufen viele Ermittlungsverfahren der Polizei im Sande, weil niemand großes Interesse zeigt, die Ausmaße der Fälschungen offenzulegen. Edgar Mugrella zitiert in einem Interview seinen Hehler: „Eddy, jeden Tag wird ein Doofer geboren, man muss ihn nur finden.“

3.2 Fotos, die lügen

Eine Fotografie besitzt beides: sowohl eine besondere Erklärungsmöglichkeit als auch größtes Manipulationspotential. Freilich hat man dies nicht erst in der heutigen Zeit entdeckt, schon bald nach dem Aufkommen der Fotografie lernte man, die Resultate zu verändern und zu schönen.

Die ersten Fotografen waren zumeist Künstler und konnten daher die technischen Mängel der frühen Aufnahmen durch beherzte Pinselstriche beseitigen. Retuschieren von Staubkörnern und Kratzern bildete den Anfang, bald kamen erste „Verschönerungen" von Porträts hinzu, um der Kundschaft die Aufnahmen schmackhaft zu machen. Das Spektrum wurde stetig erweitert, so verschwanden ungeliebte Personen aus Gruppenbildern und es entstanden die ersten Montagen. Und schon bald wurden die Bilder auch für propagandistische Zwecke eingesetzt.

In „Fotos, die lügen" von Alain Jaubert [37] werden verschiedene Arten der Bildmanipulation beschrieben. Die Sowjetunion kann hierbei auf eine besonders reiche „Kultur" der Bildmanipulation zurückblicken, hier wurde vieles perfektioniert, was vorher nur ansatzweise und schamhaft betrieben wurde. In anderen Ländern wie etwa China sind jedoch ähnliche Dinge nachweisbar:

- **Retuschieren**

  In ihrer einfachsten Form dient die Retusche „protokollarischen" Zwecken, soll also aus dem bildlichen Rohmaterial unerwünschte Details entfernen. Hierzu zählen Peinlichkeiten und unschöne Einstellungen, die automatisch bei Personen auftreten, die man viel fotografiert. Es kann sich aber auch um herumliegenden Müll, dümmliche Gesichtsausdrücke von Passanten, unschöne Ehefrauen oder zu verbergende Geliebte handeln, gelegentlich auch um Zufälligkeiten wie etwa die visuelle Verbindung von Objekten, die nichts miteinander zu tun haben.

  In der Sowjetunion stilisierte man auf diese Weise schon früh die Gesichter der Führer. So waren viele Spezialisten damit beschäftigt, Stalins pockennarbiges Gesicht zu glätten. Die erhalten gebliebenen Bilder vermitteln daher einen Eindruck, der oft romantisch, fast religiös erscheint.

- **Abheben**

  Wichtige Personen müssen sich von der Welt abheben. Keine profane Umgebung darf sie berühren. So ähnlich lautete wohl die Anweisung für die Retuscheure in der Sowjetunion. Daher wurden systematisch unwichtige Personen entfernt, Hintergründe geschönt oder gelöscht. Die Herrscher stehen alleine und sind umgeben von einem Lichthof, den man durchaus als Heiligenschein interpretieren kann.

- **Ausschneiden**

  Hier werden Personen ausgeschnitten, an neue Positionen im Bild verschoben oder zu völlig neuen Bildern vereint. Verändert die Abhebung nichts an der Beziehung zwischen den wichtigen Personen, so lassen sich durch das Ausschneiden ganz neue Bildaussagen erzeugen. Der Retuscheur (bzw. der Apparat hinter ihm) erlangt uneingeschränkte Macht.

  Jaubert unterscheidet zwischen der Fotomontage und der manipulierten Fotografie; in ersterer lassen viele Merkmale die Kombination verschiedener Quellen erkennen, letztere will hingegen echt wirken. Hier ist ein erheblicher handwerklicher Aufwand erforderlich, um die oft subtilen Unterschiede in der Beleuchtung, der Helligkeit, der Größe sowie der Perspektive auszugleichen. Die Manipulation soll nicht auffallen und dem Betrachter innerhalb eines politischen Gesamtzusammenhangs eine stimmige Weltsicht liefern.

- **Ausschnitte vergrößern**

  Die Wahl des Ausschnittes gehört zu den Gestaltungsentscheidungen des Fotografen. Schon hier werden mitunter wesentliche Teile der Wirklichkeit ausgeblendet. Dennoch wird diese Art der Manipulation für gewöhnlich nicht beanstandet, sie gehört zum Medium des Fotos dazu, ist Teil seiner Ausdruckskraft. Im politischen Bild ist sie probates Mittel, um Personen zu tilgen, die nicht unmittelbar im Vordergrund stehen.

- **Wegretuschieren**

  Menschen vollständig aus Fotos zu entfernen, erfordert große Expertise und viel Fingerspitzengefühl. Wir werden einige Beispiele aus verschiedenen Epochen sehen, in denen Personen aus Bildern verschwinden. In der einfachsten Form werden sie mit Hintergrund übermalt oder durch andere Personen ersetzt. Oft wird das Bild aber auch auseinandergeschnitten und neu zusammengesetzt. Gelegentlich ergeben sich dabei Verwerfungen in der Perspektive, Knicke oder Ähnliches, mal schaut ein Teil eines Fußes aus dem Nichts hervor. In vielen Fällen sind die Ergebnisse aber auch perfekt gelungen und ohne die Originalbilder nicht mehr zu entlarven. Nur wenn ein Anfangsverdacht besteht, kommen die Recherchen in Gang und offenbaren dann gelegentlich die Retusche.

3.3 Klassische Beispiele retuschierter Fotos

Das Eliminieren von Personen aus Bildern hatte zumindest in der Sowjetunion noch eine weitere Komponente. Eine in Ungnade gefallene Person wurde nicht „nur" physisch exekutiert, sie wurde auch aus allen Fotografien getilgt. Offizielle Fotos wurden entsprechend manipuliert, aber auch alle Privatpersonen mussten die Person aus ihrem Bildmaterial entfernen. In der Folge wurden Bilder übermalt, ausgeschnitten oder auf andere Art verstümmelt. Dies geschah in den Bibliotheken durch das Personal, die private Ausführung wurde durch entsprechende Razzien mit Bücherkontrolle sichergestellt.

Stephen Cohen beschreibt in seinem Vorwort zu *Stalins Retuschen* [44] von David King eine denkwürdige Begegnung. Die Tochter eines ehemaligen Funktionärs zeigt ihm ihr privates Fotoalbum, in dem die Mutter aus Angst vor Repressalien alle Bilder ihres Mannes nach dessen Exekution getilgt hatte. Er war im wahrsten Sinne ausradiert worden. Auf diese Weise wird die Bildmanipulation zum verlängerten Arm der Hinrichtung, welche lange über den Tod hinaus ihre Macht demonstriert. Ferner sind die meist schlecht ausgeführten Übermalungen eine nach-

Abbildung 3.1
Stalins Gefährten verschwinden.

Abbildung 3.2
Jeschow wird ausgelöscht.

Abbildung 3.3
Elimination durch Übermalung.

drückliche Warnung: jedem Leser wird die Macht des Staates vor Augen geführt, da er tagtäglich mit einer Vielzahl „ausradierter" Personen konfrontiert wird.

Abbildung 3.1 zeigt die Methoden auf eine besondere Weise, die heute fast schon wieder belustigend wirkt. Das erste Foto stammt aus dem Jahr 1926 und zeigt Stalin mit Nikolai Antipow, Kirow und Nikolai Schwernik. In der *Geschichte der Sowjetunion* von 1946 fehlt Antipow durch einen veränderten Ausschnitt, in einer Version von 1949 auch Schwernik, diesmal durch Wegretuschieren. Man weiß nicht genau warum, schließlich wurde er später von Stalin zum Staatsoberhaupt ernannt. In einem Gemälde von Isaak Brodski aus dem Jahr 1929 ist nur Stalin zu sehen [44, 20]. Abbildung 3.2 zeigt die Eliminierung von Jeschow, des Volkskommissars für das Wassertransportwesen. Er wurde 1940 hingerichtet.

Abbildung 3.3 ist eine Aufnahme von 1937, in der Budjoni, Kalinin und Woroschilow von der Führungsspitze der sowjetischen Generalität umgeben sind, die später auch in Ungnade fiel. Das Bild ist exemplarisch für die Methodik der fotografischen Elimination von Personen durch Übermalung. Neben dem schon erwähnten Aspekt der absichtlich sichtbaren Veränderung kann gemutmaßt werden, dass zur damaligen Zeit so viele Personen eliminiert wurden, dass der Staatsapparat mit einer sorgfältigen Bildverarbeitung überfordert war.

Neben der Auslöschung von Personen ging Stalin aber auch den umgekehrten Weg. Er litt unter dem Mangel an Bildern aus seiner Kindheit und Jugend. Also wurden Maler und Bildhauer beauftragt, künstliche Jugendbilder zu schaffen und ihn darüber hinaus in Bilder aus der entsprechenden Zeit per Retusche einzufügen. Auf diese Weise wurde der Stalin-Kult in den 1930er Jahren auch auf seine Jugend ausgeweitet.

Doch bleiben wir nicht im fernen Russland. Auch das Dritte Reich war nicht zimperlich mit Bildmanipulationen. Abbildung 3.4 zeigt Hitler mit (von links nach rechts) Heinz Riefenstahl, Dr. Ebersberg, Leni Riefenstahl, Joseph Goebbels sowie Ilse Riefenstahl. In einer späteren Version des Bildes wurde Goebbels entfernt und mehr oder minder kunstvoll durch den Hintergrund ersetzt. Hitler selbst hat die Macht der Bilder schnell erkannt und kräftig an der eigenen Stilisierung mitgewirkt. Ganz in der Manier von Stalins Russland wendeten seine Fachleute die schon bekannten Verfahren an: Entfernung von zweitrangigen Personen, Hinzunahme einer Aura und eine gemalte Stilisierung, die Züge der naiven Kunst annimmt (siehe auch [37]).

Abbildung 3.4
Goebbels verschwindet. Aufnahmen von 1937: Hitler mit der Familie Riefenstahl.

3.4 Aktuelle Beispiele

Im Jahr 1999 stellte das Haus der Geschichte eine Wanderausstellung zum Thema „Bilder, die lügen" zusammen [20]. Neben den historischen Exponaten werden insbesondere auch aktuelle Bildmanipulationen der Presse gezeigt. Sie sollen den Zuschauer für die allgegenwärtige „Verarbeitung" von Bildern sensibilisieren. Auch auf Fotos unserer Tage wird mitunter protokollarische Retusche in einer

Abbildung 3.5
Ein Plakat verschwindet.
Beschreibung siehe Text.

Form angewendet, die fragwürdig ist. Abbildung 3.5 aus einer Broschüre der Landesregierung Thüringen zeigt ein Beispiel. Im oberen Teil ist ein Pressefoto von Reuters anlässlich Clintons Besuch in Eisenach zu sehen. Das untere Bild zeigt die modifizierte Version. Hier wurde ein Plakat mit der Aufschrift „Ihr habt auch in schlechten Zeiten dicke Backen“ entfernt, indem man einige Zuschauer digital über das Plakat kopierte. Suchen Sie diese Zuschauer in der Menge! Sie sind rechts neben der retuschierten Stelle.

Oftmals reicht eine kleine Veränderung, um mit einem Bild eine ganz neue Aussage zu erzielen. Am 17. November 1997 starben bei einem Bombenattentat in Theben viele Touristen, unter ihnen auch eine Anzahl Schweizer Bürger. Associated Press veröffentlichte daraufhin ein Foto (Abbildung 3.6(links)), welches den Tatort nach seiner Reinigung zeigt. Das Schweizer Boulevardblatt *Blick* zeigte zwei Tage später dasselbe Bild mit einem kleinen Unterschied in der Farbgebung. Die Bildaussage harmoniert nun prächtig mit dem Titel „Ein Land wie im Krieg“.

DAS MASSAKER VON LUXOR 3

Blutspur des Grauens: Der Platz vor dem Tempel der Hatschepsut ist geräumt, Spuren des Massakers aber sind noch deutlich zu sehen.

Ein Land wie im Krieg

Abbildung 3.6
Kleiner Farbunterschied, große Wirkung. Eine Pfütze wird zur Blutlache.

An den beiden Fällen lässt sich das schwierige Spannungsfeld zwischen protokollarischer Retusche und eigentlicher Bildmanipulation gut aufzeigen. Für viele fällt die Veränderung in der Broschüre der Landesregierung Thüringen noch in den Bereich der protokollarischen Retusche, weil hier die Bildaussage selbst nicht verändert wird, sie wird nur stimmiger gemacht, sozusagen verschönert. Das Titelbild von *Blick* ist eindeutig eine Manipulation, obwohl hier viel weniger am Bild verändert wird. Man passt den Gesamtfarbton an und färbt den Fleck zusätzlich mit ein wenig roter Farbe ein. Auf diese Weise wird jedoch die Aussage des Bildes radikal verändert. Der Fleck erscheint uns nun als Blutlache.

In der so genannten Yellow Press sind Bildmanipulationen an der Tagesordnung, freilich oftmals so schlecht ausgeführt, dass man eher von Fotokollagen sprechen sollte. Über die Arbeitsmethoden der Paparazzi ist schon ausführlich berichtet worden, dennoch erhalten auch sie nicht immer das gewünschte Bildmaterial. Eine kleine Veränderung kann hier manchmal Wunder wirken: So erscheint am 9. August 1997 in *The Mirror* „Das Bild, das alle wollten“: Lady Diana beugt sich vor, um ihren Freund Dodi al-Fayed zu küssen. Durch Vergleich mit dem Originalbild sieht man aber, dass der Kopf von al-Fayed gespiegelt wurde, um der Szene eine größere Intimität zu verleihen.

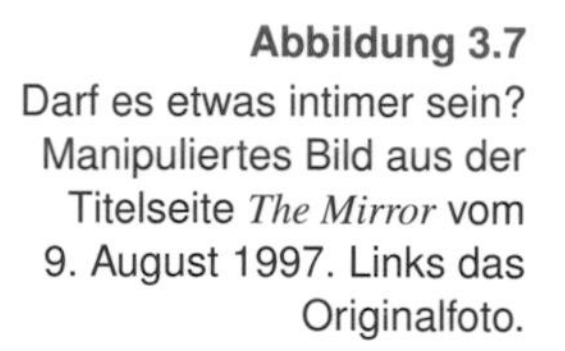

Abbildung 3.7
Darf es etwas intimer sein? Manipuliertes Bild aus der Titelseite *The Mirror* vom 9. August 1997. Links das Originalfoto.

Ein solches Bild weist alle Attribute einer Manipulation auf, es soll ja schließlich „echt“ wirken. Durch seine Grobkörnigkeit erhält es sogar einen besonders glaubwürdigen Charakter als Paparazzi-Fotografie. Glücklicherweise kam man der Manipulation auf die Spur. Nach seiner Entlarvung bewirkte es eine Debatte um eine strengere freiwillige Selbstkontrolle der britischen Presse.

Viel subtiler, aber in der Gesamtwirkung kritischer sind die Verschönerungen, denen heute alle Modelle vor ihrem Erscheinen auf Titelseiten unterworfen werden. Grundsätzlich wird geglättet und Hautunreinheiten werden beseitigt, keine Form ist perfekt genug, als dass nicht noch verbessert werden könnte. Die Menschen, die wir täglich in Werbung und Printmedien erblicken, sind also zumeist Phantomgestalten mit nur geringer Entsprechung in der Wirklichkeit. Problematisch wird es dann, wenn diese Phantomgestalten zum Maßstab für Schönheit gemacht werden, wenn Frauen genauso werden wollen wie diese Bilder, wenn Männer diese Bilder als Schönheitsideale verinnerlichen und vergeblich eine Entsprechung in der Wirklichkeit suchen.

Ich möchte es für den Moment bei dieser kleinen Sammlung von Bildbeispielen belassen. In Kapitel 4 werden die technischen Methoden zur Herstellung solcher Verschönerungen besprochen, in Kapitel 8 werden wir uns noch einmal mit diesem Thema beschäftigen. Dann möchte ich allerdings auf subtilere Manipulationen im Zusammenhang mit Bildern eingehen. So muss man beispielsweise ein Bild überhaupt nicht verändern, um damit zu manipulieren. Es genügt, den Kontext entsprechend zu ändern, und schon wird das Bild auf eine völlig neue Weise wahrgenommen.

Lassen Sie uns aber nun einmal den Standpunkt wechseln und bestaunen, was mithilfe der digitalen Bildverarbeitung, der Computergrafik und auch der Visualisierung alles angestellt werden kann. Wir beginnen mit einigen Bildoperationen aus den üblichen Bildbearbeitungsprogrammen; danach wird auf aktuelle Forschungsergebnisse eingegangen, die zukünftig dort Eingang finden werden.

4

Digitale Bildmanipulation

Retusche für jedermann

In der konventionellen Kamera entsteht ein Foto durch Filmmaterial, welches bei Belichtung seine chemische Struktur verändert. Der Entwicklungsprozess lässt daraus ein Negativbild entstehen, aus dem man anschließend die Farbbilder macht. Es hat viele Jahre gedauert, bis dieser Prozess in der Perfektion realisiert war, wie sie uns heute selbstverständlich ist. Die ersten Fotoplatten waren aus Teer und mussten viele Stunden belichtet werden, um ein Bild zu erhalten. Die Bilder konnten damals auch noch nicht vervielfältigt werden. Heute hat man mehrere hochspezialisierte chemische Substanzen, die in Schichten auf den Filmträger aufgebracht werden und jeweils Anteile des Lichtes aufnehmen. In Bruchteilen einer Sekunde lassen sich auf diese Weise perfekte Aufnahmen erzeugen.

Dieser ausgefeilte Prozess wurde innerhalb weniger Jahre durch die Digitaltechnik enorm zurückgedrängt. In der digitalen Kamera entsteht die Bildinformation durch winzige lichtempfindliche Halbleiter, die auf einem so genannten CCD-Chip angeordnet sind. CCD steht für *Charge-coupled device*, ein „Ladungsgekoppeltes Bauteil“. Es handelt sich um einen Halbleiter, der ursprünglich für die Datenspeicherung entwickelt wurde, die Lichtempfindlichkeit war eine Zufallsentdeckung. Für jedes Pixel benötigt man drei Sensoren in den Grundfarben Rot, Grün und Blau. Die Optik der Kamera lässt das Licht auf den Chip fallen, wo das Abbild erzeugt wird.

Trotz hochspezialisierter Digitaltechnik lässt sich heute nur mit den besten Digitalkameras die Qualität erzielen, die gute Farbfilme bieten. Der Vorteil liegt in der digitalen Natur der Bilder, die eine Speicherung und Weiterverarbeitung mithilfe der digitalen Bildverarbeitung erlauben.

Wie die Computergrafik zählt auch die digitale Bildverarbeitung zur grafischen Datenverarbeitung. Sie ist ein wichtiges Teilgebiet der Informatik und beschäftigt tausende Forscher in vielen Ländern. Während die Computergrafik Bilder erzeugt, versucht man in der Bildverarbeitung Bilder zu bearbeiten und zu analysieren.

Man unterscheidet drei Teilbereiche: In der klassischen Bildverarbeitung werden Bilder verändert, angepasst oder verschönert. Dies ist der Teil, der uns interessiert. In der Bildanalyse wird Wissen aus Bildern extrahiert. Entsprechende Verfahren werden zum Beispiel in der Materialprüfung eingesetzt oder helfen bei der automatischen Bildauswertung von Satellitenfotos. Im Bereich der so genannten Computervision versucht man, dem Rechner das Sehen beizubringen, um es beispielsweise Robotern in unbekanntem Gelände zu ermöglichen, sich autonom zu bewegen.

Computergrafik und Bildverarbeitung sind in den letzten Jahren zusammengewachsen. Die Computergrafik verwendet in zunehmendem Maße Bildmaterial für die Synthetisierung neuer Bilder, viele moderne Methoden der Bildverarbeitung benutzen auf der anderen Seite Algorithmen, die aus der Computergrafik stammen. Ich möchte die Grenzen zwischen beiden Gebieten dort ziehen, wo die Computergrafik über die Bildverarbeitung hinausgeht, weil sie zusätzliche Prinzipien wie etwa die Beleuchtungssimulation oder die Verarbeitung dreidimensionaler Objekte benutzt. Solche Dinge werden wir uns im nächsten Kapitel ansehen, während im Folgenden die technische Bildmanipulation im Vordergrund steht.

Bevor wir mit den Bildverarbeitungsoperationen beginnen, müssen wir ein paar Grundbegriffe betrachten, die für das Verständnis der Methoden wichtig sind. Zunächst einmal: Wenn man von einem digitalen Bild spricht, so meint man eine Ansammlung von Pixeln, die eine Fläche bilden. Ein Pixel ist ein kleines quadratisches Flächenstück mit einer einzigen Farbe. In einem Digitalbild sind mehrere Millionen dieser Pixel kombiniert und erzeugen so den Bildeindruck.

Die Bildgröße beschreibt, aus wie vielen Pixeln das Bild besteht, üblicherweise getrennt in horizontale und vertikale Spalten. Die Bildauflösung gibt an, wie viele Pixel pro Zentimeter angeordnet sind. Aus der Gesamtanzahl der Pixel eines Bildes und der Auflösung ergibt sich die Leinwandgröße, das ist die Fläche, die das Bild in gedruckter Form einnimmt.

Wird ein Bild mit einem Drucker ausgegeben, so muss man dessen Druckauflösung betrachten. Ein typischer Wert sind 2 400 dpi (*dots per inch*), der Drucker kann also 2 400 Punkte pro Inch (2,54 cm) drucken. Für ein gedrucktes Bild ist bei heutigen Druckern mindestens eine Auflösung von 150 dpi notwendig, für Linienzeichnungen und Diagramme benötigt man 600 dpi. Warum so wenig, wenn der Drucker doch 2 400 dpi hat? Da ein Drucker nur wenige Grundfarben besitzt, muss er Farbtöne aus vielen unterschiedlichen Punkten zusammensetzen (siehe Abschnitt 2.1). Hierdurch sinkt seine reale Auflösung sehr stark, in diesem Fall auf höchstens 150 dpi.

Linienzeichnungen hingegen sind typischerweise schwarzweiß und bestehen aus feinen Linien. Hier muss der Drucker keine Farben zusammensetzen und kann alles in seiner nativen Auflösung wiedergeben. Allerdings macht es wenig Sinn, Details darzustellen, deren feinste Linien so klein sind, dass sie an die Auflösung von 600 dpi oder kleiner heranreichen, weil dies für das Auge schon zu fein ist.

4.1 Darstellung von Farben

← Tristimulustheorie

Kommen wir zur Darstellung von Farben. In Kapitel 2 hatte ich bereits von der Farbwahrnehmung gesprochen und die drei verschiedenen Zapfenarten erwähnt, die dafür verantwortlich sind. Um einen Farbeindruck zu simulieren, reichen daher auch drei Grundfarben aus; man spricht von der Tristimulustheorie. Die meisten gesättigten, also strahlenden Farben sind Spektralfarben und lassen sich somit über ein Spektrum mit nur einer Wellenlänge erzeugen.

← Purpur

Die roten Farbtöne sind langwellig, dann folgen gelbe, grüne, blaue und schließlich violette Töne, bevor die Wellenlänge zu klein wird und in den ultravioletten Bereich entweicht. Bei der Wahrnehmung werden daher bei großen Wellenlängen die roten Zapfen erregt, dann rote und grüne (gelbe Farbtöne), dann nur grüne, gefolgt von grünen und blauen und schließlich nur noch blauen. Es fehlt die Kombination von roten und blauen Rezeptoren. Dennoch haben wir ein eigenes Farbempfinden, wenn diese beiden Rezeptoren gleichzeitig gereizt werden: Farbtöne wie Purpur und Magenta entstehen hier. Solche Farben sind keine Spektralfarben, weil für ihre Darstellung mindestens zwei Wellenlängen vorhanden sein müssen. Sie sind daher auch nicht im Regenbogen (der Zerlegung des Sonnenlichtes in Spektralfarben) zu finden.

Dennoch lässt sich bezogen auf die Farbwahrnehmung das lineare Spektrum zu einem Kreis mit jeweils ähnlichen Farben zusammenschließen (Abbildung 4.1). Unser Sehsystem ergänzt die neuen Farbeindrücke, wo es sie in der Natur als eigenständige Spektralfarben nicht zu sehen bekommt. Wir empfinden Purpur und Magenta als zwischen Rot und Blau liegend. Diese Tatsache ist ein wichtiger Beleg für die Tristimulustheorie, weil anders nicht erklärbar.

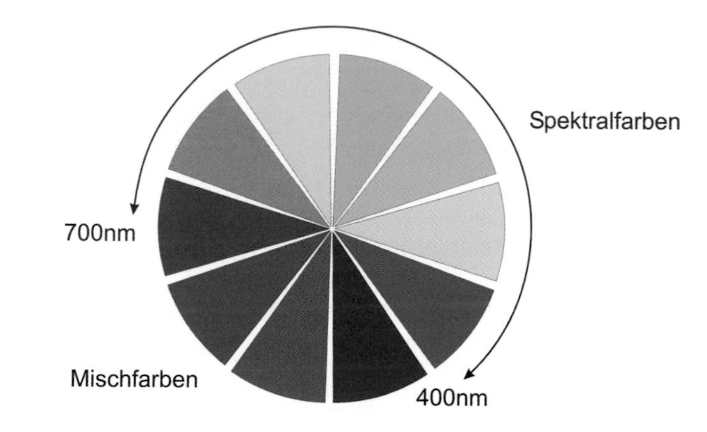

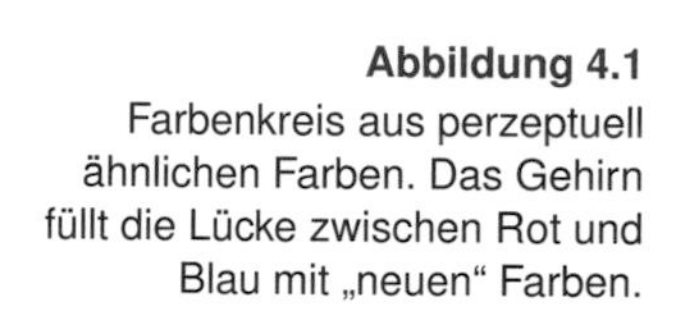

Abbildung 4.1
Farbenkreis aus perzeptuell ähnlichen Farben. Das Gehirn füllt die Lücke zwischen Rot und Blau mit „neuen“ Farben.

Kommen wir zurück zur Technik: Sollen Bilder auf einem Computermonitor oder Beamer dargestellt werden, so genügen aufgrund der Tristimulustheorie die drei Grundfarben Rot, Grün und Blau zur Darstellung; es handelt sich um eine RGB-Bilddarstellung. Für den Ausdruck muss das Bild umgewandelt werden, denn nun braucht man die Grundfarben Cyan, Magenta und Gelb. Der Computer macht diese Umwandlung üblicherweise, ohne dass Sie etwas davon merken.

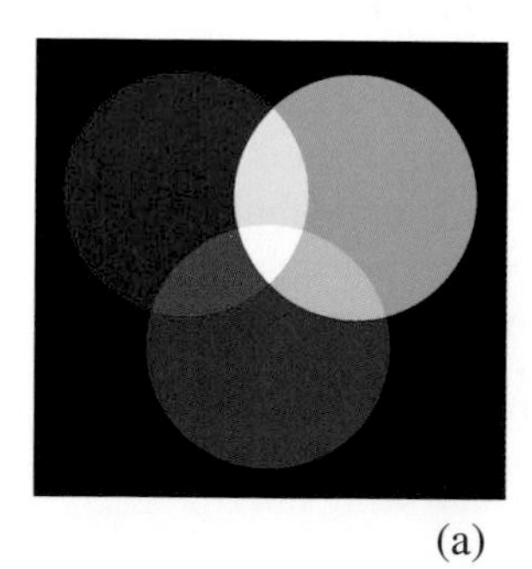
(a)

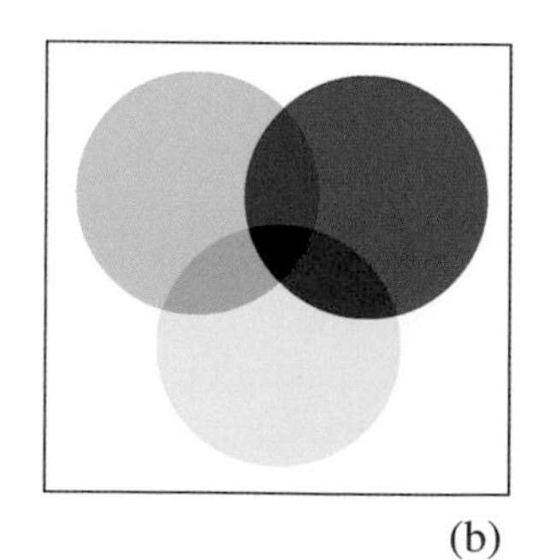
(b)

(c)

Abbildung 4.2
a) Additive Farbmischung (RGB); b) subtraktive Farbmischung (CMY); c) Farbrad für HSV-Farbmodell.

Der Unterschied zwischen Monitor und Drucker liegt in der Farbentstehung: Der Monitor besitzt für jedes Pixel drei Minilämpchen, deren Farbeindruck sich addiert (additive Farbmischung). Betrachten Sie einen Monitor oder Fernseher mit der Lupe, werden Sie den Effekt erkennen. Der Drucker hingegen besprüht das Blatt mit reflektierenden Farben, die jeweils Licht absorbieren und übereinander gedruckt schwarz ergeben (subtraktive Farbmischung). Auch diesen Effekt kann man mit der Lupe gut erkennen. Zusätzlich haben moderne Drucker die Farbe Schwarz, um ökonomischer zu arbeiten und einen tiefen Schwarzeindruck zu erzielen. Ein Bild mit den Grundfarben Cyan, Magenta, Gelb und Schwarz nennt man ein CMYK-Bild.

Leider ist die Beschreibung über RGB und CMYK nur mathematisch sinnvoll und uns Menschen nicht sonderlich eingängig. Niemand beschreibt eine Farbe mit „ein wenig Rot, viel Grün und etwas Blau“. Wenn wir eine Farbe charakterisieren, so wählen wir üblicherweise Begriffe wie Farbton, Helligkeit und Sättigung. Mit der Helligkeit meinen wir eigentlich die Lichtintensität eines Farbeindrucks, während die Sättigung die Kraft der Farbe beschreibt.

Abbildung 4.3
a) Beispielbild;
b) RGB-Farbanteile;
c) CMYK-Farbanteile.

Im HSV-Modell werden Farben auf diese Weise angegeben. Die Farbe wird als Winkel auf einem Farbrad beschrieben, wie in Bild 4.2 c zu sehen. Null Grad beschreibt einen Rotton, ein Winkel von 45 Grad entspricht Gelb. Wandert man im Farbrad von außen nach innen, so verringert sich die Sättigung der Farbe. Die Helligkeit wird separat über einen eigenen Wert geregelt. Die so gewonnene HSV-Farbe wird für die weitere Bildbearbeitung oder Speicherung in RGB- oder CMYK-Werte umgerechnet.

Abbildung 4.3 zeigt ein Beispielbild zusammen mit seinen Farbkanälen, einmal in der RGB-Darstellung und einmal als CMYK-Komponenten. Die RGB-Komponenten erscheinen dunkler, da sich die Farben beim Zusammensetzen addieren und so immer heller werden. Die CMYK-Komponenten sind hell, weil sie durch Kombination dunkler werden. Man sieht auch gut, dass es beim CMYK-Modell durchaus Sinn macht, die schwarze Farbe nicht über die Kombination der Grundfarben zu erzeugen, sondern über eine eigene (billigere) schwarze Tinte, da in diesem Farbkanal ein großer Teil der Bildinformation enthalten ist.

Ein Digitalbild wird gespeichert, indem man die Intensitätswerte für jede Grundfarbe pro Pixel abspeichert. Typischerweise macht man das über ein Byte (8 Bit) pro Farbwert, d. h. drei oder vier Byte pro Pixel je nach Farbmodell. Mit dieser Technik kann man 256 verschiedene Intensitätswerte pro Grundfarbe abspeichern, das entspricht insgesamt etwa 16,9 Millionen möglichen Farben. Man sagt, das Bild hat eine Farbtiefe von 8 Bit.

Die Bilder werden beim Abspeichern meist komprimiert, da sich sonst schnell erhebliche Datenmengen ansammeln[1]. Man unterscheidet die verlustfreie Kompression, die bei einem Foto die Größe auf etwa ein Zehntel reduziert, und die verlustbehaftete Kompression (wie beim standardisierten JPEG-Bildformat), die noch weit höhere Kompressionsraten erlaubt. Allerdings können hier bei starker Kompression sichtbare Artefakte entstehen.

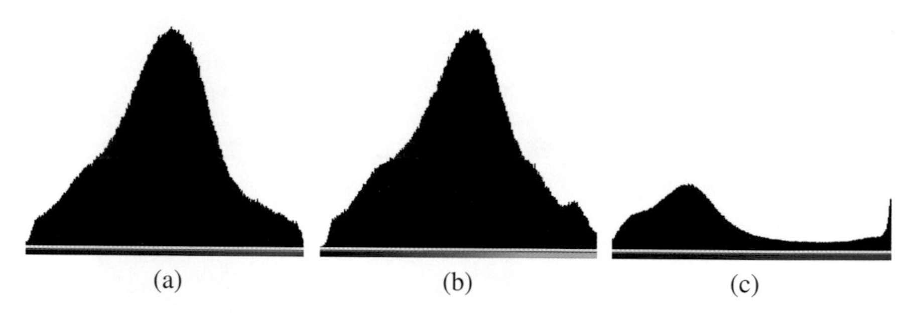

Abbildung 4.4
Histogramm für das Beispielfoto 4.3 a: a) Rotkanal; b) Grünkanal; c) Blaukanal.

Histogramm →

Ein wichtiges Hilfsmittel zur Analyse eines Digitalbildes ist sein Histogramm. Für jeden Farbkanal gibt es die Anzahl der Pixel mit einem bestimmten Intensitätswert an. Wir hatten schon gesehen, dass es bei einem normalen Bild 256 verschiedene Intensitätswerte pro Farbkanal gibt. Für jeden dieser Werte wird ein vertikaler Strich angelegt, dessen Höhe die Anzahl der Pixel im Bild mit diesem Wert angibt. In Abbildung 4.4 ist das Histogramm für das Foto 4.3 a zu sehen, hier für die RGB-Version des Bildes.

Am Histogramm lassen sich die wichtigsten Farbinformationen des Bildes ablesen: Wir sehen, dass es in unserem Beispielbild viele rote und grüne Pixel mit mittlerer Intensität gibt, bei den blauen Pixeln herrschen hauptsächlich geringe und einige hohe Intensitäten vor. In einem Histogramm geht der Ort der Pixel bei der Darstellung verloren, nur noch sein Intensitätswert ist von Interesse. Anstelle

[1] etwa drei Megabyte für ein RGB-Bild mit einer Bildauflösung von $1\,000 \times 1\,000$ Pixeln

der drei Diagramme wird oft auch das Histogramm für die Grauwerte dargestellt, es besteht nur aus einem Diagramm.

Hierfür muss das Farbbild zuerst in ein Grauwertbild umgerechnet werden. Am einfachsten geschieht dies, indem man die Intensitäten der drei RGB-Farbkanäle für jedes Pixel zusammenzählt und durch drei teilt. Damit bestimmt man den durchschnittlichen Intensitätswert, der eine gute Annäherung an den wahren Grauwert ist. Allerdings haben Untersuchungen zur Farbwahrnehmung gezeigt, dass man die Farben besser in einer speziellen Gewichtung zusammenaddiert, um ein optimales Resultat zu erzielen. Hier werden rote und grüne Farbwerte stärker berücksichtigt.

4.2 Einfache Bildverarbeitungsoperationen

Die einfachsten Operationen werden auf das gesamte Bild angewendet und verändern dessen Helligkeit, Kontrast oder Farbton. Wenn Sie digitale Fotografie betreiben, so haben Sie solche Operationen sicherlich schon einmal durchgeführt, sie werden inzwischen von allen Fotoeditoren angeboten.

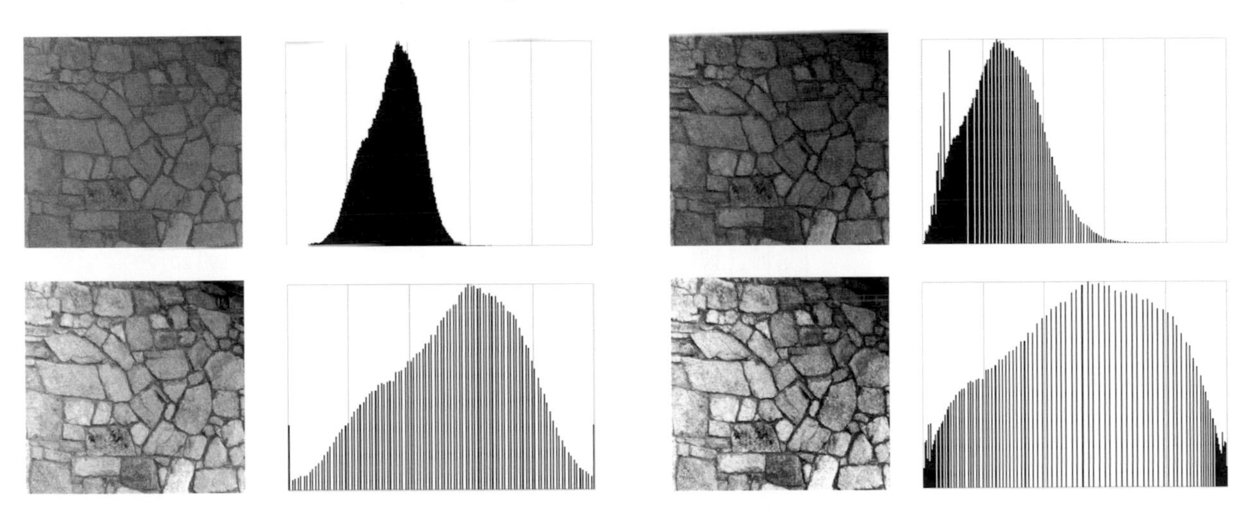

Abbildung 4.5
Obere Zeile: Originalbild mit Histogramm, rechts: Kontrastverstärkung. Untere Zeile: links automatischer Kontrast, rechts Tonwertangleichung.

Man kann die Farben in den verschiedenen Farbmodellen verändern. Hierfür wird das Bild zuerst in das entsprechende Modell umgerechnet, dann wird es dort bearbeitet und anschließend wieder zurücktransformiert. Verwendet man das RGB-Modell, so kann man alle Pixel röter, grüner oder blauer machen und auf diese Weise etwa Farbstiche im Ausgangsbild eliminieren. Das geht natürlich auch mit den Grundfarben Cyan, Magenta und Gelb im CMYK-Bild. Im HSV-Modell kann man ferner die Farben auf dem Farbrad drehen; so wird bei einer 45-Grad-Drehung aus Rot die Farbe Gelb und gleichzeitig aus Cyan die Farbe Blau. Das Bild kann überdies entsättigt werden, auch die Veränderung der Helligkeit ist hier besonders einfach.

Eine weitere wichtige Operation ist die Kontrastveränderung. Neben der manuellen Einstellung bieten die Programme noch weitere Möglichkeiten, wie in Bild 4.5 gezeigt: Während die Erhöhung des Kontrasts das Histogramm spreizt, wird beim automatischen Kontrast gleichzeitig die Helligkeit so verändert, dass nach der Spreizung der hellste Wert der maximalen Pixelintensität entspricht und der dunkelste der minimalen. Als Resultat kommen nun alle Intensitäten im Bild vor. Die Tonwertangleichung spreizt nicht nur das Histogramm, sondern verteilt die Zwischenwerte gleichmäßiger über das gesamte Helligkeitsspektrum.

Eine weitere Form der Bildverarbeitung besteht in der Anwendung von Bildfiltern. Sie verändern das Bild auf subtilere Weise. So entfernt ein Weichzeichner Rauschen, allerdings um den Preis einer leicht verwaschenen Bilddarstellung. Ein Scharfzeichner macht das Gegenteil, er verstärkt Kanten und Übergänge, leider aber auch Rauschen.

Beide Filterarten arbeiten auf ähnliche Weise: Eine Maske – eine kleine quadratische Fläche aus beispielsweise 3×3 Werten – wird Pixel für Pixel über das Bild geschoben. Die unter der Maske liegenden Pixel werden mit den Werten der Maske multipliziert und zusammengezählt. Das Ergebnis wird in dasjenige Pixel des Bildes geschrieben, das unter dem Zentrum der Maske liegt. Abbildung 4.6 zeigt das Vorgehen. In a ist eine Maske zu sehen, in b liegt sie über einem Bild aus Grauwerten, in c ist das Ergebnis zu sehen. Der Pixelwert 50 im Zentrum der Maske wird zu 40. Die Rechnung sieht so aus: $6 * 1/9 * 50 + 3 * 1/9 * 20 = 40$.

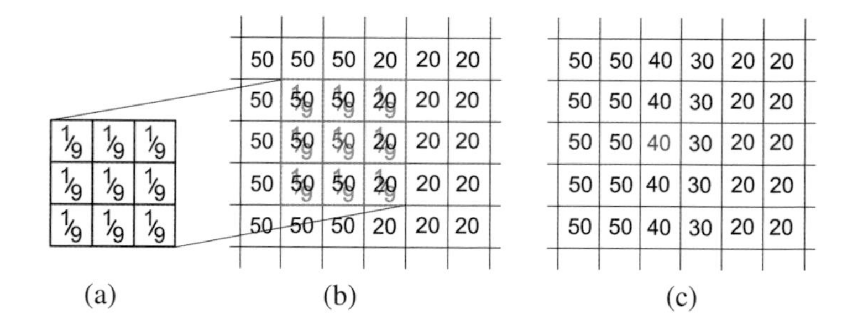

Abbildung 4.6
Bildfilter: a) Filtermaske; b) Maske über einem Pixelbild; c) Ergebnis nach der Anwendung auf alle Pixel.

Das Ergebnis ist bei dieser Maske die Summe aller Werte unter der Maske, wobei jeder mit dem Wert $1/9$ multipliziert wurde. Es wird also ein Mittelwert berechnet. Der Effekt ist eine Weichzeichnung des Bildes, da alle Differenzen zwischen benachbarten Pixeln vermindert werden. Der Effekt ist am Beispiel aus Bild 4.6 abzulesen. Hier werden die Werte an der Stelle abgeschliffen, an der sich die Intensität ändert. Dies entspricht einer Kante oder einer anderen Umrandung im Bild. Die Werte werden auf die Nachbarpixel verteilt und so entsteht eine verwaschene Darstellung.

Genau entgegengesetzt wirken Differenzfilter und Kantendetektoren. Sie mitteln nicht die Nachbarpixel, sondern bestimmen deren Differenz. Das Ergebnis ist dann ein hoher Wert, wenn sich die Werte unter der Maske stark unterscheiden, also ein abrupter Intensitätswechsel vorliegt. Diese Filter gibt es für die Verstärkung horizontaler und vertikaler Kanten. Will man beide Kantentypen ermitteln, so verwendet man nacheinander mehrere Filtermasken. Abbildung 4.7 zeigt einige Beispiele.

Wendet man die Filter auf ein Bild an, welches aus lauter gleichen Pixeln besteht, ist das Ergebnis Null, also ein schwarzes Bild. Sind hingegen Kanten enthalten, so werden diese als helle Striche erscheinen. Die Ergebnisse verwendet man zur Kantenerkennung, da sich hier die Umrisse von Objekten gut abzeichnen. Ganz ähnlich scheint das Gehirn zu arbeiten, um Objekte zu erkennen. In Kapitel 2 hatte ich bereits von den neuronalen Operatoren im Auge berichtet, die ebenfalls die Kanten verstärken.

Im Gegensatz zur Kantenerkennung werden bei der Kantenverstärkung die Filterwerte zu den Bildwerten addiert. In Bild 4.8 ist das Ergebnis für ein sehr kleines Bild mit zwei künstlichen Objekten zu sehen. Der Effekt ist immer noch nicht der gewünschte, weil die Kanten einmal hell und einmal dunkel erscheinen. Auch das ergibt sich aus den Filtermasken: Die Differenz ist einmal größer Null, einmal kleiner – je nachdem, ob die Pixelwerte auf einer Seite der Maske größer oder kleiner als auf der anderen sind. Der in Bildverarbeitungsprogrammen installierte Bildfilter ist daher noch komplizierter; er erhöht den jeweiligen Farbkontrast entlang aller Kanten.

1	0	-1
1	0	-1
1	0	1

(a)

1	1	1
0	0	0
1	-1	-1

(b)

1	1	0
1	0	-1
0	-1	-1

(c)

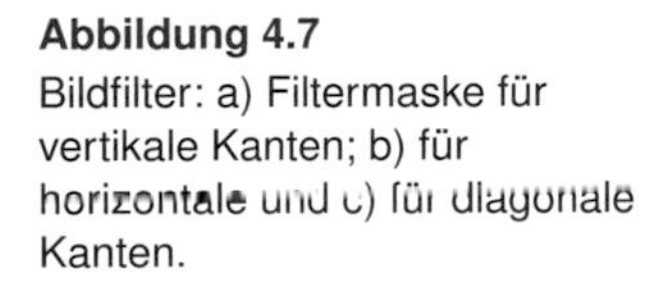

Abbildung 4.7
Bildfilter: a) Filtermaske für vertikale Kanten; b) für horizontale und c) für diagonale Kanten.

In Bild 4.9 ist die Anwendung eines Weichzeichners und eines Scharfzeichners auf eine Fotografie zu sehen. Die Filter werden für Farbfotos einzeln auf die Farbkanäle angewendet. Ein höherwertiges Bildverarbeitungsprogramm bietet für beide Filterarten eine Reihe von Möglichkeiten an, die sich in ihrer individuellen Charakteristik leicht unterscheiden und auf diese Weise unterschiedliche Schärfungen ermöglichen.

(a) (b) (c) (d) (e)

Abbildung 4.8
Bildfilter: a) Originalbild; b) Weichzeichner aus Bild 4.6 a; c) bis e) Anwendung der Filter aus Bild 4.7.

Weitere wichtige Operationen umfassen Eingriffe, die nicht mit Masken arbeiten, oder solche, die Formen erkennen und beispielsweise gezackte Kanten glätten. Andere sind für die Entfernung von Staub, Kratzern oder anderen Bildfehlern einsetzbar. Viele Bildverarbeitungsprogramme bieten darüber hinaus künstlerische Bildfilter oder solche, die Bilder verzerren. Man benutzt sie für Spezialeffekte bei der kreativen Weiterverarbeitung der Bilder in Kollagen oder anderen Druckerzeugnissen.

Aber wir wollen ja manipulieren. In diesem Zusammenhang ist die Anwendung von Filtern wichtig, um den Schärfegrad anzupassen, wenn Bilder zusammengesetzt werden oder wenn man durch Weichzeichnung die Übergänge bei einer Einsetzung von fremdem Bildmaterial vertuschen möchte.

(a) (b) (c)

Abbildung 4.9
Anwendung von Bildfiltern auf eine Fotografie. a) Originalbild; b) Weichzeichner; c) Scharfzeichner.

Bevor man aber diese letzten Anpassungen macht, müssen vom Benutzer noch eine Reihe weiterer Operationen mit dem Bildmaterial durchgeführt werden. An erster Stelle spielt hier die Selektion, also das Herausschneiden von Bildteilen eine wichtige Rolle. Dies wollen wir im nächsten Abschnitt betrachten. Die Bildteile werden dann verschoben, evtl. gedreht oder in ihrer Größe verändert. Dann werden sie in ein anderes Bild eingesetzt oder über eine andere Stelle im gleichen Bild kopiert. Dieses Einfügen von Bildinformation ist eine kritische Operation, denn hierbei müssen in der Regel die Farbwerte angepasst werden. Das kann man in manchen Fällen manuell durchführen, oft scheitern solche Bemühungen aber an den verschiedenen farblichen Bedingungen für die Ränder, die für eine perfekte Einfügung entscheidend sind. Hier helfen automatische Verfahren, die das Einfügen in vielen Fällen auf eine für das Auge unsichtbare Weise ermöglichen.

4.3 Selektion

Die automatische Selektion von Objekten hat sich in den vergangenen Jahren als ein unerhört schwieriges Problem herausgestellt, das schon viele Forscher verzweifeln ließ. Das Ärgerliche daran: Unser Auge tut sich so leicht mit der Erkennung von Objekten. Für uns ist es nicht schwer, den Jungen in Abbildung 4.9 vom Hintergrund zu unterscheiden. In Kapitel 2 haben wir allerdings gesehen, wie viele Prozesse an diesem Vorgang beteiligt sind, und wahrscheinlich hat es auch eine äußerst lange Entwicklung des Sehapparats benötigt, um diese Fähigkeiten hervorzubringen. Es ist daher alles andere als selbstverständlich, solche Erkenntnisleistungen zu vollbringen. Der Junge in Abbildung 4.9 kann heute auch vom

Computer automatisch erkannt werden. Viele andere Bilder stellen ihn aber immer noch vor unlösbare Probleme.

Vielleicht haben Sie sich schon einmal im Internet bei einer Bank eingeloggt und mussten neben dem Passwort noch eine Zahlenfolge eingeben, die seltsam verzerrt in einem kleinen Bild dargestellt wurde. Dies macht man inzwischen bei vielen sicherheitsrelevanten Vorgängen um festzustellen, ob ein Mensch die Eingaben tätigt oder ein Computer, der per Internet vortäuscht, ein Mensch zu sein. Es gibt spezielle Programme, die automatisch eine große Anzahl von Anmeldungen für freie E-mail-Zugänge oder Bankkonten vornehmen, um auf diese Weise Spam zu verschicken oder Bankgeschäfte zu manipulieren. Die einzige Möglichkeit der Unterscheidung zwischen Mensch und Computer ist der Test auf kognitive Fähigkeiten. Man lässt den Benutzer eine Erkennungsaufgabe lösen, die der Mensch leicht bewältigt, der Computer aber nicht. Die Zahlenerkennung ist solch ein Beispiel, ein anderes ist eine Hörprobe, in der Zahlen vor einem starken Störgeräusch gesprochen werden. Auch hier ist der Computer bislang machtlos.

Wir wollen uns hier aber nicht mit den Methoden beschäftigen, die es dem Rechner erlauben, Objekte in einem Bild automatisch zu selektieren oder zu erkennen. Stattdessen werde ich einige interaktive Verfahren beschreiben, bei denen der Benutzer eingreifen muss. Auch in diesen Verfahren stecken schon interessante Aspekte, die es lohnt zu betrachten. Außerdem zeigen die Methoden recht anschaulich, wie schwierig auch einfach scheinende Probleme werden, wenn man sie mit dem Rechner lösen muss.

- **Erster Versuch: Pixel mit ähnlicher Farbe einsammeln**

  Hier muss der Benutzer einen Farbwert angeben, etwa durch Anwählen eines Pixels im Objekt. Der Rechner sucht daraufhin alle ähnlichen Pixel im Bild. In Abbildung 4.8 a sind beispielsweise die blauen und weißen Pixel der Kleidung gute Kandidaten. Das Problem bei der Selektion ist die richtige Auswahl der Farbähnlichkeit. Setzt man die Grenzen zu eng, so muss der Vorgang sehr oft wiederholt werden, bis man das ganze Objekt selektiert hat. Bei zu weiten Grenzen wird schnell auch etwas vom Hintergrund hinzugenommen. Bei unserem Beispielbild erhält man nach dem Selektieren der blauen und weißen Pixel mit einer Toleranz von 35 Farbwerten ein Ergebnis wie in Abbildung 4.10 a.

  Das Verfahren funktioniert also schon recht gut, allerdings weniger bei den weichen Farbübergängen im Gesicht, weil hier zu viele Farben beteiligt sind. Für die Augen ist es überhaupt nicht mehr anzuwenden, da die Farbe der Augen gleichzeitig auch an vielen Stellen im Hintergrund zu finden ist.

- **Zweiter Versuch: Regionen mit ähnlicher Farbe finden**

  Auch hier muss der Benutzer zuerst ein Pixel im Objekt selektieren. Der Rechner versucht von dieser Stelle ausgehend die Nachbarpixel mit ähnlichem Farbwert zu finden. Diese werden zur Selektion hinzugenommen und für alle diese Pixel werden wiederum deren Nachbarn angesehen. So wächst der Bereich, bis die Farbe der neuen Nachbarpixel so weit von der Ausgangsfarbe abweicht, dass sie nicht mehr hinzugefügt werden können. Man nennt diesen Vorgang ein Region-Grow-Verfahren.

Das Vorgehen nutzt die Tatsache aus, dass die Pixel eines Objekts in der Regel zusammenhängen. Der Vergleich der Farbwerte wird im Gegensatz zum ersten Verfahren aber lokal um das selektierte Pixel herum angewendet und nicht auf das ganze Bild. Leider muss der Benutzer nun jedoch ziemlich oft neue Startpixel selektieren, um insgesamt zu einem guten Ergebnis zu kommen. Die Abbildungen 4.10 b und c zeigen das Ergebnis nach 20 und nach 100 selektierten Startpixeln.

Das Ergebnis ist zufriedenstellend, nur ist es eben mühsam, hundertmal ins Bild zu klicken. Unangenehm ist auch der Rand um den selektierten Bereich. Besonders bei den Haaren merkt man, dass die Farben des Hintergrundes mit hinzugenommen wurden. Die Ursache ist folgende: Einzelne Haare sind typischerweise dünner als ein Pixel im Bild. In diesem Fall ist der Farbwert des Pixels der Mittelwert der Haarfarbe und der Hintergrundfarbe, schließlich kann die Kamera ja nur einen Farbwert pro Pixel aufnehmen. Der Rand besteht also aus Mischfarben, wie in der Vergrößerung in Abbildung 4.10 c zu sehen ist.

Eine einfache Form der Abhilfe ist die nachträgliche Verkleinerung des Ausschnitts. Man verschiebt die Grenze zwischen Objekt und Hintergrund einfach um mehrere Pixel nach innen (Abbildung 4.10 d). Der dunkle Rand verschwindet, allerdings werden Details wie etwa die Ohren dabei teilweise gelöscht. Der Bildfälscher muss nach dem Einkopieren des Objekts in ein anderes Bild die Übergänge noch einmal verwischen.

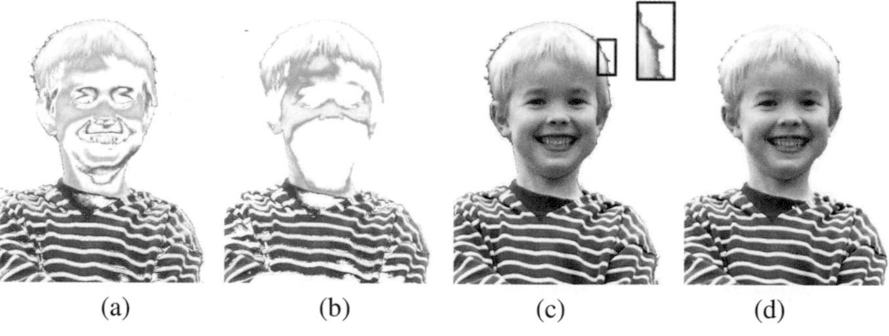

Abbildung 4.10
a) Segmentierung nach blauen und weißen Pixeln; b) Region-Grow-Verfahren: Segmentierung nach 20 Startpixeln; c) nach 100 Startpixeln; d) nach der Verkleinerung des Bereichs um zwei Pixel.

Dritter Versuch: Kanten folgen

In Kapitel 2 hatten wir gesehen, dass vom Auge unter anderem die Objektkanten ermittelt werden, um Formen zu erkennen. Das dritte Verfahren führt eine ähnliche Analyse aus, indem es die Selektion bevorzugt entlang von Objektkanten durchführt. Hierzu werden die schon beschriebenen Filter angewendet, nun aber nicht zum Bildschärfen, sondern zur Detektion des Objektumrisses. In Abbildung 4.11 a ist ein Kantenbild für unser Beispiel zu sehen.

Der Benutzer gibt entlang des Umrisses eine Reihe von Punkten an. Der Rechner versucht daraufhin, zwischen den Punkten einen Pfad entlang der Außenkanten des Objekts zu finden, die sich ja im Kantenbild gut abzeichnen. Abbildung 4.11 b zeigt das Ergebnis mit den eingegebenen Punkten.

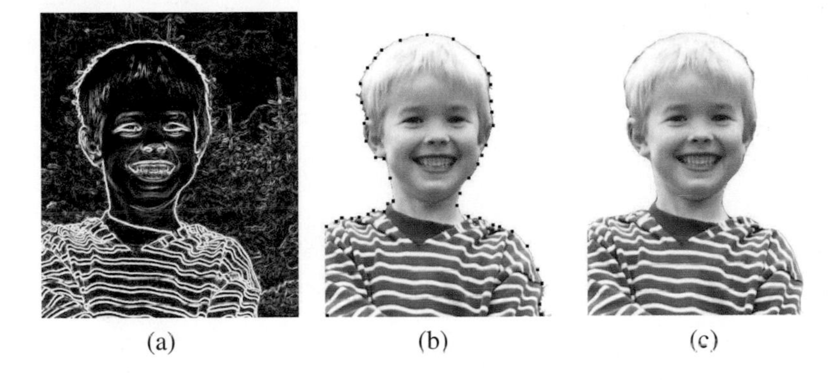

(a) (b) (c)

Abbildung 4.11
a) Kantenbild; b) Selektion über Verfolgen von Kanten zwischen ausgewählten Bildpunkten; c) Ergebnis nach Gummilasso.

- **Vierter Versuch: Gummilasso anwenden**

  Hier versucht der Rechner auch den Kanten zu folgen, nimmt aber gleichzeitig an, dass das Objekt mehr oder weniger glatte Außenkanten hat. Der Benutzer führt das Werkzeug um das Objekt herum, die Kante wird zu den Objektkanten gezogen und der Rechner versucht, die Kanten dabei möglichst glatt zu lassen, also ihre Krümmung so gering wie möglich zu halten. In Abbildung 4.11 c ist das Ergebnis dargestellt. Diese Methode ist die einfachste, da der Benutzer nur die Außenkante abfahren muss. Das Problem mit dem Rand bleibt jedoch auch hier bestehen.

4.4 Kombination von Bildteilen

Hat man das Objekt selektiert, so kann man es in ein neues Bild einfügen. Die Operation bleibt sichtbar, wenn selektiertes Objekt und Zielbild in der Beleuchtung, der Perspektive oder Größe abweichen. Das ist leider bei fast allen Kombinationen der Fall. Schauen wir uns Abbildung 4.12 an. Obwohl die Selektion gut gelungen ist und die Größenverhältnisse einigermaßen stimmen, merken wir gleich, dass hier etwas nicht stimmt.

Zum einen ist die Perspektive nicht dieselbe wie im Originalbild. Dieses wurde leicht nach oben aufgenommen und mit mittlerer Brennweite. Das Zielbild ist eine Weitwinkelaufnahme. Zum anderen ist die Beleuchtung ebenfalls unterschiedlich. Der Junge wurde mit viel direktem Sonnenlicht von oben aufgenommen (man sieht es an den Haaren, die oben fast weiß erscheinen), das Zielbild hat eine eher diffuse Beleuchtung bei bewölktem Himmel. Diese Unterschiede auszugleichen, ist fast unmöglich.

Für den Bildfälscher ist es daher sehr wichtig, ähnliche Beleuchtungssituationen und Perspektiven in den Bildern zu finden. Am einfachsten ist es, wenn man das Bild selbst verwenden kann, wie es bereits in Abbildung 3.5 der Fall war, als man das Plakat durch in der Nähe befindliche Köpfe überdeckte. Einen kleinen Fake

Abbildung 4.12
Einkopieren eines selektieren Bereichs in ein neues Bild. Unstimmigkeiten entstehen durch die unterschiedliche Beleuchtung und Perspektive.

Abbildung 4.13
Ergebnis bei konstanten Lichtverhältnissen und Kameraparametern.

kann man aber auch selbst leicht herstellen (Abbildung 4.13). Hier wurde eine künstliche Beleuchtung verwendet, die Kamera auf einem Stativ befestigt und die Aufnahmeparameter für beide Bilder konstant gehalten. Danach wurde das Mädchen aus dem einen Bild mit einem Gummilasso selektiert und in das andere Bild einkopiert.

Die bisher beschriebenen Operationen können mit praktisch jedem Standardprogramm zur Bildverarbeitung ausgeführt werden. Nun möchte ich einige Techniken beschreiben, die erst in den letzten Jahren entstanden sind und zukünftig in diese Programme integriert werden.

Bilder als Funktionen

Um Bilder optimal in andere einzufügen, müssen die Intensitäts- bzw. Farbwerte von Quell- und Zielbild perfekt aufeinander abgestimmt werden. Die entsprechenden Verfahren lassen sich aber nicht ohne ein Mindestmaß an Mathematik erklären. Anstatt die nächsten Seiten aber nun einfach zu überblättern, möchte ich Sie einladen, digitale Fotografien noch einmal aus einem anderen Blickwinkel zu betrachten: als Funktionen.

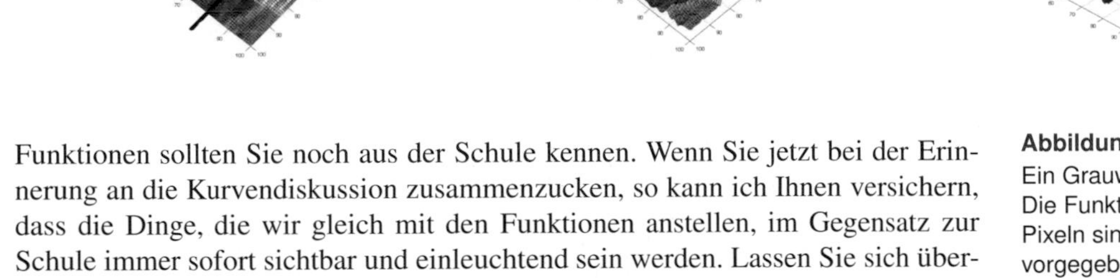

Abbildung 4.14
Ein Grauwertbild als Funktion: Die Funktionswerte an den Pixeln sind durch das Bild vorgegeben, dazwischen wird interpoliert.

Funktionen sollten Sie noch aus der Schule kennen. Wenn Sie jetzt bei der Erinnerung an die Kurvendiskussion zusammenzucken, so kann ich Ihnen versichern, dass die Dinge, die wir gleich mit den Funktionen anstellen, im Gegensatz zur Schule immer sofort sichtbar und einleuchtend sein werden. Lassen Sie sich überzeugen.

In der Bildverarbeitung wird ein digitales Bild als eine Intensitätsfunktion gesehen, die für jede Pixelposition im Bild einen Intensitätswert angibt. Für ein Grauwertbild kann man sich die Funktion als ein Gebirge vorstellen, welches bei hohen Intensitäten seine Gipfel hat, bei niedrigen seine Täler. Bei Farbbildern wird wieder jeder Farbkanal einzeln betrachtet. Wir wollen der Einfachheit halber bei den Berechnungen von Grauwertbildern ausgehen, obwohl die Ergebnisbilder in Farbe zu sehen sind.

Für Abbildung 4.14 habe ich eine Grauwertversion unseres Beispielbildes 4.8 a verwendet und als Funktion dargestellt. An jeder Pixelposition gibt der Intensitätswert die Höhe der Funktion wieder. Da das Bild eine Farbtiefe von acht Bit hat, schwanken ihre Werte zwischen Null und 255. Zusätzlich ist jeder Bildpunkt mit seinem Grauwert eingefärbt, um ihn besser wiederzuerkennen. Wenn man diese Funktion kippt, so verschwindet langsam der Bildeindruck und man sieht das Funktionsgebirge.

Ein großer Vorteil einer solchen Funktion ist die Möglichkeit, die Steigung zu berechnen. Sie gibt an, um wie viel sich die Intensität der Pixel ändert, wenn man sich ein kleines Stück in x- oder y-Richtung bewegt. Wir werden solche Steigungen gleich noch benötigen.

Doch um es etwas einfacher zu machen, wollen wir die Bildfunktion für den Moment einmal lediglich entlang einer gedachten Linie durch das Beispielbild ansehen. Wir schneiden einfach eine Pixelreihe heraus und betrachten diese. Damit haben wir die Funktion auf eine Dimension reduziert; die Intensität variiert also nur noch in der x-Richtung. Eine solche Linie ist in Abbildung 4.14 links zu sehen.

Einfügen mit Interpolation

Wie würden Sie ein Bild füllen, bei dem ein Stück fehlt? Die Antwort ist einfach: Mit einer Farbe, die möglichst gut passt. Gehen wir zuerst einmal von der eindimensionalen Bildfunktion aus, um diese Farbe zu bestimmen. In Abbildung 4.15 a ist eine solche Bildfunktion zu sehen, aus der ein Stück herausgeschnitten wurde. Die Intensität ist an dieser Stelle Null, die Stelle im Bild also schwarz.

In Abbildung 4.15 b wird ein Stück eingesetzt. Es hat an der Stelle x_1 die Intensität I_1 und an x_2 die Intensität I_2. Dazwischen wird eine Gerade aufgespannt, die die beiden Punkte verbindet. Die beste Füllung ist also eine, die an den Rändern des Bereichs die dort vorherrschende Intensität (bzw. Farbe) annimmt und dazwischen eine Gerade mit ansteigenden Intensitätswerten legt. Man spricht von einer linearen Interpolation.

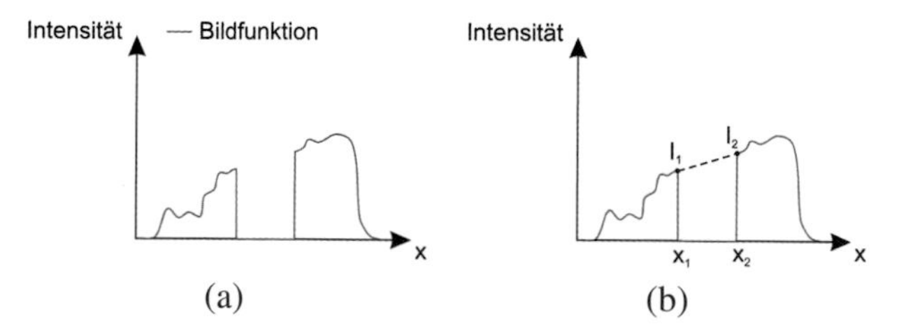

Abbildung 4.15
Einfügen von Intensitäten (eindimensionaler Fall): a) Ausgangsfunktion; b) eingefügtes Stück zwischen x_1 und x_2.

Im zweidimensionalen Fall ist das erheblich schwerer, da hier der Rand eine komplizierte Form haben kann. Stellen Sie sich einen gezackten Kraterrand vor, den Sie mit einer Plane abdecken müssen, die aber nicht durchhängen soll – schließlich sollen die Intensitäten beim Füllen unseres Funktionsgebirges im Inneren ja auch nicht geringer werden. Eine gute Lösung würde hier so aussehen, dass Sie eine riesige Gummiplane verwenden, diese aufspannen und an vielen Stellen auf dem Rand festmachen. In der Mathematik nennt man solch eine Verbindung eine Membraninterpolation. Eine eindimensionale Membraninterpolation ist die Gerade in Abbildung 4.15 b. Man kann eine Membraninterpolation tatsächlich verwenden, um Löcher in einem Bild zu füllen; in der Regel ist das Resultat aber ziemlich langweilig.

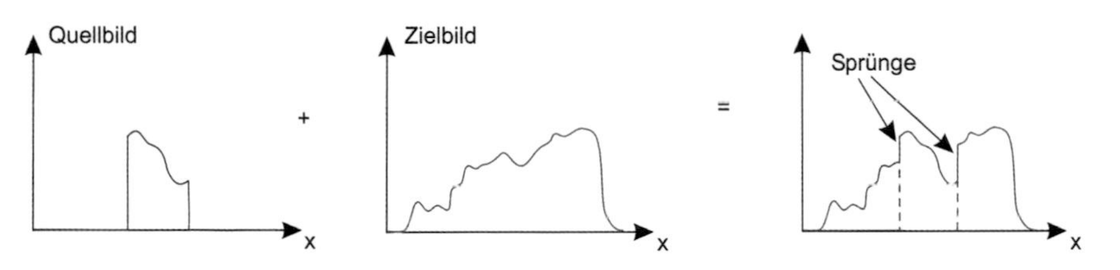

Abbildung 4.16
Einsetzen eines Bildes: Das Quellbild wird in das Zielbild eingesetzt.

Eine andere Situation ergibt sich jedoch, wenn wir ein Bild oder einen Bildausschnitt in ein anderes Bild einfügen möchten. Anstelle gar keiner Information haben wir nun zwei Intensitätsfunktionen: eine für das Quellbild und eine für das Zielbild. Abbildung 4.16 zeigt die Situation vor und nach dem Einkopieren. Wenn man das Quellbild einfach in das Zielbild einsetzt, ohne eine Anpassung vorzunehmen, so entstehen Sprünge an den Rändern.

Ähnlich dem Beispiel mit der Interpolation benutzen wir nun einerseits die Intensitätswerte an der Stelle im Zielbild, an der das Quellbild eingefügt werden soll, und zusätzlich die Bildinformation des Quellbildes, um dieses so anzupassen, dass die eingesetzte Stelle im Wesentlichen diese Bildinformation beibehält, auf der anderen Seite aber nahtlos in das Zielbild einkopiert werden kann.

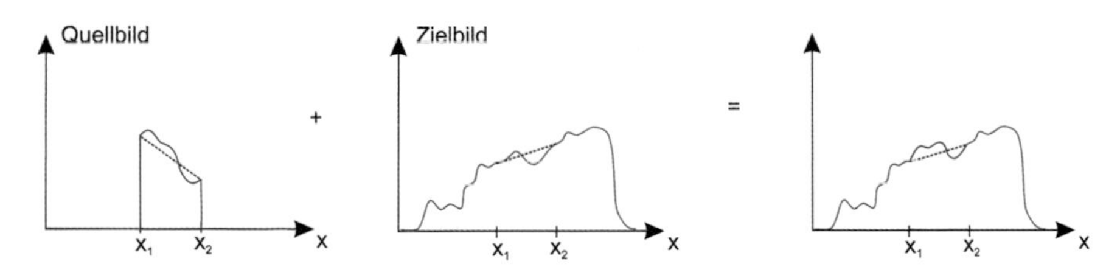

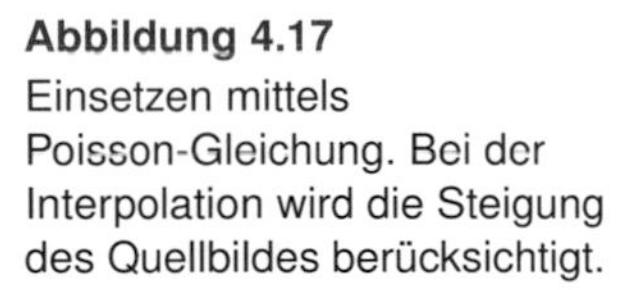

Abbildung 4.17
Einsetzen mittels Poisson-Gleichung. Bei der Interpolation wird die Steigung des Quellbildes berücksichtigt.

Man versucht also eine Lösung zu finden, die wieder die Intensitäten am Rand interpoliert, gleichzeitig den Funktionsverlauf des einzusetzenden Bildes berücksichtigt. Die entsprechende Gleichung heißt Poisson-Gleichung nach dem französischen Mathematiker Siméon Poisson (1781–1840), der eine Vielzahl solcher Probleme löste.

Um den Ansatz zu verstehen, müssen wir noch einmal auf die Steigung der Bildfunktion zurückkommen. Sie gibt an, wie stark die Intensitäten wachsen oder abnehmen, wenn man sich in x-Richtung bewegt. Die Steigung ist wieder eine Funktion und weist ebenfalls jedem Ort x einen Wert zu. Poisson konnte zeigen, dass es eine Interpolation zwischen x_1 und x_2 gibt, die gleichzeitig von der Steigung des einzufügenden Bildes nur minimal abweicht und auf diese Weise die Charakteristik des Quellbildes so gut wie möglich nachbildet. Macht das Quellbild einen

Sprung in der Intensität, dann auch die Interpolationsfunktion. In Abbildung 4.17 ist diese Form der Interpolation angedeutet.

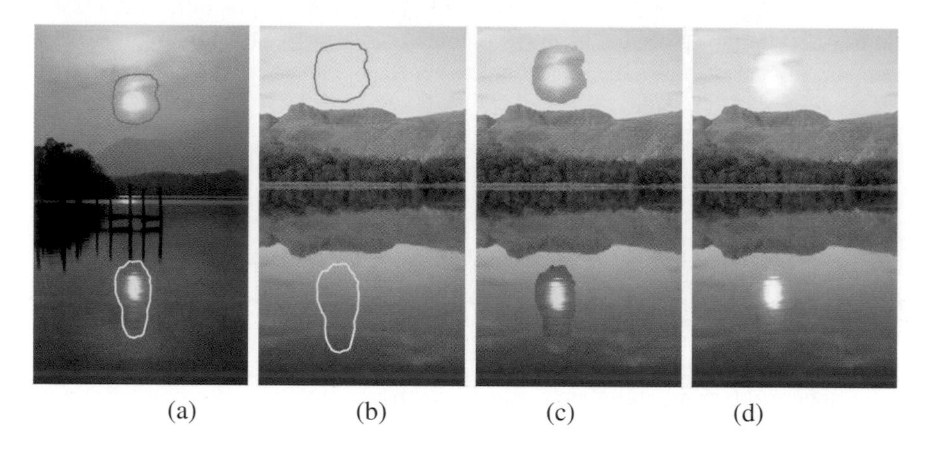

Abbildung 4.18
a) Quellbild; b) Zielbild; c) konventionelles Einsetzen; d) Einsetzen über Poisson-Gleichung.

Um die Interpolation im Zweidimensionalen zu bestimmen, wird versucht, die Steigungen in x- und y-Richtung so gut wie möglich nachzubilden. In der Praxis ist dazu die Lösung eines Gleichungssystems nötig [62]. Die Auswirkungen und Anwendungsmöglichkeiten dieser Interpolation sind jedoch sehr interessant, wie wir an einigen Beispielbildern im weiteren Verlauf des Kapitels sehen werden.

Abbildung 4.19
Einfügen von Objekten.

In Abbildung 4.18 ist das Einkopieren der Sonne und ihres Spiegelbildes in ein Bild zu sehen. Auf konventionelle Weise sieht das Ergebnis nicht sehr schön aus, da sich die Intensitäten zwischen dem Sonnenuntergang aus dem Quellbild und dem Tag im Zielbild doch sehr unterscheiden. Mittels der Interpolation über die Poisson-Gleichung kommt jedoch ein erstaunlich gutes Ergebnis zustande.

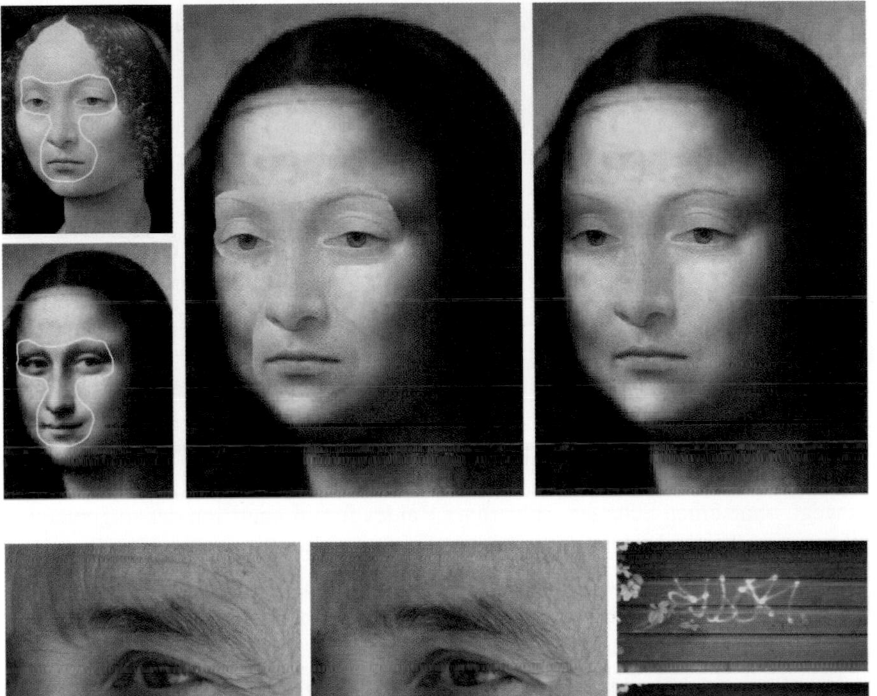

Abbildung 4.20
Mona Lisa mit neuem Gesicht.

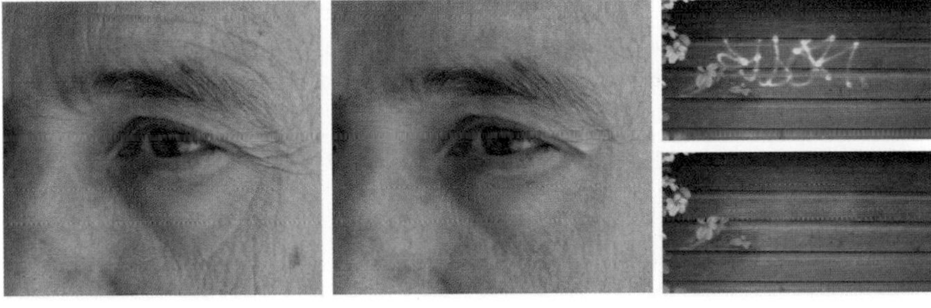

Abbildung 4.21
Digitale Retusche.

Abbildung 4.19 zeigt eine Szene, in der Elemente aus unterschiedlichen Bildern im Zielbild zusammengefügt werden. Es werden aber auch die Grenzen des Verfahrens deutlich. So ist der Bär nach dem Einsetzen deutlich verfärbt, seine Farbe wurde in Richtung der Farbe des Wassers abgeändert. Ferner ergibt sich eine leicht durchsichtig wirkende Darstellung. Bei den Kindern im Vordergrund stimmen die Farben zwar recht gut, leider ist aber im Wellenmuster ein Übergang von eher größeren, glatten Wellen zu einem kleinen Gekräusel zu sehen, welches aus den Quellbildern stammt. Es wurden zwar die Intensitäten am Rand angepasst, nicht aber die Charakteristika des Bildes.

Neben dem Einsetzen von Objekten in Bilder kann man das Verfahren aber auch zum Kombinieren von ähnlichen Bildteilen verwenden. So entstehen ungeahnte Möglichkeiten bei der Synthetisierung neuer Gesichter, wie in Abbildung 4.20 deutlich wird. Hier wurde das Gesicht der Mona Lisa teilweise durch ein ähnliches Gesicht ersetzt. Nach der Anpassung der Farben ist das nicht mehr zu erkennen.

Diese Ersetzung funktioniert natürlich um so besser, je ähnlicher sich die beiden Gesichter sind. Hierbei ist Ähnlichkeit nicht so sehr für die Farbe wichtig, da diese ja angepasst werden kann. Vielmehr müssen die Hautcharakteristika vergleichbar sein, da deren Übergang noch sichtbar wäre. Neue Methoden optimieren daher nicht nur die Farbwerte, sondern auch den Ausschnitt, mit dem das Objekt aus dem Quellbild ins Zielbild eingesetzt wird. Damit lassen sich dann auch solche Unterschiede verstecken.

In Abbildung 4.21 werden die erstaunlichen Anwendungsmöglichkeiten für die digitale Retusche gezeigt. Die Falten und die Schrift auf der Wand wurden durch Einfügen anderer Hautpartien bzw. des Hintergrunds gelöscht. Im Ergebnis ist die Veränderung praktisch nicht mehr sichtbar. Freilich kann solch eine Retusche auch konventionell ausgeführt werden, nur eben mit wesentlich höherem Aufwand.

Alphawerte und die Bluescreen-Technik

Haben Sie sich auch schon einmal darüber gewundert, wie man Nachrichtensprecher im Fernsehen vor einem scheinbar riesigen Monitor platziert, der alle möglichen Computerbilder zeigt, während vorne der Moderator redet? Oder wie das mit der Wettervorhersage geht, bei der sich der Moderator vor der Wetteranimation bewegt, ohne einen Schatten zu werfen? Beides funktioniert mit der so genannten Bluescreen-Technologie, die in allen modernen Studios eingesetzt wird.

Bevor wir diese Technik verstehen, müssen wir noch eine weitere Verfeinerung digitaler Bilder vornehmen: Wir fügen zu jedem Pixel einen weiteren Farbkanal hinzu, typischerweise ein Byte pro Pixel. In diesem Kanal wird aber keine neue Farbe abgespeichert, sondern ein Transparenzwert. Beträgt der Wert Null, so ist das Pixel völlig durchsichtig und die Farbinformation wird nicht benutzt, ist er 255, so ist das Pixel vollständig undurchsichtig und wird farbig dargestellt. Die Transparenzwerte werden auch α-Werte genannt, der Kanal heißt entsprechend Alphakanal.

Der Alphakanal ermöglicht viele schöne Effekte bei der Bildverarbeitung. So kann man den Hintergrund aus einem Bild ausblenden, in dem man alle Hintergrundpixel des Bildes über den Alphakanal auf „durchsichtig“ setzt. Das Vordergrundobjekt kann dann ganz einfach in ein neues Bild hinein kopiert werden.

Dasselbe wird bei der Bluescreen-Technologie gemacht. Das Studio ist eigentlich leer und hat eine blaue Rückwand. Vor dieser Wand sitzt der Sprecher bzw. steht der Meteorologe. Die mit der Filmkamera aufgenommenen Bilder werden jetzt auf eine Weise bearbeitet, dass alle Pixel mit dominanter blauer Farbe den Transparenzwert Null bekommen, also durchsichtig sind. Das Ergebnis ist ein „ausgeschnittener“ Moderator ganz ähnlich den Abbildungen 4.10 und 4.11, nur dass der Umriss in diesem Fall gar nicht als solcher berechnet wird, er ist direkt aus der Farbe der Pixel abgeleitet.

Die Farbe Blau wurde in den Anfängen dieser Technik benutzt, weil sie beim Menschen eher selten vorkommt und gleichzeitig einer der RGB-Farbkanäle ist.[2] Solange man noch keine Digitaltechnik hatte, wurde die Transparenzberechnung über den blauen Videokanal vorgenommen und eine spezielle Videomischeinheit verwendet, bei der das Verfahren über eine Reihe von Reglern auf den jeweiligen Sprecher eingestellt werden konnte. Mit der Digitaltechnik hat man heute viel

[2] Moderatoren mit blauen Augen hatten bei dieser Technik anfangs das Nachsehen.

weitergehende Möglichkeiten und kann jeden Hintergrund verwenden, vorausgesetzt er bewegt sich nicht. Hierfür wird der Hintergrund zuerst ohne Moderator aufgenommen und später werden die Pixel berechnet, die durch den Moderator vom Hintergrund abweichen. Der unveränderte Rest wird durch den Alphakanal ausgeblendet.

Die Technik ist heute so perfektioniert, dass man praktisch keine Artefakte mehr wahrnehmen kann. Eventuell sehen Sie gelegentlich ein leichtes Flackern, wenn der Moderator eine Brille trägt, die durch ihre Brechung die Farbwerte des Hintergrundes abändert und so das Verfahren stört.

Noch einmal Einfügen

Kommen wir noch einmal auf das Einfügen von Objekten zurück. Wir hatten gesehen, dass es insbesondere bei den Haaren Probleme mit der Bestimmung der richtigen Umrandung gibt. Auch bei der Verwendung eines Alphakanals tritt diese Schwierigkeit auf, entweder werden zu viele Pixel des Hintergrundes verwendet oder es werden Teile des Objekts abgeschnitten. Glücklicherweise kann man auch hier die Poisson-Gleichung anwenden, diesmal auf eine etwas kompliziertere Weise.

Genauso wie die Farbkanäle kann auch der Alphakanal bzw. die Transparenz als Funktion betrachtet werden, deren Steigung und andere mathematische Parameter bestimmbar sind. Wollte man ein Objekt von seinem Hintergrund trennen und freistellen, so müsste man eine Alphafunktion erzeugen, die auf dem Objekt den Wert 255 hat und außerhalb Null. An den Grenzen wären dazwischenliegende Werte erlaubt. Diesen Übergang der Transparenzfunktion richtig zu bestimmen, ist das eigentliche Problem. Man spricht von Alpha-Matting, da die Alphawerte das weitere Kopieren und Kombinieren möglich machen.

← Alpha-Matting

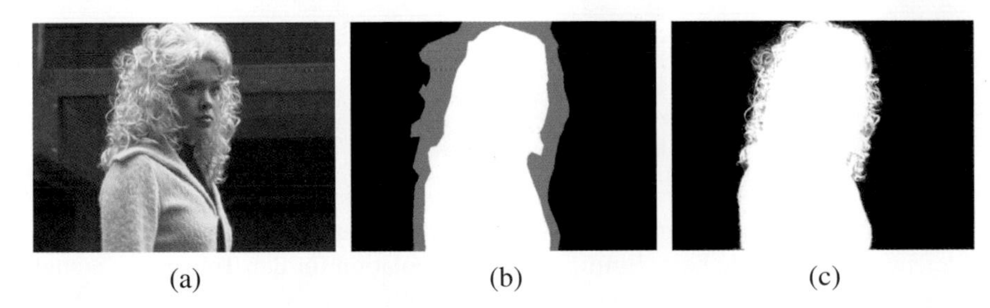

Abbildung 4.22
Bestimmung der Alphamatte über Poisson-Interpolation: a) Originalbild; b) benutzerdefinierte Segmentierung; c) Resultat.

Beim oben beschriebenen Einfügen mit Interpolation muss der Benutzer den Rand des einzufügenden Bereichs bestimmen und den Ort im Zielbild, an dem dieser eingefügt werden soll. Auch bei der Bestimmung der Transparenzfunktion muss der Benutzer eingreifen: Er muss das Bild in drei Teile zerlegen. Er bestimmt einen Bereich, der sicher zum Objekt gehört, und einen weiteren, der sicher zum Hintergrund gehört. Der dazwischenliegende Bereich ist derjenige, in dem die Transparenzfunktion den Übergang von undurchsichtig zu durchsichtig haben muss (Abbildung 4.22).

Nun könnte man analog zum ersten Beispiel der Interpolation in Abbildung 4.15 die Transparenzfunktion einfach zwischen dem Wert Null auf der Grenze des sicheren Hintergrundbereichs und dem Wert 255 auf der Grenze des sicheren Objektbereichs interpolieren. Der Übergang wäre dann aber nicht optimal. Besser ist es, die Interpolation durch die Veränderung der Intensitätswerte und eine Schätzung von Vordergrund- und Hintergrundfarben (z. B. durch eine einfache Bluescreen-Technologie) zu steuern.

Abbildung 4.23
Weitere Alphamatten sowie Einfügung in ein neues Hintergrundbild.

Dieser Interpolationsvorgang wird einige Male wiederholt, wobei die Poisson-Gleichung ähnlich wie beim Einfügen mit Interpolation für den Transparenzkanal ausgewertet wird. Als Eingabedaten werden jeweils die im vorangehenden Schritt berechneten Alphawerte verwendet. Auf diese Weise werden diese immer besser an die gegebene Bildfunktion angepasst. In Abbildung 4.23 sieht man zwei Beispiele, in denen die Haare praktisch perfekt vom Hintergrund separiert werden. Damit kann das freigestellte Objekt auch hervorragend in ein neues Hintergrundbild eingefügt werden. In beiden Fällen hat die Qualität ein Maß erreicht, die es selbst einem Experten praktisch unmöglich macht, die Manipulation aufzudecken.

4.5 Bildkomposition

Bisher haben wir meist Objekte behandelt, die gelöscht oder vom Hintergrund getrennt werden mussten und dann später in Zielbilder einkopiert wurden. Das ist nötig, um beispielsweise Menschen in Bildern neu zusammenzustellen oder andere Arten der Manipulation auszuführen. Kommen wir nun zu einer weiteren interessanten Form der Bildverarbeitung, die eigentlich schon gar keine mehr ist: Hier werden Bilder ganz neu zusammengebaut bzw. komponiert. Dafür müssen viele gleichartige Bildinhalte zusammengesetzt werden, die diesmal aber nicht wie beim Einfügen mit Interpolation in ihrer Farbe verändert werden dürfen. Stattdessen werden wir kleine Bildschnipsel so aneinandersetzen, dass das Auge die Kombination gar nicht mehr wahrnimmt.

Es ist schon zu einem regelrechten Sport unter Computergrafikern geworden, ein großes Bild aus möglichst wenigen und kleinen Quellbildern zusammenzusetzen. Da in der Praxis aber solche Probleme tatsächlich vorkommen, lohnt es sich an diesem Thema zu arbeiten: Man hat ein kleines Stück Wiese, braucht aber ein großes. Für einen Hintergrund oder die Überdeckung unerwünschter Bildinhalte benötigt man eine Ziegelmauer, hat aber nur einen kleinen Ausschnitt zur Verfügung. Der Obstkorb soll überquellen, wir haben aber nur ein paar Tomaten oder Radieschen als Ausgangspunkt. All diese Fragestellungen haben eine gemeinsame Basisaufgabe: Gegeben ist ein kleines Bild, aus dessen Bildinformationen man ein großes Bild synthetisieren möchte.

Wir wollen zunächst mit einem ähnlichen Problem beginnen: Gegeben sind zwei Bilder mit ähnlichem Inhalt. Sie sollen auf eine Weise aneinandergesetzt werden, dass der Übergang möglichst nicht mehr sichtbar ist. In Abbildung 4.24 a und b sind zwei Quellbilder zu sehen, die einmal direkt kombiniert werden und einmal mittels eines so genannten Graphcut-Verfahrens. Obwohl bei der direkten Kombination der Bilder die Farben schon optimal angepasst sind, sieht man den Übergang in der Mitte von Abbildung 4.24 c an den abgeschnittenen Blumen.

Beim Graphcut werden die Bilder im Randbereich übereinander gelegt. In diesem Bereich sucht man nach einem Schnittpfad, der die Bilder optimal verbindet. Hierzu wird die Differenz der Intensitätswerte für die einzelnen Pixel bestimmt. Der Pfad wird so von unten nach oben durch den Überlappungsbereich gelegt, dass die Pixeldifferenzen entlang des Pfades insgesamt möglichst klein bleiben (Abbildung 4.24 d).

Anstatt nun alle möglichen Pfade auszuprobieren, was auch bei einem kleinen Überlappungsbereich schnell nicht mehr durchführbar wäre, hat Edsger Dijkstra (1930–2002) schon vor vielen Jahren eine schnelle Lösung für dieses und ähnliche Probleme gefunden. Mit ihr kann der optimale Pfad auch auf einem normalen PC in Millisekunden berechnet werden. Da dieser Pfad die Bilder entlang möglichst kleiner Pixelunterschiede kombiniert, ist er bei entsprechenden Quellbildern praktisch auch nicht mehr sichtbar (Abbildung 4.24 e).

Kommen wir zurück zur Erzeugung eines großen Bildes aus einem kleinen Quellbild: Das Verfahren entnimmt dem Quellbild eine Reihe zufällig gewählter quadratischer Teile und versucht, diese aneinanderzusetzen. Hierfür wird wieder der Graphcut eingesetzt, um möglichst unsichtbare Schnitte zu finden. In Abbildung 4.25 ist das Verfahren illustriert. Spätestens ab dem Teil e muss der Graphcut gleichzeitig an der linken und unteren Seite ausgeführt werden.

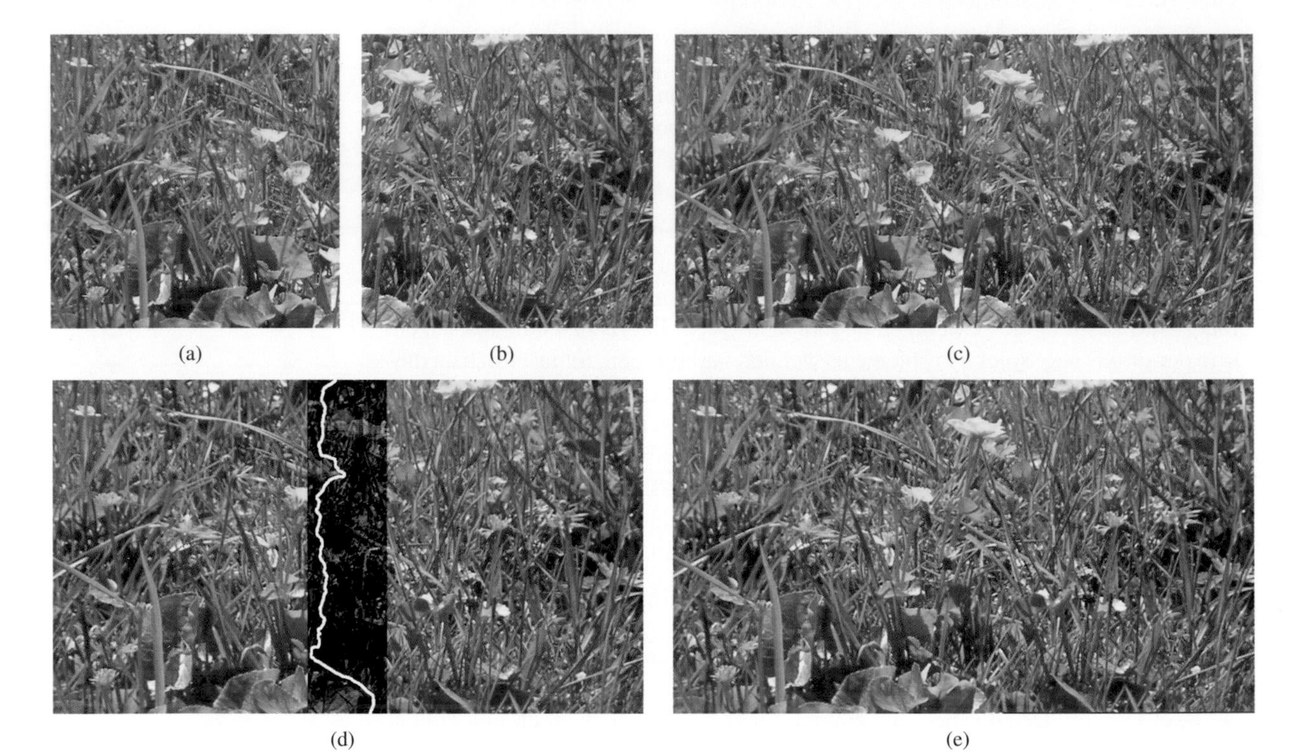

(a) (b) (c) (d) (e)

Abbildung 4.24
a) und b) Ausgangsbilder; c) Konventionelles Verbinden; d) Überlappung mit Differenzbild und minimalem Pfad; e) Resultat.

Ist ein guter Pfad nicht zu finden, so wählt das Verfahren einfach einen weiteren zufälligen Teilausschnitt und versucht es erneut. So entsteht aus den quadratischen Teilen nach und nach eine größere Fläche. Da diese Vorgehensweise dem Herstellen eines Quilts entspricht, haben die Forscher das Verfahren als „Image Quilting" bezeichnet [24].

Das Verfahren funktioniert besonders gut zur Texturerzeugung, also zur Herstellung von Bildern für die Computergrafik. Solche Texturen werden auf Objekte aufgebracht, um deren Realismus zu erhöhen. So kann man eine Mauer im Rechner simulieren, indem man entweder jedes Detail der Steine nachbildet oder ein einfaches mathematisches Objekt wie beispielsweise einen Quader mit dem Bild einer Mauer versieht. Eine Textur sollte dabei möglichst gleichmäßig sein ohne für den Betrachter sichtbare Wiederholungen. Das Image Quilting genügt beiden Erfordernissen, wie Abbildung 4.26 zeigt. Nur wenn Sie genau hinsehen, so können Sie die Artefakte sehen. Das gilt auch für die Mauer: Beim genaueren Hinsehen entdecken Sie viele merkwürdig geformte Steine. In der flüchtigen Betrachtung fällt uns das nicht auf, weil das Bild aufgrund seiner natürlichen Farbe und Struktur echt wirkt.

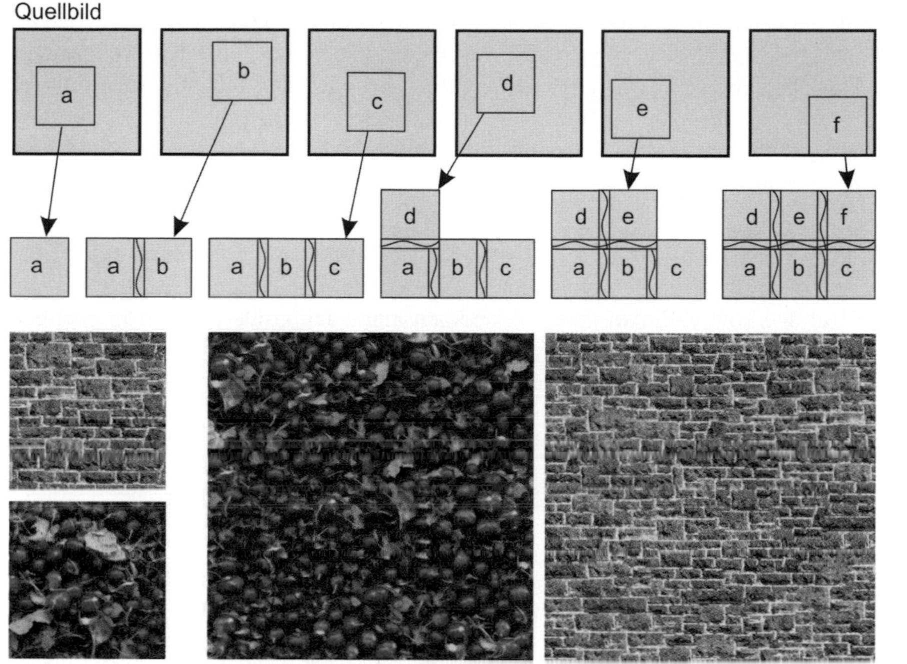

Abbildung 4.25
Image Quilting.
Beschreibung siehe Text.

Abbildung 4.26
Resultate beim Image quilting: links Quellbilder, rechts synthetisierte Bilder.

Die andere Anwendung ist die Erzeugung von Bildinhalten an Stellen, an denen man durch Ausschneiden von Objekten eine Lücke neu füllen muss oder aus anderen Gründen keine Bildinformation hat. Hier sind die Bedingungen für den Graphcut anders, aber es ist dasselbe Verfahren anwendbar.

Pixelweiser Aufbau

Eine zweite Methode zur Bildkomposition geht einen anderen Weg. Hier wird das Bild pixelweise aufgebaut und nicht durch das Zusammensetzen von Teilen. Man startet mit ein paar Pixeln aus dem Quellbild, z. B. in der linken oberen Ecke des Zielbildes. Nun werden Zeile für Zeile neue Pixel aus dem Quellbild selektiert und hinzugenommen [25, 80].

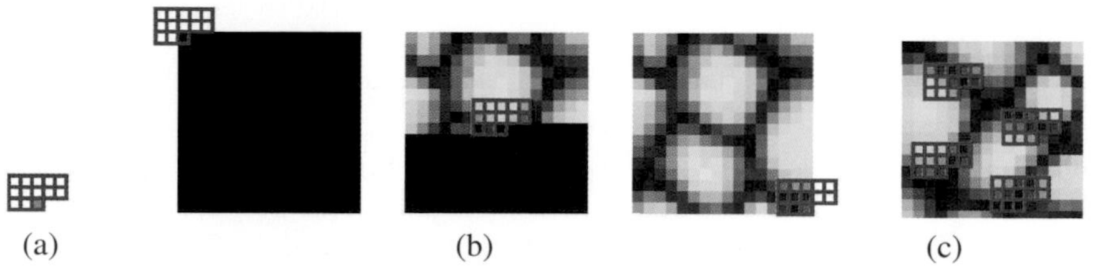

Abbildung 4.27
Bildsynthese durch statistische Auswahl geeigneter Pixelnachbarn.

Für die Auswahl eines einzusetzenden Pixels wird das gesamte Quellbild nach einem Pixel durchsucht, dessen Nachbarpixel möglichst gut zu den Nachbarpixeln im bereits synthetisierten Bild passen. Hierfür werden die Nachbarpositionen aus

Abbildung 4.27 a verwendet, also nur einige Pixel links und oberhalb des aktuellen Pixels. Die Qualität des synthetisierten Bildes hängt stark von der Größe dieser Umgebung ab, allerdings muss der Benutzer dies für jedes Bild neu herausfinden, weil auch die Struktur des Bildes eine Rolle spielt. Im Quellbild 4.27 c werden alle Nachbarschaften untersucht und die beste verwendet. So wird das neue Bild Stück für Stück aufgebaut. In Abbildung 4.28 ist ein Ergebnis des Verfahrens zu sehen.

Natürlich ist es ziemlich rechenintensiv, wenn man für jedes neue Pixel erst das Quellbild komplett durchsuchen muss. Daher wurde das Verfahren so verfeinert, dass zuerst nur grob gesucht wird und später feiner nur an den Stellen, die dafür infrage kommen. Auf diese Weise kann man auch größere Bilder in wenigen Minuten erzeugen.

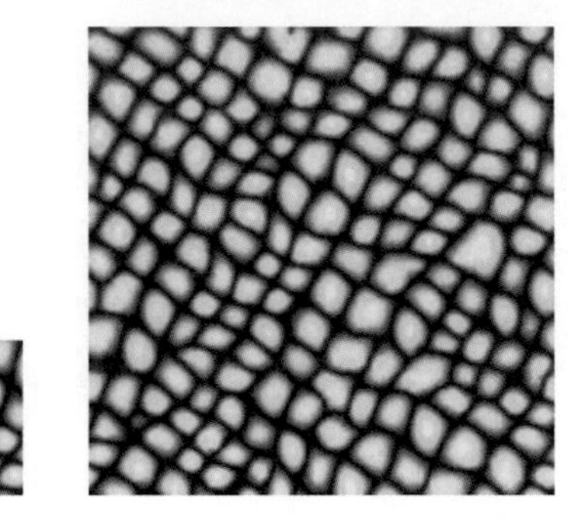

Abbildung 4.28
Resultat der pixelbasierten Bildsynthese.

Gegenüber dem Graphcut hat das Verfahren dennoch den Nachteil, dass es wesentlich rechenintensiver ist. Da das Bild aber pixelweise aufgebaut wird, kann man das Verfahren in vielerlei Anwendungen einsetzen, die noch mehr verlangen als nur einfach ein Bild zu synthetisieren. Zwei solche Anwendungen werden wir in den nächsten Abschnitten kennenlernen. Hier kommen wir auch wieder zurück zur Bildmanipulation. Beide Methoden erlauben erstaunliche Veränderungen der Quellbilder, die man bis vor kurzem nicht für möglich gehalten hätte.

Benutzergesteuerte Bildkomposition

Ein Bild besteht oftmals aus vielerlei Arten von Objekten. Bei der pixelbasierten Bildsynthese wendet man einen relativ stupiden Suchvorgang an, der nur die Farben der Pixel in Betracht zieht. Wenn sich die verschiedenen Objektarten in ihrer Farbe aber nur unwesentlich unterscheiden, so kommen beim Syntheseprozess mitunter unbefriedigende Ergebnisse heraus.

Mit „Image Analogies" [35] stellten Kollegen ein Framework vor, bei dem der Benutzer die Pixel in einem Bild grob von Hand einteilt. Dies tut er, indem er mit verschiedenen Farben die unterschiedlichen Bereiche eines Bildes übermalt. Diese Farben merkt sich das Programm und kann danach die Pixel zuordnen. Bei der pixelbasierten Bildsynthese werden dann die Objektarten verwendet, um nur diejenigen Pixel des Quellbildes heranzuziehen, die zur richtigen Objektklasse gehören.

(a) (b)

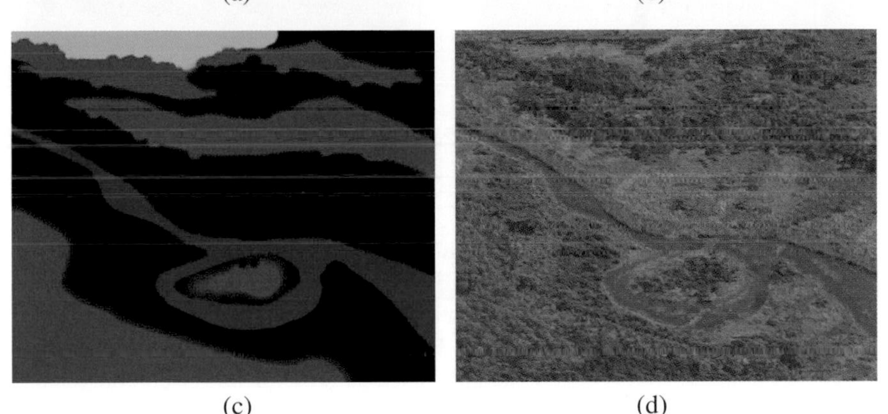

(c) (d)

Abbildung 4.29
Bildanalogie. Teilbild d wird aus a, b und c synthetisiert.

Die Eingabe für das Verfahren sind ein Quellbild und seine Segmentierung durch die gemalten Farben des Benutzers (Abbildung 4.29 a und b). Nun wird vom Benutzer ein weiteres Bild gemalt, welches aus denselben Farben besteht wie seine Segmentierung des Quellbildes (Abbildung 4.29 c). Das Zielbild d wird jetzt aus den Pixeln des Quellbildes synthetisiert, wobei die Segmentierung verwendet wird.

Die Methode ermöglicht es auf diese Weise, völlig neue Bildkompositionen zu erzeugen. Das Ergebnisbild 4.29 d ist bei genauer Betrachtung natürlich kein Bild einer realistischen Landschaft. Dennoch ist es erstaunlich, wie gut der Eindruck einer Landschaft erhalten bleibt. Neben diesen Beispielen können Bildanalogien aber auch dazu verwendet werden, um künstlerische Darstellungsstile von Quellbildern auf Zielbilder zu übertragen. So können Bilder erzeugt werden, die aussehen, als hätte man sie mit Wasser- oder Ölfarben gemalt.

4.6 Bildteile eliminieren

Mein Kollege Daniel Cohen-Or aus Tel Aviv hat mit seinen Studenten ein Verfahren entwickelt, das es auf ähnliche Weise erlaubt, Teile aus Bildern herauszuschneiden und mit anderen Inhalten aus demselben Bild wieder aufzufüllen [23]. Auch hier muss also Bildinformation synthetisiert werden. Cohen-Or verwendet zur Lösung jedoch nicht einen einfachen pixelbasierten Ansatz, sondern versucht das Bild erst grob zu füllen und dann mit Details aus anderen Stellen im Bild zu verbessern

Hierzu muss der Benutzer zuerst einen Bereich ausschneiden. Der ausgeschnittene Bereich wird nun neu gefüllt, zuerst einmal mit großen Pixeln, die aus verkleinerten Versionen des Bildes stammen. Die Pixel werden ähnlich wie oben anhand von Pixelnachbarschaften aus dem Rest des Bildes bestimmt. Abbildung 4.30 zeigt ein Ergebnis.

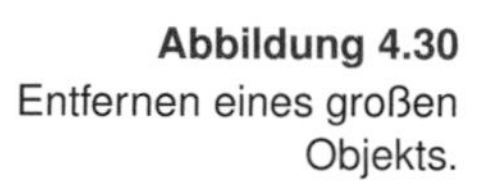

Abbildung 4.30
Entfernen eines großen Objekts.

Da man jeden Bereich von außen nach innen füllen muss, nimmt die Zuverlässigkeit für einen Pixelwert von außen nach innen ab. Der Zuverlässigkeitswert wird nach jedem Schritt für jedes Pixel des Bereichs berechnet und zusammen mit den Farbwerten abgespeichert. Er wird dazu benutzt, um das Bild ausgehend von den Pixeln mit hoher Zuverlässigkeit nach und nach zu füllen. Die Verfeinerungen aus den gröberen Approximationen des Bildes werden bevorzugt an den Stellen angewendet, die noch keine ausreichend hohe Zuverlässigkeit haben. Die Ergebnisse sind erstaunlich, vorausgesetzt im Bild sind genug Stellen zu finden, aus denen man den fehlenden Bildinhalt ersetzen kann. Das erfordert vom Bild eine gewisse Selbstähnlichkeit, d. h. verschiedene Bildteile müssen sich ähnlich sein.

Abbildung 4.31
Weiteres Beispiel einer Löschung.

Abbildung 4.31 zeigt eine weitere drastische Vervollständigung, bei der vom Benutzer der Globus der Universal Studios als zu entfernen markiert wurde. In diesem Fall ist ein großer Bereich zu füllen, der freilich zu großen Teilen aus einfach zu ergänzendem Himmel besteht.

Ein Nachteil des Verfahrens ist die hohe Rechenzeit, die mit dem aufwendigen Suchprozess in den verschiedenen Versionen des Bildes verbunden ist. Schon für ein kleines Bild aus ca. 500×500 Pixeln benötigt ein handelsüblicher PC manchmal mehr als zwei Stunden. Dafür belohnt das Verfahren oft mit ausgezeichneten

Ergebnissen, die sich nur noch gelegentlich durch leichte Verwaschungen an den Grenzen verschiedener Objekte zu erkennen geben.

Ich möchte es an dieser Stelle mit den Beispielen bewenden lassen. Die Techniken zeigen, wie viel man heute mit cleveren Verfahren an Bildern verändern kann. In der Zukunft werden bestimmt noch weitere Methoden hinzukommen. Selbst diese kleine Auswahl zeigt aber bereits, wie vorsichtig man mit Fotografien umgehen muss, wenn man ihren Wahrheitsgehalt beurteilen möchte – und dass es in vielen Fällen gar nicht mehr möglich ist. Wir dürfen unseren Augen eben nicht trauen. Lassen Sie mich zum Abschluss einige der beschriebenen Operationen dazu verwenden, ein Porträt zu verschönern.

4.7 Virtuelle Verschönerung

Die meisten Verschönerungsoperationen in modernen Bildbearbeitungsprogrammen lassen sich auch mit traditionellen Methoden wie der richtigen Beleuchtung, gutem Schminken und einer sorgfältigen Frisur erzielen. Digital geht es aber zumeist schneller und billiger, Schminken und Einstellen einer optimalen Beleuchtung ist ein mühseliges Geschäft.

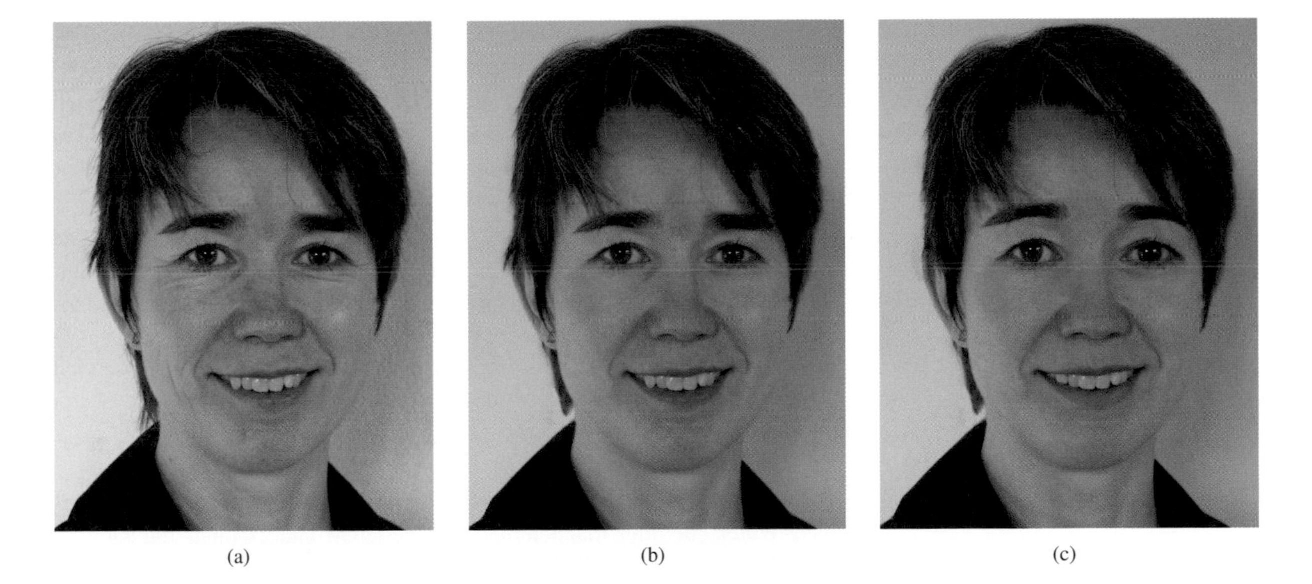

(a) (b) (c)

Abbildung 4.32
Digitale Bildverschönerung.

Abbildung 4.32 zeigt eine Porträtaufnahme mit digitaler Nachbearbeitung. In b wurden Hautunreinheiten, Pickel und Falten eliminiert. Die Kunst besteht darin, dies durchzuführen ohne das Bild zu verwaschen. Hierzu wird eine Kopie des Bildes angefertigt und in dieser die Haut durch einen speziellen Filter „gereinigt“. Diese Variante des Bildes wird mit dem Original überblendet. Danach werden Falten und Pickel mit einem Reparaturpinsel beseitigt, der ähnliche Mechanismen wie bei der Einfügung mit Interpolation besitzt. Eine Farbanpassung für das Bild lässt die Haut natürlicher erscheinen. Zusätzlich kann man den Hintergrund durch einen Weichzeichner verschönern.

In Abbildung 4.32 c schließlich werden kritische Stellen an Stirn und Kinn nachbearbeitet, Eckzähne gestutzt, Augen vergrößert und Brauen geschmälert. Außerdem werden widerspenstige Haare entfernt. Das so gewonnene Bild kann nun als Porträtfoto durchgehen, einen erfahrenen Benutzer kosten die Operationen nicht mehr als zehn bis 20 Minuten. Weiter unten werden wir sehen, dass ein Teil dieser Verschönerungen auch automatisch durchgeführt werden kann.

4.8 Momente statt Schnappschüsse

Wenn wir einmal akzeptiert haben, wie schwer es ist, die Wirklichkeit mit einer Fotografie einzufangen, und wie viel schwerer, einem fremden Foto einen Wahrheitsgehalt zuzuschreiben, so können wir den Spieß herumdrehen und uns einmal Gedanken darüber machen, was wir eigentlich mit einem Foto gerne ablichten würden. In der Diskussion um Bildfälschung wird leider allzu oft übersehen, dass es verschiedene Motive gibt, aus denen ein Bild gemacht wird. Der objektive, dokumentarische Abbildungsprozess des Gesehenen ist nur eines davon.

Oft genug macht uns ja gerade dieser Abbildungsprozess beim Fotografieren einen Strich durch die Rechnung: Wir wollen ein Gruppenbild aufnehmen und stets sieht jemand komisch drein. Wir wollen ein Panorama aus mehreren Bildern aufnehmen und erhalten einen Haufen von Einzelbildern, die nicht zusammenpassen wollen. Während der Vorbereitung für ein Foto bewegen sich die Objekte, Wind fährt dazwischen und viele andere Störfaktoren lassen uns verzweifeln.

Das Problem liegt also genau in dem, was wir an der Fotografie so schätzen: dass sie die Situation in einem Augenblick zumindest in dem Sinne wahrhaft einfängt, in dem sie das in den Fotoapparat eindringende Licht physikalisch aufzeichnet. Es ist dieser physikalische Abbildungsprozess – sozusagen der Schnappschuss –, der den Eindruck von Wahrheit erzeugt. Er fängt aber auch gnadenlos all die störenden Dinge ein, die wir nachher mit viel Mühe wieder wegretuschieren müssen, wenn wir ein perfektes Bild erhalten wollen.

Moment →

Was wir oftmals viel lieber hätten, wäre die Aufnahme eines *Moments*. Ein Moment bezeichnet in diesem Zusammenhang die idealisierte Form eines Augenblicks. Diese Unterscheidung machen meine Kollegen Michael Cohen und Richard Szeliski von Microsoft Research, die an der Digitalkamera der Zukunft arbeiten [17]. Sie wirft ein völlig neues Licht auf all die Techniken, die wir auf den vorangehenden Seiten gesehen haben.

Die protokollarischen Retuschen aus der Stalin- und Hitler-Ära wurden angefertigt, weil der jeweilige Machtapparat ein idealisiertes Bild der Herrscher erzeugen wollte. Auch aktuelle Retuschen wie in Abbildung 3.5 sollen ein idealisiertes Bild ohne störende Elemente ermöglichen. Sie sollen einen Moment einfangen. Und so geht es auch uns: In vielen Fällen sind wir nicht am dokumentarischen Abbild eines Augenblicks interessiert, sondern möchten uns den Moment erhalten. Könnte die Digitalkamera der Zukunft vielleicht beides bieten? Einen Modus für die Abbildung eines Augenblicks und einen weiteren zur Aufnahme von Momenten?

Lassen Sie mich an einigen Beispielen erklären, wie man schon heute aus Schnappschüssen einen Moment erzeugen kann, freilich am heimischen PC. Man verwendet dabei im Wesentlichen die Verfahren, die ich schon vorgestellt habe. Am Ende des Abschnitts möchte ich den Gedanken noch weiterspinnen und verschiedene Möglichkeiten andenken, wie solche Dinge in die Kamera der Zukunft integriert werden könnten.

Das perfekte Gruppenbild

Wir wissen, dass das ideale Bild in vielen Fällen nicht mit einer einzigen Fotografie eingefangen werden kann. Oftmals können wir aber mehrere Bilder hintereinander aufnehmen. In einer Arbeit zur interaktiven digitalen Fotomontage stellen daher Computergrafiker ein Framework vor, das die Herstellung von Momenten aus mehreren Einzelbildern ermöglicht [2].

Auf den Einzelbildern können verschiedene Dinge verändert sein. Im einfachsten Fall handelt es sich um Aufnahmen zu unterschiedlichen Zeitpunkten. Es können aber auch verschiedene Lichtverhältnisse vorliegen, wie sie etwa durch das Umherschwenken einer Lampe entstehen, oder die Bilder können im Tiefenschärfebereich variieren. Die Eingabe für das Framework ist also ein Bildstapel, der im Wesentlichen dieselben Objekte enthält, die sich aber in Details unterscheiden.

Das Framework lädt alle Bilder und lässt den Benutzer in den Aufnahmen die gewünschten Teile selektieren. Im Falle von Menschen oder Gesichtern gibt es spezielle Algorithmen, die die Selektion über einen einfachen Strich erlauben, der über die gewünschte Partie im Bild gemalt wird. Die selektierten Teile werden ausgeschnitten und über das in Abschnitt 4.5 vorgestellte Graphcut-Verfahren zu einem neuen Bild kombiniert. Die Farbe wird danach über die Poisson-Gleichung aus Abschnitt 4.4 interpoliert und angepasst.

Für die perfekte Gruppenaufnahme besteht der Bildstapel aus kurz hintereinander aufgenommenen Fotos der Gruppe. Der Benutzer selektiert den jeweils schönsten Gesichtsausdruck einer Person. Das Framework schneidet diese Gesichter aus und fügt sie in das gewünschte Zielbild ein. Für ein gutes Ergebnis sollten die Lichtverhältnisse ähnlich sein.

In Abbildung 4.33 ist als Beispiel meine Arbeitsgruppe zu sehen. Vier Einzelbilder zeigen die Ergebnisse, wie sie eben bei der Aufnahme von Gruppenbildern entstehen. Abbildung 4.34 ist das Resultat der besten Gesichtsauswahl und repräsentiert den Moment. Nur ein kleiner Artefakt im Schatten an der Wand bleibt von den komplexen Schnittoperationen übrig, die in der derzeitigen Forschungsversion des Programms „Group shot" von Microsoft Research berechnet werden.

Abbildung 4.33
Vier Schnappschüsse einer Gruppe.

Abbildung 4.34
Resultierender Moment.

Perfekte Panoramen und Gebäude

Eine weitere Limitierung von Fotografien habe ich auch schon angesprochen. Ein Foto muss immer einen Ausschnitt wählen, bei konventionellen Fotoapparaten ist er typischerweise zu klein. Zumindest bei Panoramaaufnahmen ist dies der Fall. Es gibt zwar extreme Weitwinkellinsen zur ihrer Aufnahme, leider aber um den Preis einer großen Verzerrung. Der gewiefte Digitalfotograf behilft sich hier mit

Abbildung 4.35
Quellbilder für ein Panorama.

Abbildung 4.36
Intelligent hergestelltes Panorama.

Bildverarbeitungsprogrammen, die das Zusammensetzen und Entzerren von Einzelbildern zu Panoramen erlauben. Was aber tun, wenn die Einzelaufnahmen unterschiedlichen Inhalt haben wie beispielsweise Fußgänger auf einem Platz oder fahrende Autos vor einem großen Gebäude? Wenn man in diesem Fall die Bilder einfach überblendet, so erscheinen halbtransparente „Geistergestalten".

Auch hier helfen moderne Computergrafik und Bildverarbeitung weiter. Die Bilder werden entzerrt und übereinandergelegt. Jetzt wird das endgültige Bild aus den Bildteilen zusammengesetzt, deren Inhalte auf möglichst vielen Einzelbildern zu sehen sind. Ist also eine Person nur auf einem der Bilder zu sehen, weil sie sich während der Aufnahme der Bildserie weiterbewegt hat, so wird sie herausgeschnitten. Wie oben werden auch hier der Graphcut und die Poisson-Interpolation angewendet, um die Bildteile zu kombinieren.

Abbildung 4.35 zeigt den Vorgang an einem belebten Marktplatz. Auf den einzelnen Bildern sind Passanten, Autos und Fahrräder in Bewegung, sodass ein konsistentes Gesamtbild nur erreicht werden kann, indem die Bildteile intelligent ineinandergefügt werden (Abbildung 4.36).

Abbildung 4.37
Entfernen von Fußgängern.

Ein ganz ähnliches Vorgehen ist bei der Aufnahme von großen Gebäuden möglich, bei der meistens die vorbeigehenden Fußgänger stören. Hier macht man mehrere Aufnahmen desselben Objekts und legt diese wieder übereinander. Nun werden die Regionen ausgewählt, die mit der höchsten Wahrscheinlichkeit zum unbewegten Objekt gehören, da sie in möglichst vielen der Aufnahmen gleich sind. In Abbildung 4.37 sind die Einzelaufnahmen und das Ergebnisbild zu sehen. Wieder konnte der Moment festgehalten werden. Ein netter Nebeneffekt lässt sich erzielen, wenn man die Bildteile nimmt, die mit der geringsten Wahrscheinlichkeit zum Objekt gehören. In diesem Fall hat man alle Fußgänger im Ergebnisbild vereint. Auf ganz ähnliche Weise lassen sich andere störende Elemente wie etwa Telegrafendrähte oder Strommasten aus Bildern entfernen. Da sich diese Objekte jedoch nicht bewegen, muss hier der Fotograf seine Position verändern und das Objekt aus einer leicht veränderten Perspektive aufnehmen. Bei der Bildkomposition sind allerdings Grenzen gesetzt, wenn sich die Bilder zu sehr unterscheiden.

Intelligente Blitzlichtaufnahmen

Aufnahmen mit Blitzlicht frustrieren jeden ambitionierten Fotografen: Da man nicht immer eine aufwendige Beleuchtung installieren kann, ist der Blitz unverzichtbar. Auf der anderen Seite jedoch zerstört er die Atmosphäre einer Szene, führt zu falschen Farben, roten Augen, scharfen Kanten und Schatten sowie vielen anderen unerwünschten Effekten.

Alternativ kann man ein völlig unterbelichtetes Bild aufnehmen, wobei ich bei dieser Gelegenheit einen wirklich großen Vorteil guter digitaler Kameras erwähnen

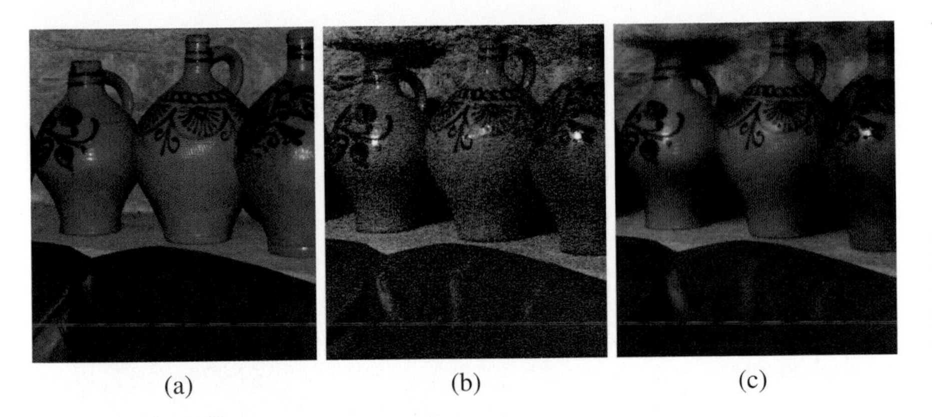

(a) (b) (c)

Abbildung 4.38
Intelligenter Blitz:
a) Blitzlichtaufnahme;
b) unterbelichtete Aufnahme;
c) Resultat.

möchte: ihre hervorragende Empfindlichkeit. Dennoch gibt es genug Situationen, in denen einfach nicht genug Licht vorhanden ist.

Auch hier haben sich die Forscher schon eine geniale Lösung einfallen lassen [63]. Die Digitalkamera macht in einer solchen Situation einfach zwei Aufnahmen: eine mit Blitz und eine weitere ohne Blitz. Beide Aufnahmen werden danach so kombiniert, dass man in vielen Fällen ein optimales Bild aus beiden synthetisieren kann.

Ich kann hier nicht auf die vielen Details des Verfahrens eingehen. Grob gesprochen werden aber die Farben des unterbelichteten Bildes normalisiert (siehe Histogrammoperationen aus Abschnitt 4.2) und auf das Blitzlichtbild übertragen, ohne dass dessen Details verloren gehen. Abbildung 4.38 zeigt ein Beispiel. Insbesondere das Rauschen der unterbelichteten Aufnahme muss beseitigt werden. Als Ergebnis erhalten wir eine Blitzlichtaufnahme mit den richtigen Farben. Das Verfahren kann auch zum automatischen Entfernen roter Augen verwendet werden.

Automatische Schönheitskorrektur

Eine weitere Möglichkeit der Bildanpassung betrifft menschliche Gesichter. Da sie zu den meistfotografiertesten Objekten gehören, lohnt es sich schon, darüber nachzudenken. Moderne Fotoapparate sind in der Lage, automatisch in einem Motiv die Gesichter zu erkennen und scharf zu stellen. Ein neuartiges Verfahren meiner Kollegen erlaubt darüber hinaus eine automatische, aber individuelle Verschönerung von Porträts.

Das Verfahren geht zurück auf das Jahr 1878. Sir Francis Galton, englischer Meteorologe und Vetter von Charles Darwin, überlagerte Aufnahmen von Gesetzesbrechern in der Hoffnung, hierdurch das typische Verbrechergesicht zu erhalten. Zu seiner Überraschung wurden die Mischgesichter aber immer schöner, je mehr Portraits er überlagerte. Heute weiß man, dass wir aus evolutionären Gründen das Durchschnittsgesicht (es gibt natürlich keine speziellen Verbrechergesichter) als attraktiv empfinden, da es durch seine Ausgewogenheit den Eindruck der besten Anpassung an das Leben macht [48]. Es gibt eine Reihe von Studien zu diesem

Thema. So fand man beispielsweise heraus, dass das Durchschnittsgesicht besonders bei jungen Frauen kulturübergreifend als schön empfunden wird, bei Männern können auch „kantigere" Gesichter abseits des Durchschnitts attraktiv sein [28].

In einer Untersuchung aus dem Jahr 2001 entwickelten deutsche Forscher mittels Computergrafik eine Methode, um reale Gesichter dem Durchschnittsgesicht ähnlicher zu machen [11]. Hierdurch konnten sie Hypothesen früher Studien bestätigen, teilweise aber auch widerlegen. So fiel auf, dass die Veränderung in Richtung Durchschnittsgesicht zwar unattraktive Gesichter schöner macht, nicht aber attraktive. Schöne Gesichter können aber durch Annäherung an das Kindchenschema noch verbessert werden: Besonders große Augen und voller Mund sind üblicherweise attraktiver.

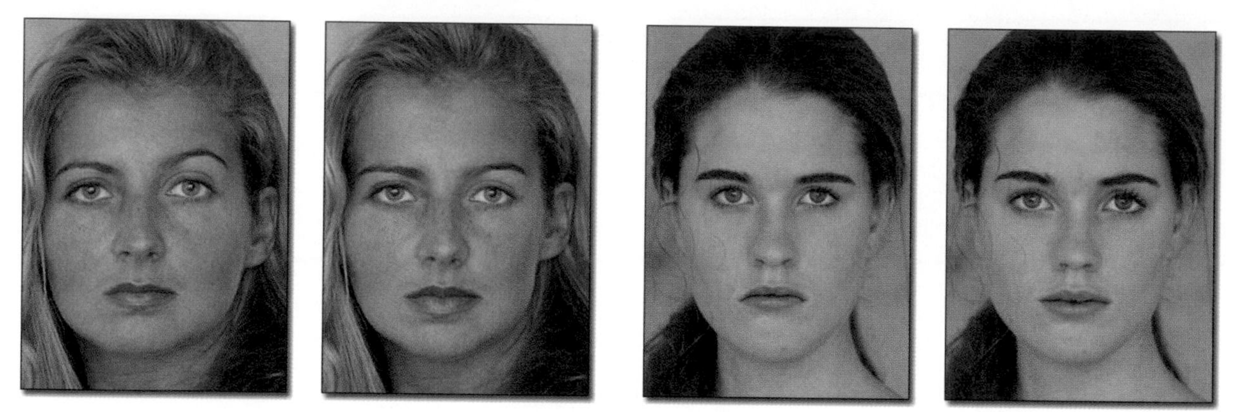

Abbildung 4.39
Automatische Gesichtsverschönerung durch Proportionsanpassung.

Problematisch an dieser Vorgehensweise ist die Veränderung des Gesichts. Während der Annäherung an den Durchschnitt leidet die Erkennbarkeit, da natürlich die Attribute des Gesichts sich immer stärker verändern. In einer neuen Arbeit geht man deswegen einen anderen Weg [51]. Ausgangspunkt ist eine Datenbasis von vielen Gesichtern, deren Attraktivität bewertet wurde. Ein neu aufgenommenes Gesicht wird vermessen und diesmal nicht dem Durchschnitt angepasst, sondern dem ähnlichsten Gesicht, das als attraktiv bewertet wurde. Hierzu werden nur die Proportionen des Gesichts leicht verändert, bleiben aber im Wesentlichen erhalten, da Quell- und Zielgesicht nun oftmals sehr ähnlich sind.

Dieses neue Gesicht wird in den meisten Fällen attraktiver empfunden. Da aber diesmal nur die Proportionen des Quellbildes leicht verändert wurden, ist es im Gegensatz zu den obigen Methoden immer noch zu erkennen. Abbildung 4.39 zeigt zwei solche Verschönerungen.

Interessant an diesem Verfahren ist auch die Tatsache, dass es für viele Quellgesichter automatisch ablaufen kann. Ist der Computer in der Lage, Augen, Nase und Mund zu identifizieren, kann er eine subtile Verschönerung ohne Eingriff des Benutzers vornehmen. Es ist also möglich, ein solches Verfahren in eine Kamera oder einen Automaten einzubauen und die Gesichter verschönert herauszugeben, ohne dass der Benutzer etwas davon merkt.

4.9 Die Kamera der Zukunft

Sogar noch leichter können auch die intelligenten Blitzlichtaufnahmen in Kameras integriert werden. Statt eines Bildes würden in sehr kurzem Abstand zwei aufgenommen und zusammengefügt. Ähnlich kann man mit Situationen verfahren, in denen große Unterschiede in der Lichtintensität eine konventionelle Kamera überfordern. Abbildung 2.4 hatte den Unterschied zwischen der menschlichen Wahrnehmung einer solchen Szene im Unterschied zur Kamera motiviert. Das Beispielbild 2.4 c war in diesem Fall auch durch Methoden der modernen Bildverarbeitung entstanden. Die Grundlage für dieses Bild waren die beiden Quellbilder, die mit unterschiedlichen Belichtungszeiten aufgenommen wurden. Sie wurden über einen intelligenten Prozess zum Ergebnis vereint. Die Kamera der Zukunft könnte solch eine Kombination auch ohne Eingriff des Benutzers automatisch bei jeder schwierigen Szene durchführen.

← Kontinuierliche Aufnahme

Michael Cohen schlägt darüber hinaus vor, dass eine Kamera kontinuierlich aufnehmen sollte, sobald sie aus der Tasche gezogen wird. Sie könnte damit dem Fotografen die Möglichkeit geben, aus einer großen Menge von Bildern den jeweiligen Moment zu synthetisieren. Dies könnte über einen zyklischen Speicher erfolgen, der immer die letzten Sekunden speichert, bevor der Auslöser gedrückt wird. Dann könnte man viele der obigen Methoden anwenden, um den jeweiligen Moment im Anschluss an das Fotografieren zu erzeugen. Notwendig dafür wäre natürlich eine effektive Vorselektion seitens der Kamera. Dies scheint heute noch schwierig, stellt aber kein unlösbares Problem dar, sofern sich genug Rechenleistung auf der Kamera befindet.

← Panoramen

Bei der Aufnahme eines Panoramas könnte die Kamera die Einzelbilder zusammensetzen und unter Umständen den Fotografen auffordern, weitere Bilder hinzuzufügen, um ein optimales Ergebnis zu erzielen. Auch hier wäre ein einfacher interaktiver Prozess denkbar, den man in die Kamera integrieren könnte.

Doch bleiben wir nicht stehen bei diesen rein technischen Bildverbesserungen. Das Konzept einer Momentaufnahme könnte noch viel weiter gehen: Wie ein Maler möchte der Fotograf vielleicht jedem Bild seinen eigenen Stil aufprägen. Die Kamera könnte ihn unterstützen, indem sie aus den vielen Möglichkeiten zur Bildsynthese bestimmte Kombinationen bevorzugt, um den Bildern ein vom Benutzer bevorzugtes Profil zu verleihen. Auf diese Weise könnten dann die Aufnahmen derselben Szene bei verschiedenen Kameras oder Benutzerprofilen zu ganz unterschiedlichen Ergebnissen kommen. Ein Scherzbold könnte zum Beispiel den Moment in Abbildung 4.33 vielleicht lieber wie im nebenstehenden Bild abspeichern. Hier wurden die ungünstigsten Gesichter zu einem Bild kombiniert.

Das Konzept der Momente wirft also ein völlig neues Licht auf die digitale Fotografie. Wenn wir vom alten Verständnis eines Fotos abrücken, so eröffnen sich ganz neue Wege für das Einfangen visueller Eindrücke mit Fotoapparaten. Da sich die Hardware digitaler Fotoapparate immer stärker angleicht, werden sich die Apparate der Zukunft eher durch ihre Software unterscheiden. Weil viele Dinge auf den kleinen Displays dieser Apparate nur schwer durchzuführen sind, wird auch in Zukunft ein großer Monitor vonnöten sein, um die finalen Bilder zu erzeugen. Meine Hoffnung ist nur, dass das Zusammenspiel zwischen Kamera und Rechner für den Benutzer dann viel erfreulicher und einfacher wird, als es heute noch der Fall ist.

4.10 Resumee

Sind Sie nun verwirrt? Wir sind in diesem Kapitel gestartet mit dem Bedürfnis, die Technik digitaler Manipulationen zu verstehen, um die Veränderungen an Bildern besser entdecken zu können. Inzwischen habe ich Sie vielleicht davon überzeugt, dass es ziemlich schwer ist, bei den vielfältigen Möglichkeiten der Bildverarbeitung das Konzept des Fotos im hergebrachten Sinn überhaupt noch beizubehalten. Und dennoch müssen wir das gelegentlich tun, da es Situationen gibt, in denen das Foto als Abbild der Realität benötigt wird.

Unter den bereits besprochenen Randbedingungen, die durch den Fotografierprozess selbst entstehen, müssen Bilder auch weiterhin für dokumentarische Zwecke herhalten. Um Manipulationen zu erschweren und die rechtlichen Konsequenzen zu verschärfen, wäre darüber nachzudenken, ein freiwilliges digitales Gütesiegel einzuführen, welches beim Aufdruck auf ein Foto garantiert, dass hier von der Aufnahme bis zum Druck nur eine klar definierte und limitierte Menge an Veränderungen durchgeführt wurde. Alle anderen Fotos müsste man als Momente ansehen und sich dementsprechend zwingen, sie nicht als Abbilder der Wirklichkeit zu bewerten. Auf der anderen Seite müssten die Konsequenzen bei der Verletzung des Siegels drastisch genug sein, dass sich eine abschreckende Wirkung einstellt. Das Siegel könnte durch moderne Methoden der Informatik auch so gestaltet werden, dass bei unerlaubten Veränderungen durch den Vergleich von Bildinhalt und Siegelinhalt mittels eines Computerprogramms die Verletzung sofort erkennbar würde. Einen solchen Ansatz möchte ich in Abschnitt 7.6 beschreiben.

An dieser Stelle soll es bei dieser Diskussion belassen werden, ich möchte deren Weiterführung den Fachexperten der Bildwissenschaften übertragen. Wir wollen uns dem nächsten Kapitel zuwenden, in dem gezeigt wird, wie sich realistische Bilder auch ganz ohne Fotoapparat erzeugen lassen.

Fotorealismus aus dem Computer

Computergrafik

Die Computergrafik erzeugt Bilder mit dem Rechner. Hier spricht man von Fotorealismus, wenn die Ergebnisse nicht mehr vom Foto zu unterscheiden sind. Es ist das langjährige Ziel vieler Forscher, durch ausgefeilte Verfahren Bilder so realistisch wie möglich herzustellen. Im Gegensatz zur digitalen Fotografie gibt es in der Computergrafik also gar keine Frage danach, inwieweit man die Realität verfälschen darf. Lassen wir also für den Moment einmal die problematischen Anwendungsmöglichkeiten dieser Technik beiseite und verfolgen, wie aus mathematischen Modellen wunderschöne Bilder entstehen.

Produktionsstudios leiden seit jeher unter dem Mangel an geeigneten realen Objekten, die sie als Requisiten für die Herstellung von Filmen benötigen. Der Bau von Kulissen und Attrappen verschlingt Unsummen, daher hat man schon früh über Alternativen – auch virtuelle – nachgedacht. Auch die Forscher fasziniert die synthetische Bilderzeugung schon seit den 1960er Jahren. Das wissenschaftliche Interesse und die Nachfrage der Film- und Spieleindustrie haben ein einzigartiges Forschungsgebiet geschaffen, dessen wichtigstes Treffen die jährlich in den USA stattfindende SIGGRAPH-Konferenz ist. Hier werden die neuesten Forschungsergebnisse ausgetauscht, aber auch Filmprojekte und deren Realisierung vorgestellt. Über 20 000 Menschen nehmen mitunter an dieser Veranstaltung teil.

Abbildung 5.1
Computergrafik oder Fotografie?

Die Computergrafik hat jedoch viele Anwendungen jenseits der Unterhaltungsindustrie. Die grafischen Benutzungsoberflächen mit all ihren Fenstern und Symbolen sind unter anderem Ergebnisse der Computergrafik. Drucktechnik und digitales Publizieren erhielten entscheidende Anstöße. Computerunterstütztes Konstruieren (CAD) und geografische Informationssysteme (GIS) entstammen ebenfalls dieser Forschungsrichtung.

Auch der Umgang mit Digitalbildern sowie deren Erzeugung und Veränderung erlangen immer größere Aufmerksamkeit innerhalb der Computergrafik. Schon im vorangehenden Kapitel wurde darauf hingewiesen, dass Computergrafik und Bildverarbeitung bei diesem Thema weitgehend verschmolzen sind. Die richtige Computergrafik beginnt für viele Forscher allerdings erst dort, wo im Rechner dreidimensionale mathematische Formen und Körper konstruiert werden, um sie über Beleuchtungssimulation in künstliche Bilder umzuwandeln. Diesen Prozess möchte ich im Folgenden schildern. Im Zusammenhang mit der Bildmanipulation benötigt man solche Methoden, wenn für ein Bild oder eine Filmsequenz keine realen Quellbilder oder Objekte vorhanden sind, die man ablichten, verändern oder anpassen kann.

Abbildung 5.2
Computergrafik oder Fotografie?

Man sollte sich aber nicht täuschen lassen. Die Herstellung eines einzelnen Bildes und insbesondere auch von Computeranimationen – vielen Bildern, die aneinandergesetzt eine Filmsequenz ergeben – ist ein sehr aufwendiger Prozess, der auch im Filmbereich nur dort angewendet wird, wo es entweder nicht anders geht oder billiger als die Herstellung konventioneller Kulissen ist.[1] Dies ist durch die industrielle Herstellung digitaler Inhalte aber immer häufiger der Fall; auch scheinbar unspektakuläre Szenen werden daher aus Kostengründen zunehmend mithilfe von Rechnern erzeugt.

Um die Leistungsfähigkeit der Computergrafik zu demonstrieren, sind in den Abbildungen 5.1 bis 5.3 einige Beispiele dargestellt. Finden Sie heraus, welche Bilder ganz oder teilweise synthetisch sind! Die Auflösung erfolgt später im Verlauf des Kapitels.

Wie oben schon angedeutet, war der Ausgangspunkt der computergrafischen Bilderzeugung der Versuch, im Rechner komplette mathematische Abbilder der Welt aufzubauen und diese mittels Beleuchtungssimulation in Bilder umzuwandeln. Über eine lange Zeit hat man das perfektioniert, moderne Verfahren gehen aber noch andere Wege. In vielen Fällen ist es nämlich sehr aufwendig, die Welt im Computer komplett nachzuahmen, und viel einfacher, Fotografien realer Objekte zum Ausgangspunkt von neuen Computergrafiken zu machen. Eine einfache Methode hatte ich schon in Abschnitt 4.5 beschrieben: der Einsatz von Texturen, um

[1] Die wesentlichen Kosten für eine Kulisse entstehen oft nicht bei deren Bau, sondern durch die blockierte Studiofläche, die sie danach einnimmt.

Abbildung 5.3
Computergrafik oder Fotografie?

die Oberfläche eines Objekts realistischer erscheinen zu lassen. Möglich ist aber noch viel mehr. So kann man aus mehreren Fotos die dreidimensionale Form eines Objekts rekonstruieren und das Objekt dann aus jeder beliebigen Richtung ansehen. Die Methoden lassen sich auf Videomaterial ausweiten: Man kann Videos aus Bildern herstellen und riesige, hochaufgelöste Bilder aus Videodaten machen. In Filmen wie *The Matrix* wurden solche Verfahren eingesetzt, um neuartige Effekte zu erzeugen. Obwohl ich im Folgenden nur einige Verfahren skizzieren kann, lässt sich erahnen, welch unglaubliches Potential in der Computergrafik steckt.

5.1 Klassische Computergrafik

Im vorangehenden Kapitel hatte ich den Prozess der Bildaufnahme mit einer digitalen Kamera beschrieben. Diesen Prozess simuliert man in der Computergrafik: Man konstruiert eine virtuelle Welt im Rechner, in der die Objekte aus Grundformen zusammengesetzt sind wie etwa Kugeln oder Quader oder aus Oberflächenstücken wie Dreiecken, Vierecken oder gekrümmten Teilflächen. Nun stellt man virtuelle Lichtquellen auf, die das Licht wie echte Lichtquellen in einer bestimmten Stärke und Farbe aussenden. Für die Bildberechnung muss man herausfinden, welcher Teil des Lichtes von den Objekten in eine virtuelle Kamera reflektiert wird, die man in der virtuellen Szene an einer Stelle positioniert. Diese Kamera hat wie eine echte Kamera ein Objektiv, mit dem man den Abbildungsprozess einstellen kann.

Für die Herstellung des gesamten Aufbaus gibt es spezielle Modellierprogramme, mit denen der Benutzer alle Objekte und Lichtquellen sowie die Kamera frei im Raum positionieren kann. Ist alles fertig, so wird der Bilderzeugungsprozess gestartet, das Rendering. Dieser Prozess bestimmt für jedes Pixel des Bildes die Farbe und Helligkeit. Zuerst wird nachgesehen, welches Objekt an dieser Stelle sichtbar ist. Dann wird die Lichtmenge berechnet, die von diesem Objekt in Richtung der Kamera abgestrahlt wird. Das geschieht durch die Simulation der Lichtausbreitung in der Szene (Abbildung 5.4). Ein Beleuchtungsmodell enthält hierbei die mathematischen Grundlagen für diese Berechnung. Es beschreibt den Vorgang

Rendering →

der Lichtausbreitung im dreidimensionalen Raum und approximiert den Vorgang üblicherweise soweit, dass er mit vertretbarem Rechenaufwand für alle Pixel des Bildes berechnet werden kann. Zuerst benutzte man so genannte lokale Beleuchtungsmodelle, bei denen die Helligkeit der Oberflächen nur von der Position der künstlichen Lichtquellen und der Kamera abhing. Alle Lichtreflexionen zwischen den Objekten wie beispielsweise der Schattenwurf eines Objekts auf ein anderes oder die indirekte Beleuchtung von Objekten durch andere Objekte wurden hier ignoriert. Später entstanden globale Beleuchtungsmodelle, die solche Reflexionen berücksichtigen, aber wesentlich rechenaufwendiger sind.

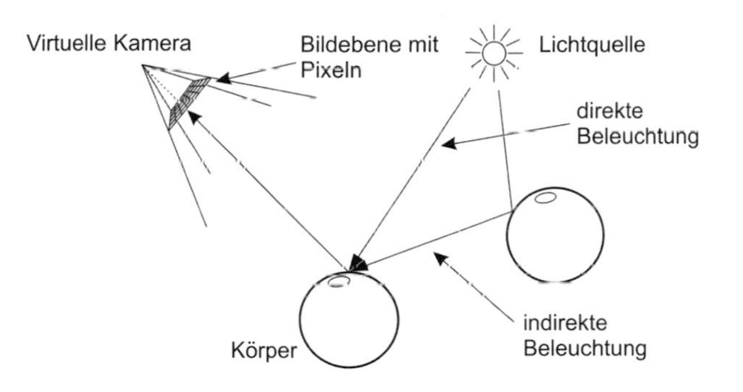

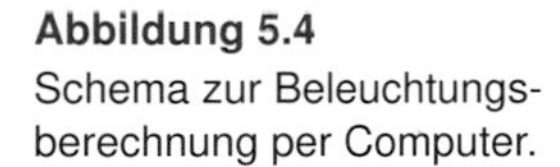

Abbildung 5.4
Schema zur Beleuchtungsberechnung per Computer.

Lokale Beleuchtungsmodelle sind bis heute die Grundlage von Grafikkarten, die Bilder für Computerspiele und andere interaktive Anwendungen äußerst schnell erzeugen müssen. Globale Beleuchtungsmodelle werden dagegen über spezielle Programme berechnet, für deren Erzeugung man pro Bild zwischen ein paar Sekunden und Wochen benötigt.

Lokale Beleuchtungsmodelle

Ein lokales Beleuchtungsmodell ignoriert die indirekte Beleuchtung in einer Szene also völlig. Die Helligkeit der Objekte wird nur vom Licht der Lichtquellen und deren direkter Beleuchtung hervorgerufen, wobei je nach Material der Objekte drei Arten von Reflexionen berechnet werden. In Abbildung 5.5 ist die Situation dargestellt: Das Augensymbol stellt die Kamera dar, die Sonne die Lichtquelle. Das Licht fällt auf das Material und wird zur Kamera reflektiert.

Mit der so genannten ambienten Reflexion (bzw. dem ambienten Lichtanteil) wird eine Grundhelligkeit für alle Flächen realisiert. Sonst wäre alles schwarz, was nicht direkt beleuchtet wird. Diesen Faktor muss man in ein lokales Beleuchtungsmodell einbauen, weil man hier eben kein Streulicht berechnet.

Eine wichtige Reflexionseigenschaft realer Objekte ist die diffuse Reflexion. Beispiele für diffus reflektierende Stoffe sind Kreide oder Beton. Die Menge des abgestrahlten Lichtes hängt bei diesen Materialien nur vom Winkel zwischen der Lichtrichtung und der Oberfläche ab, das Licht wird dann in alle Richtungen gleichmäßig verteilt. Stellen Sie sich eine runde Betonsäule vor. An den Stellen, auf die das Licht nicht senkrecht auftrifft, erscheint sie dunkler. Wenn Sie aber bei gleich bleibenden Lichtverhältnissen einen Punkt auf der Säule fixieren und ihn aus verschiedenen Richtungen betrachten, so werden Sie feststellen, dass die reflektierte Lichtintensität tatsächlich gleich bleibt.

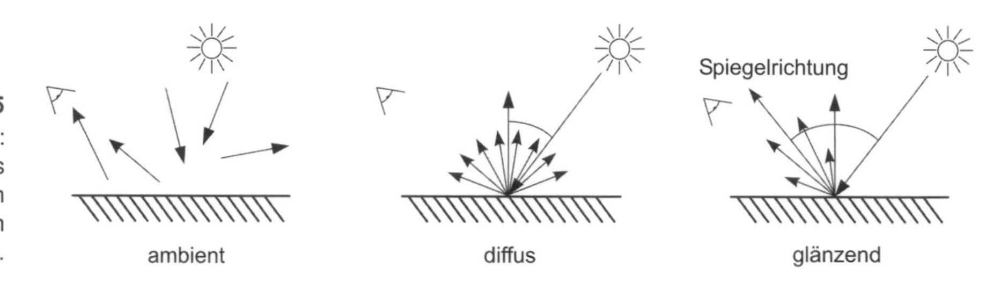

Abbildung 5.5
Lokales Beleuchtungsmodell: Die Helligkeit setzt sich aus dem ambienten Anteil, dem diffusen Anteil und dem glänzenden Anteil zusammen.

Ein Glanzlicht einer Lichtquelle entsteht durch die glänzende Reflexion. Ein Spiegel ist eine Sonderform einer glänzenden Fläche, weil er das Licht nur in genau eine Richtung reflektiert, ähnlich dem Abprall einer Billardkugel. Eine glänzende Fläche reflektiert das Licht zusätzlich auch in Richtungen, die von dieser Richtung leicht abweichen. Auf diese Weise entstehen Glanzlichter unterschiedlicher Größe auf verschiedenen Materialien. Wenn Sie eine glänzende Metallfläche polieren, so machen Sie die Oberfläche dabei immer glatter. Das Licht wird nun immer stärker nur noch in eine Richtung reflektiert, schließlich entsteht ein Spiegel.

Im lokalen Beleuchtungsmodell werden die drei Reflexionsarten bzw. Lichtanteile für jeden sichtbaren Oberflächenpunkt berechnet. Sie ergeben eine visuelle Approximation der gesamten direkten Beleuchtung. In der physikalischen Realität ist die Situation aber weit komplizierter. So können die Materialeigenschaften je nach Position auf dem Körper voneinander abweichen und müssen dementsprechend in die Rechnung einbezogen werden. Auch sind die Reflexionseigenschaften echter Materialien wesentlich komplizierter und können nur für manche Stoffe auf diese einfache Weise approximiert werden. Für exakte Ergebnisse muss man sie aufwendig messen und die Daten später in eine wesentlich kompliziertere Rechnung einbeziehen.

In Abbildung 5.6 sind die verschiedenen Reflexionsarten an einer kleinen Beispielszene demonstriert. Eine Kugel und die Teekanne der Universität Utah – eines der meistverwendeten Beispielmodelle in der Computergrafik – sind in Abbildung 5.6 a als Drahtmodelle zu sehen. In b sieht man das Ergebnis bei ambienter Reflektion, in c wurde die diffuse Reflexion dazugenommen und in d die glänzende Reflexion. Werden Texturen auf die Oberflächen der Objekte aufgebracht, entsteht eine wesentlich realistischere Szene. In Abbildung 5.6 f ist der Schattenwurf integriert, der, wie schon angedeutet, kein rein lokaler Effekt mehr ist, weil hier eine Fläche mit der anderen interagiert. Bild g zeigt eine weitere Art von Texturen, die hier zur Vortäuschung eines Oberflächenreliefs verwendet wird. Durch das so genannte Bump-Mapping wird die Ausrichtung der Oberfläche lokal abgeändert, was in der Beleuchtungsberechnung eine Variation der Helligkeit zur Folge hat; die Oberfläche erscheint strukturiert. In Abbildung 5.6 h schließlich wird das Raytracing-Verfahren für die Bilderzeugung benutzt. Hierbei handelt es sich um

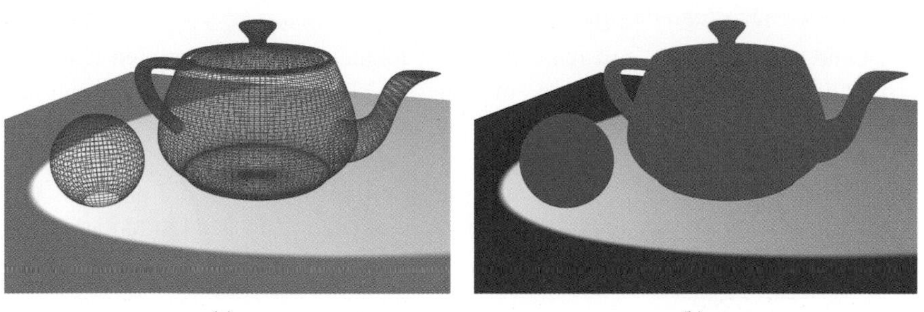

(a) (b)

(c)

(d)

(e)

(f)

(g)

(h)

Abbildung 5.6
Bilderzeugung für eine Beispielszene. Beschreibung siehe Text.

ein globales Beleuchtungsverfahren, es ermöglicht daher auch Spiegelungen. Ich werde es im nächsten Abschnitt beschreiben.

Der Grad an Realismus, den man schon mit lokalen Modellen erzielen kann, ist erstaunlich. Sehen Sie sich einmal ein modernes Computerspiel an, bevorzugt auf einer Spielkonsole. Hier kann man schon fast von Fotorealismus sprechen und ich wage zu behaupten, dass in fünf bis zehn Jahren die Darstellungsqualität der von Filmen gleichkommen wird. Dann müssen allerdings auch die globalen Beleuchtungseffekte berücksichtigt werden, die momentan von den Grafikkarten der Rechner nur sehr beschränkt unterstützt werden.

5.2 Globale Beleuchtungsmodelle

Es ist eine alte Aufgabe aus der Physik, das Strahlungsverhalten von mehreren Körpern zu berechnen, die in einem geschlossenen Raum versammelt sind. Jim Kajiya von Microsoft Research brachte im Jahr 1986 entsprechende Gleichungen aus der Optik und Thermodynamik in die Form, die heute in der Computergrafik als Ausgangspunkt aller Beleuchtungsmodelle verwendet wird [41]. Leider gehört die Thermodynamik zu den mathematisch aufwendigen Bereichen der Physik; wir wollen uns daher mit einer umgangssprachlichen Beschreibung des Vorgangs begnügen.

In einem globalen Beleuchtungsmodell werden Lichtquellen und beleuchtete Objekte gleich behandelt. Das von einem Körper in eine Richtung ausgehende Licht ist dessen Eigenleuchten (wenn er eine Lichtquelle ist) zuzüglich dem Anteil des Lichtes, das von anderen Körpern auf den Körper auftrifft und reflektiert wird.

Für die Berechnung dieser Lichtmenge, die wie beim lokalen Beleuchtungsmodell die Helligkeit jedes Pixels des Computerbildes bestimmt, muss man also vom aktuellen Oberflächenpunkt ausgehend nachsehen, welche anderen Körper auf ihn abstrahlen. Hat man einen Kandidaten gefunden, so benötigt man die Strahlung, die von ihm in Richtung des ersten Oberflächenpunktes abgegeben wird. Hier beißt sich die Katze in den Schwanz, denn nun muss man für diesen Oberflächenpunkt ebenfalls die Lichtmenge berechnen, welche wieder alle Objekte einbezieht, die auf diesen Körper abstrahlen.

Man spricht in diesem Zusammenhang von einem Integralgleichungssystem: Die Strahlung an einem Punkt ist die Summe bzw. das Integral der von allen anderen Körpern in dessen Richtung abgegebenen Strahlung. Ähnliche Systeme finden sich an vielen Stellen in der Physik, im Maschinenbau oder in der Elektrotechnik. Daher mangelt es nicht an Lösungsmethoden. Die Computergrafiker haben allerdings spezielle, visuell hochwertige Methoden entwickelt, so genannte Radiosity-Verfahren. Hier werden alle Körper der Szene erst einmal in Dreiecke und Vierecke zerlegt. Ferner wird angenommen, dass die Körper nur aus diffus reflektierendem Material bestehen, also das auftreffende Licht in alle Richtungen gleichmäßig verteilen. Diese Annahmen lassen aus der Integralgleichung ein großes lineares Gleichungssystem entstehen, dessen Lösung mit einem Computerprogramm berechnet wird.

Für eine Szene mit tausend Dreiecken entsteht auf diese Weise ein Gleichungssystem mit einer Matrix aus ca. tausend Zeilen und Spalten. Sie erinnern sich aus der Schule vielleicht noch, wie schwer das Lösen eines linearen Gleichungssystems aus vier Gleichungen mit vier Unbekannten ist. Der Aufwand für solche großen Gleichungssysteme ist ungleich höher. Ein PC benötigt daher trotz ausgefeilter Lösungsmethoden auch heute noch einige Zeit zur Berechnung einer realistisch wirkenden Szene.

Raytracing

Eine weitaus populärere Methode zur Lösung des Problems sind Raytracing-Verfahren [79]. Die Strahlungsberechnung wird hier nicht für die ganze Szene durchgeführt, sondern nur für die jeweiligen Pixel des zu berechnenden Bildes. Dazu schickt man vom Zentrum der virtuellen Kamera durch jedes Pixel des Bildes einen Suchstrahl in die Szene und schneidet ihn mit den Objekten (Abbildung 5.7). Auf diese Weise findet man heraus, ob entlang des Strahles ein Objekt getroffen wurde.

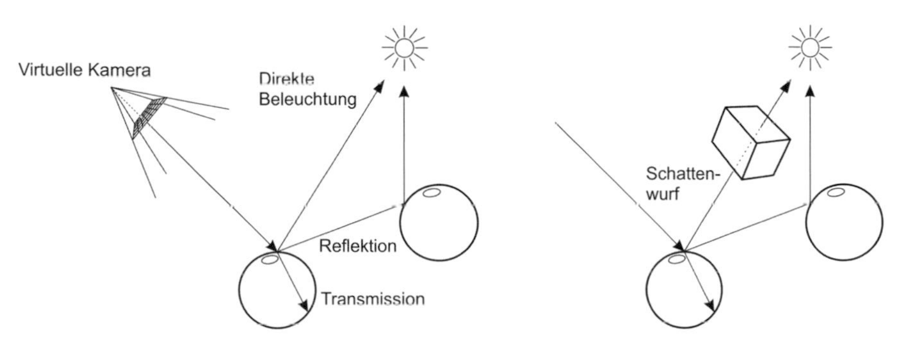

Abbildung 5.7
Raytracing-Algorithmus: Ein Strahl wird von der virtuellen Kamera durch ein Pixel der Bildebene in die Szene geschickt und mit den Objektoberflächen geschnitten. Rechts: Schattenwerfendes Objekt.

Das in die Richtung der Kamera abgestrahlte Licht des entsprechenden Oberflächenpunkts ergibt sich nun, indem zuerst seine direkte Beleuchtung berechnet wird. Diese umfasst das von den Lichtquellen kommende Licht und auch eventuelle Schattenwürfe. Hierfür werden vom aktuellen Objektpunkt Suchstrahlen zu allen Lichtquellen abgeschickt, und es wird festgestellt, ob weitere Objekte zwischen dem Objektpunkt und einer Lichtquelle liegen. Wenn ja, liegt der Objektpunkt im Schatten dieser Objekte.

Zusätzlich werden für den Punkt die indirekten Lichtanteile bestimmt. Dazu schickt man eine Anzahl zufällig verteilter Suchstrahlen in verschiedene Raumrichtungen. Der Auftreffpunkt dieser Strahlen auf anderen Objekten wird berechnet (falls vorhanden) und die abgehende Strahlung von diesen Oberflächenpunkten wieder auf dieselbe Weise bestimmt. Hat man die abgehende Strahlung berechnet, werden die Strahlungswerte aller Suchstrahlen gemittelt und zum direkten Lichtanteil des Beobachtungspunktes addiert.

Auf diese Weise ergibt sich ein Verfahren, welches immer wieder Strahlen aussendet, diese mit Objekten schneidet, direkte und indirekte Lichtanteile bestimmt, die Ergebnisse mehrerer Strahlen addiert und das Endergebnis weitergibt. Besonders einfach wird die Auswertung, wenn man für die indirekten Lichtanteile davon ausgeht, dass sie nur durch rein spiegelnde Oberflächen entstehen. In diesem Fall reicht es aus, nur einen Reflexionsstrahl zu bearbeiten. In Abbildung 5.7 ist dieser vereinfachte Ablauf für eine Szene dargestellt; rechts ist ein Objekt zu sehen, welches seinen Schatten auf den Oberflächenpunkt wirft, der gerade untersucht wird.

Allerdings ist es meist nicht ausreichend, pro Pixel nur einen Suchstrahl in die Szene zu senden. Die Ergebnisse sehen, vor allem bei Bildern mit scharfen Kanten, unbefriedigend aus, da entlang dieser Kanten – insbesondere wenn diese diagonal verlaufen – treppenstufenartige Muster auftauchen. In der Computergrafik nennt man diesen Effekt „Aliasing“ und verwendet spezielle Verfahren, um ihn abzumildern. Hier werden pro Pixel viele Strahlen in die Szene geschickt, und man mittelt die Ergebnisswerte [30]. Leider erkauft man sich dies mit einer drastisch erhöhten Rechenzeit.

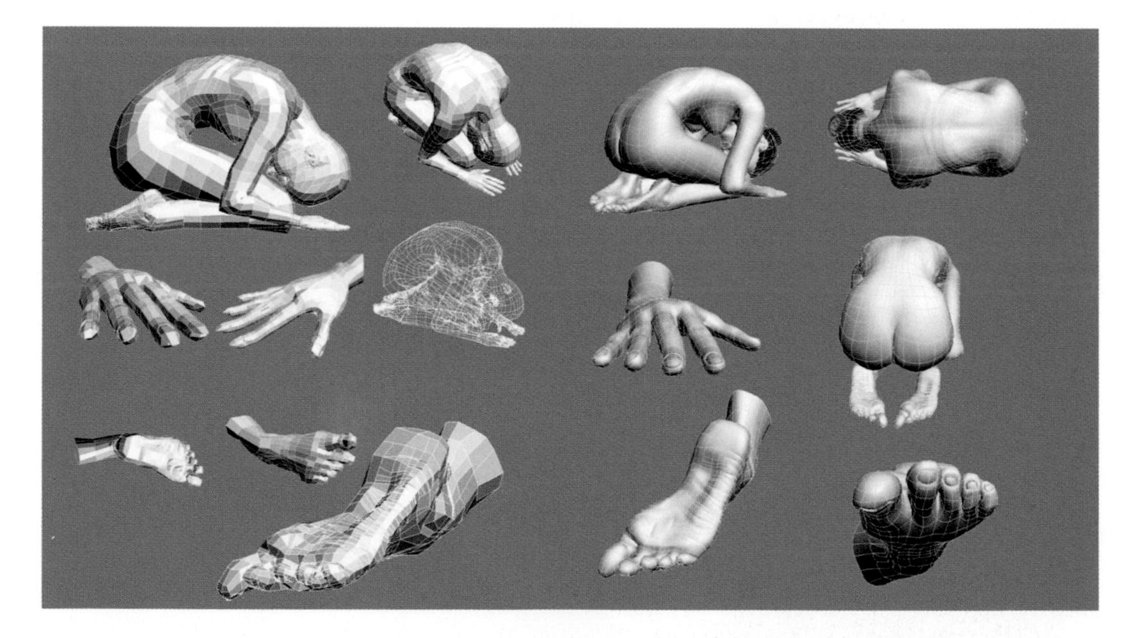

Abbildung 5.8
Computermodell für Bild 5.3.

Warten Sie noch auf die Auflösung der Frage, welche Bilder am Anfang des Kapitels ganz oder teilweise synthetisch sind? Alle wurden synthetisch im Rechner erzeugt, teilweise unter Einbeziehung realistischen Bildmaterials. Um Sie zu überzeugen, ist in Abbildung 5.8 das Computermodell zu sehen, aus dem die Frau in Abbildung 5.3 hergestellt wurde. Zuerst wurden flache Flächenstücke zusammengesetzt, um den Körper nachzubilden. Diese wurden später geglättet. Alle Details mussten auf diese Weise einzeln modelliert werden, um ein realistisches Gesamtergebnis zu erzielen. Obwohl das Modell später in anderen Posen und in verschiedenen virtuellen Umgebungen benutzt werden kann, ist der Aufwand dennoch so hoch, dass es sich nur in Ausnahmefällen lohnt, solch ein Modell per Hand zu erzeugen. Die Bilder stammen daher auch meist von Computergrafik-Enthusiasten, die den Betrachter gern hinters Licht führen.

Ein weiteres fotorealistisches Erzeugnis ist in Abbildung 5.9 zu sehen. Es besteht aus mehreren hunderttausend Pflanzen mit insgesamt etwa zwei Milliarden Oberflächenstücken. Nur die Texturen auf den Blättern stammen aus der Natur, alle Objekte sind aus winzigen Flächenstücken aufgebaut und der Geometrie der natürlichen Vorbilder nachempfunden [21]. Es ist also in den meisten Fällen keine Frage mehr, ob man fotorealistische Bilder mit dem Rechner herstellen kann, es ist nur noch eine Frage des Aufwands.

Abbildung 5.9
Eine virtuelle Landschaft.

Für Abbildung 5.9 wurden alle Pflanzen zuerst einzeln im Rechner aufgebaut. Dafür gibt es spezielle Programme, die die Arbeit zwar sehr erleichtern, aber immer noch einige Stunden Arbeitszeit für eine größere Pflanze benötigen. Ein moderner Pflanzeneditor ist xfrog [32], bei dem die Pflanzen aus der Kombination von Komponenten aufgebaut sind (Abbildung 5.10). Der Benutzer muss geometrische Eigenschaften wie die Biegung der Blätter oder die Verteilung der Samen einstellen und dann zur Pflanze kombinieren. Er bearbeitet dabei nicht direkt die Geometrie, sondern steuert einen Algorithmus, der dies für ihn tut. Nur auf diese Weise lässt sich die geometrische Komplexität in den Griff bekommen.

Abbildung 5.10
Modellierung einer Sonnenblume mit xfrog

Hat man ein Modell erzeugt, so kann es später vielfach kopiert in einem Bild vorkommen, für eine große Szene ist der Modellieraufwand aber dennoch erheblich. Daher sucht man schon seit längerem nach schnelleren Methoden, um solche komplexen Computerbilder zu erzeugen. Ich werde in Abschnitt 5.4 einige neue und radikale Methoden beschreiben, die hier ansetzen, möchte vorher aber noch auf den Aspekt der geeigneten geometrischen Repräsentation der Objekte eingehen.

5.3 Bilder aus Punkten

Die Komplexität der virtuellen Objekte macht nämlich auch das Modellieren mittels vieler kleiner Oberflächen fraglich. Im obigen Bild sind die Flächenstücke so klein, dass sie aus kaum mehr als einem Pixel bestehen. Hier ergibt sich kein Unterschied, wenn man anstelle eines Dreiecks beispielsweise einen Punkt verwendet, für einen Punkt sind aber wesentlich weniger Daten zu speichern. Eine viel versprechende Möglichkeit ist es daher, anstelle von Dreiecken punktförmige Objekte als Grundelemente der Bilderzeugung zu benutzen. Diese werden bei der Bilderzeugung durch winzige Kreisscheiben repräsentiert, die in der kleinsten Form einem einzigen Bildschirmpixel entsprechen.

Bewegt man sich durch die Szene, so werden manche Flächen allerdings schnell größer als ein Pixel. Hier muss die Repräsentation gewechselt werden und man zeichnet wieder Dreiecke oder andere Flächenstücke. Durch trickreiche Programmierung kann man diesen Übergang während der Bilderzeugung aber ausführen, ohne dass der Betrachter etwas davon merkt. In Abbildung 5.11 a sind die vorderen Pflanzen über Dreiecke, die hinteren über Punkte repräsentiert. Bei geeigneter Darstellung ergibt sich für die Objekte im Hintergrund kaum ein Unterschied zu einer Oberflächenbeschreibung mit Dreiecken. In b werden zu wenige Punkte verwendet, die Objekte zerfallen dann in Einzelpunkte. In c werden die Punkte über jeweils vier statt nur einem Bildschirmpixel dargestellt. Das vermindert die Löcher, lässt das Bild aber gröber erscheinen.

Abbildung 5.11
Punktrepräsentation von Objekten: a) Ausreichende Repräsentation; b) zu wenige Punkte; c) vergrößerte Punkte; d)-f) Level-of-Detail-Darstellung für einen Baum.

Genauso wie die Punkte für nahe Objekte oftmals nicht dicht genug sitzen, kann ihre Dichte für entfernte Objekte schnell zu hoch werden. In diesem Fall steigt der Aufwand für die Bilderzeugung über das notwendige Maß. Hier schaffen so genannte Detaillierungsverfahren (Level-of-Detail-Methoden) Abhilfe. Soll ein Objekt auf dem Bildschirm dargestellt werden, so wird zuerst seine ungefähre Größe in Pixeln berechnet. Ist es sehr klein, so werden nur wenige Punkte für die Darstellung verwendet, ist es größer, werden weitere Punkte hinzugenommen.

In Abbildung 5.11 d-f ist der Vorgang zu sehen. Der kleine Baum in f besteht aus wenigen Dutzend Punkten, während die größere Darstellung mehrere Zehntausend Punkte benötigt. Auf diese Weise kann man die Punktmenge optimal an die Bild-

← Level-of-Detail

größe anpassen. Ähnliche Verfahren gibt es auch für Flächenstücke, die bei weiter entfernten Objekten entsprechend ausgedünnt werden.

Gewinnung von Punkten

Ein großer Vorteil der punktbasierten Darstellung ist die Möglichkeit, die Punkte aus Fotografien oder über spezielle 3-D-Scanner direkt zu gewinnen. Die Pixel eines digitalen Bildes stellen ja auch eine Art von Punkten dar. Sie sind regelmäßig angeordnet, haben aber nach der Aufnahme keine Tiefeninformation mehr, da sie ja auf die Bildebene projiziert wurden. Für ein digitales Foto muss die Tiefeninformation daher später wieder rekonstruiert werden. Dies ist für viele Bilder auch möglich, wie wir im nächsten Abschnitt sehen werden.

Wir wollen uns aber zunächst mit den Geräten beschäftigen, mit denen man die Oberflächenpunkte eines Objekts direkt bestimmen kann. Ein 3-D-Scanner tastet die Oberfläche über einen Laserstrahl ab und misst hierbei die Entfernung für jeden Punkt. Andere Geräte benutzen optische Methoden mit gewöhnlichem Licht. Heraus kommt in beiden Fällen eine Punktwolke, bei der man für jeden Punkt seine Position und Farbe speichert. Diese Daten kann man wieder in Computerbilder umsetzen und beispielsweise verschiedene Ansichten des Modells darstellen.

Eine besonders schöne Anwendung dieser Technik ist das *Digital Michelangelo Project* der Universität Stanford, innerhalb dessen einige Statuen von Michelangelo mittels 3-D-Scannern vermessen wurden [50]. Abbildung 5.12 zeigt den Aufbau zur Vermessung des David, bei der sich nebenbei herausstellte, dass die Statue knapp einen Meter größer ist als in allen Lehrbüchern beschrieben (517 cm anstatt 433 cm), anscheinend hatte jemand falsch gemessen und die Zahlen wurden über die Jahrhunderte einfach abgeschrieben.

In Abbildung 5.12 c ist eine Rekonstruktion des Gesichts der Statue zu sehen, links eine Fotografie und rechts die Computergrafik. In der Darstellung sind mehrere hunderttausend Punkte verwendet worden. Dennoch kann man über spezielle Programme auch eine solche Datenmenge auf einem normalen PC noch flüssig bewegen und ansehen [50, 68]. Dies erfordert neuartige Algorithmen, da normale Grafikkarten überwiegend mit Dreiecken arbeiten. Im Rahmen des Projekts wurde daher eine schnelle punktbasierte Darstellungstechnik entwickelt, die je nach Erfordernissen des Benutzers die Daten gröber oder detaillierter darstellt. Jeder Punkt wird hier wieder durch ein Scheibchen dargestellt. Sind es genügend viele, so entsteht eine gute Darstellung, die nicht von alternativen Oberflächenmethoden zu unterscheiden ist.

Die Daten können nicht nur verwendet werden, um schöne Bilder zu machen. Die Kunstwerke wurden so genau vermessen, dass man anhand der Bearbeitungsspuren Michelangelos Arbeitsweise gut nachvollziehen kann. Die Verwendung von solcherlei echtem Material eröffnet aber auch in der Computergrafik neue Perspektiven. Der Realismus der Bilder ist mit traditionellen Darstellungsverfahren nur sehr schwer zu erreichen. Daher hat man in den letzten Jahren immer neue

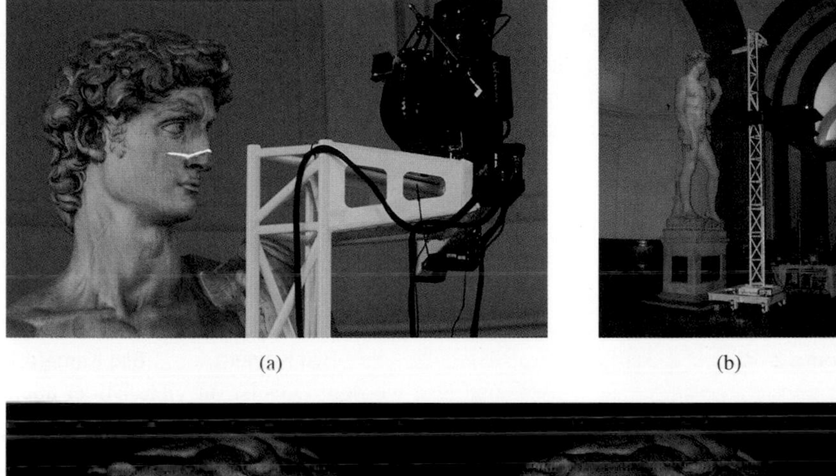

(a) (b)

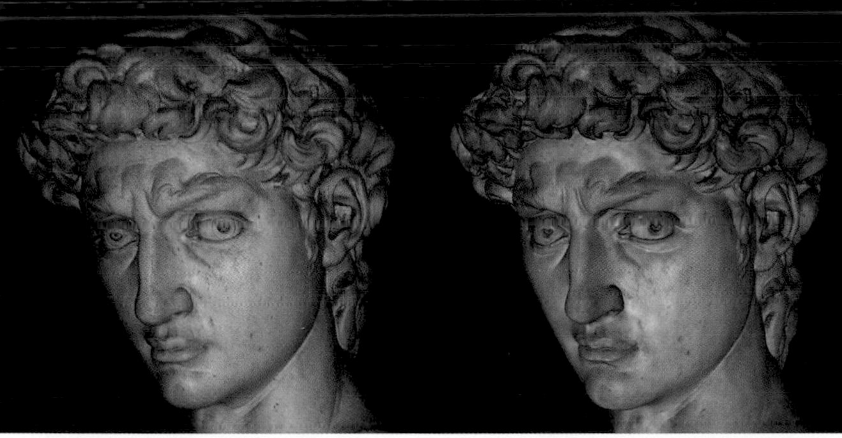

(c)

Abbildung 5.12
a) und b) Vermessung von Michelangelos David;
c) Fotografie (links) und Rekonstruktion (rechts).

Methoden erfunden, um synthetische Bilder auf der Basis von realen Daten herzustellen.

Auch digitale Bilder stellen solch eine datengetriebene Quelle dar – leider allerdings ohne die notwendige dreidimensionale Information. In den letzten Jahren hat man jedoch Verfahren entwickelt, die solche Tiefeninformation aus den Bildinhalten rekonstruieren, insbesondere wenn mehrere Bilder eines Objekts vorhanden sind. Für manche Bildinhalte funktionieren diese Methoden sehr gut und erlauben erstaunlich präzise Schätzungen, bei anderen hingegen ist man noch weit von praktikablen Ergebnissen entfernt.

Punkte aus Bildern

Um die Tiefe von Gegenständen aus Bildern zu rekonstruieren, benutzt die Computergrafik Methoden, die auch das Gehirn verwendet. Denn beim Sehen steht das Gehirn vor dem gleichen Problem, auch hier werden laufend Informationen über die Tiefe der gesehenen Objekte benötigt. Es gibt überraschend viele Merkmale, anhand derer das Gehirn die Tiefe von Objekten einschätzt. Größenverhältnisse, Bewegungsparallaxe und Beleuchtung gehören genauso dazu wie das Stereosehen. Hier wird die Tiefeninformation aus den beiden unterschiedlichen Ansichten abgeleitet, die das rechte und das linke Auge sehen.

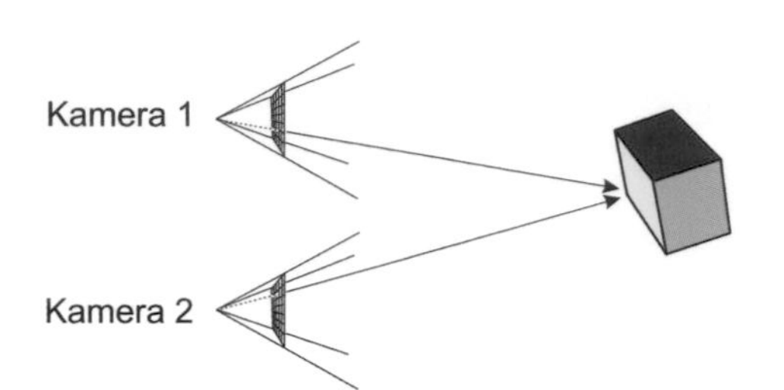

Abbildung 5.13
Stereorekonstruktion bei einem Würfel.

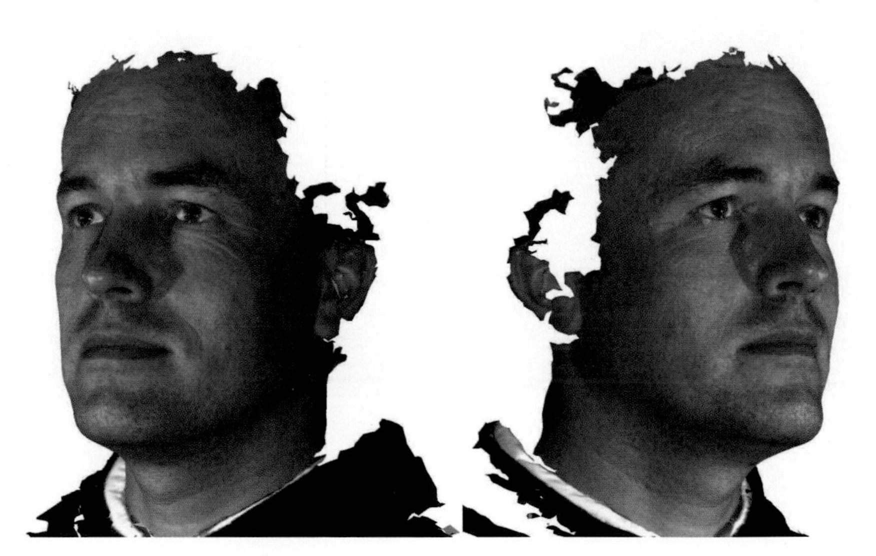

Abbildung 5.14
Der Kopf des Autors als 3-D-Rekonstruktion in verschiedenen Ansichten.

Stereobilder erlauben eine präzise Tiefenberechnung für den Fall, dass man in den Bildern korrespondierende Punkte findet. Abbildung 5.13 zeigt die Situation für einen Würfel. Beide Kameras sehen ein individuelles Bild mit dem markierten Eckpunkt an verschiedenen Stellen. Man kann korrespondierende Punkte entweder von Hand markieren oder automatisch per Rechner in den Bildern suchen. Hat man mehrere korrespondierende Punkte einer ebenen Fläche in einem Bildpaar bestimmt, lässt sich nicht nur deren 3-D-Position berechnen, sondern man erhält auch die Information über die beiden Kamerastandorte.

Bei einem Objekt mit gebogenen Flächen oder einem natürlichen Objekt mit beliebiger Oberfläche ist die Rekonstruktion schwieriger. Hier muss man die Tiefenberechnung individuell für jeden Objektpunkt vornehmen und kann sie nicht auf die oben beschriebene Weise berechnen. Das Ergebnis ist wieder eine Menge von Punkten mit Tiefe. Allerdings können die Punkte nur an den Stellen rekonstruiert werden, an denen in den Bildern etwas zu sehen war; daher ist die Rekonstruktion auch oft unvollständig.

In Abbildung 5.14 ist die 3D-Rekonstruktion eines Kopfes zu sehen. Er wurde mit einem speziellen schnellen Scanner aufgezeichnet [1], welcher es durch einen leistungsfähigen Rechner erlaubt, viele Scans pro Sekunde zu fertigen. Auf diese Weise können auch Sprechbewegungen als Veränderungen der dreidimensionalen Gesichtsgeometrie erfasst werden. Man sieht außerdem die fehlenden Daten an den Stellen, die durch die Aufnahme nicht erreicht werden konnten.

5.4 Bildbasierte Computergrafik

Mit der Rekonstruktion der Geometrie aus Punktdaten haben wir uns schon mitten in das Gebiet der bildbasierten Computergrafik begeben. Synthetische Computerbilder werden hier aus realen Quellbildern erzeugt. Im einfachsten Fall handelt es sich um Fotografien von Objekten, die aus ebenen Flächen bestehen, wie etwa von Häusern. Hier ist die Herstellung der 3-D-Information besonders einfach.

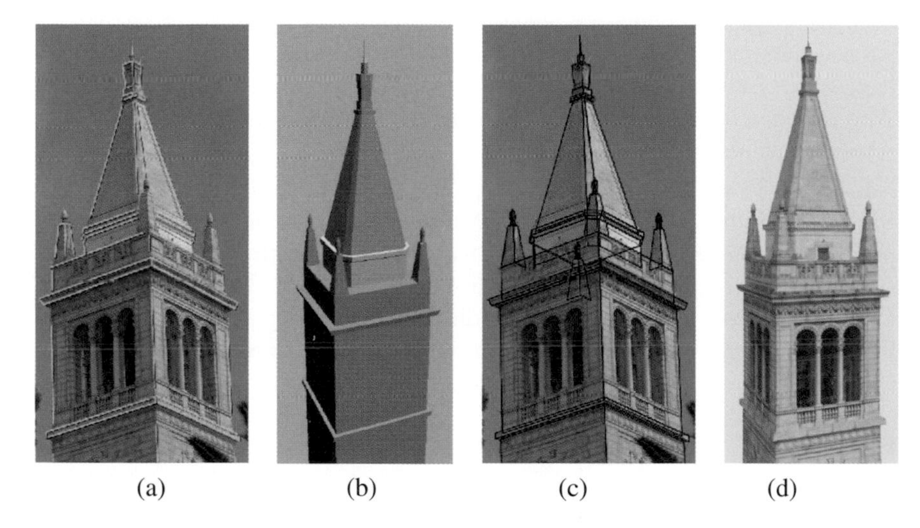

Abbildung 5.15
Rekonstruktion eines Turmes aus Fotografien: a) Fotografie mit Teilflächen; b) einfaches geometrisches Modell; c) geometrisches Modell mit Texturen aus dem Bild; d) Resultat.

Ausgangspunkt ist wieder eine Anzahl Aufnahmen eines solchen Objekts. Zuerst werden vom Benutzer Eckpunkte markiert und den jeweiligen Flächen zugeordnet. Ein spezialisiertes Programm konstruiert aus den Angaben die dreidimensionale Position der einzelnen Punkte und Flächen und ist dann in der Lage, ein Modell des Bildinhalts aufzubauen. Hierfür ist es natürlich notwendig, dass alle Flächen in mehreren Bildern zu sehen sind. Ist die Lage der Flächen ermittelt, so verwendet man die Bilddaten, um die entsprechende Textur auf die Flächen aufzubringen. In Abbildung 5.15 ist der Vorgang für einen Kirchturm zu sehen. Zuerst werden vom Benutzer wichtige Punkte markiert, der Computer berechnet daraufhin die dreidimensionalen Positionen und Flächen. Die Methode hat die schöne Eigenschaft, dass eine sehr einfache Geometrie ausreichend ist, um einen realistischen Eindruck zu erzeugen (Abbildung 5.15 c). In d ist das fertige Resultat zu sehen, Abbildung 5.16 zeigt die gesamte Szene.

Abbildung 5.16
Rekonstruktion des Turmes mit Umgebung.

Man kann an dieser Stelle fragen, ob solche Bilder real oder synthetisch sind. Da echtes Bildmaterial verwendet wird, wirken die Ergebnisse entsprechend realistisch. Die Computergrafik sorgt in diesem Fall nur für die Möglichkeit, das Modell aus neuen Betrachtungswinkeln anzusehen. Dennoch können verschiedene Modelle zu neuen Ensembles zusammengesetzt werden und damit eine ganze virtuelle Welt erzeugen, die kein reales Abbild mehr hat. Realität und Computergrafik verschwimmen auch hier.

Noch einen Schritt weiter geht eine Methode, die gar keine Flächen mehr aus den Bildern rekonstruiert. Aus einer großen Menge von Bildern mit bekannter Kameraposition werden neue Ansichten synthetisiert, ohne Geometrie zu benutzen. Man spricht von unstrukturierten Lichtfeldern, die über die Bilder approximiert werden. Diese Methoden setzt man ein, wenn die Objekte so komplex sind, dass keine Beschreibung über ebene Flächenstücke oder Punktmengen mehr gelingt.

Lichtfelder

Ein großer Nachteil der traditionellen Modellierweise ist die Notwendigkeit, teilweise sehr aufwendige Oberflächenmodelle der Objekte herzustellen, um diese dann in eine vergleichsweise kleine Menge von Bildschirmpunkten umzuwandeln. Die bereits gezeigte Szene in Abbildung 5.9 besteht aus zwei Milliarden Oberflächenstücken. Will man diese Flächen auf einem Computerbildschirm mit einer Million Pixeln darstellen, so sind viele Dreiecke pro Pixel zu bearbeiten, wobei für jedes Dreieck wieder viele Daten wie etwa Positions-, Textur- und Beleuchtungsinformationen zu speichern sind. Auch bei der schon angesprochenen Level-of-Detail-Darstellung sind immense Datenmengen zu bearbeiten und handzuhaben.

Image-based Rendering →

Dieses Problem hat man aber nicht nur bei komplizierten Landschaften, auch Objekte mit Haaren oder Fell stellen den Rechner vor ähnliche Probleme. Will man jedes Haar einzeln modellieren, so erhält man eine riesige Datenmenge, auf der anderen Seite lässt sich mit Approximationen oftmals nicht die Bildqualität erzeugen, die man haben möchte. Mit den Methoden der bildbasierten Bilderzeugung (Image-based Rendering) wird daher versucht, ein Objekt vollständig und alleine aus Fotos darzustellen. Im Gegensatz zu den obigen Methoden verzichtet man hier aber auf die Berechnung der Tiefenwerte und erzeugt auch keine Flächenstücke.

Die Motivation für das Vorgehen entstammt der Realität. Wenn man ein einzelnes Objekt betrachtet, so wird die von ihm ausgehende optische Information durch die Menge seiner Ansichten aus verschiedenen Blickrichtungen vollständig charakterisiert. Das vom Objekt abgestrahlte Lichtfeld, welches alle optischen Informationen in sich trägt, wurde bereits 1936 vom Physiker Arun Gershun [29] in einer Arbeit thematisiert, im Rahmen der Computergrafik wurde es aber erst Mitte der 1990er Jahre wieder entdeckt. Ein Lichtfeld könnte man theoretisch messen, wenn man das vom Objekt ausgehende Licht für jeden Punkt des umgebenden Raumes bestimmen würde. In der Praxis ist dieser Aufwand aber undurchführbar.

(a) (b)

Abbildung 5.17
a) Aufnahme von Ansichten einer Figur über ein Kamera-Array; b) Lichtfeld.

Die beste Methode, um das Lichtfeld eines Objekts dennoch annähernd aufzuzeichnen, ist die Verwendung eines Hologramms. Hier wird das Lichtfeld in einer speziellen Form gespeichert, die sich durch Interferenz bei der Aufnahme mit einem Laserstrahl ergibt. Leider benötigt ein Hologramm eine sehr große Datenmenge zu seiner Speicherung, einige Dutzend MByte pro Quadratmillimeter Hologrammfläche. Diese Datenmenge lässt den Ansatz heute noch ziemlich unpraktisch erscheinen, zumal auch die Berechnung aufwendig ist.

Lässt man die perspektivischen Veränderungen außen vor, die beim Heranfahren an das Objekt entstehen, so kann man die optische Information des Objekts auch direkt und ohne Umweg über ein Hologramm speichern. In festem Abstand zum Objekt werden aus verschiedenen Blickwinkeln Fotos aufgenommen und je nach Blickrichtung für die Bilderzeugung verwendet. Man macht die Aufnahmen an festen Einzelpositionen, die Zwischenansichten werden später durch Interpolation zwischen diesen Bildern errechnet. Auf diese Weise kann man ein Objekt durch eine Menge von einigen Hundert Bildern erstaunlich gut repräsentieren. Für komplexe Objekte ist das immer noch viel weniger aufwendig, als sie über traditionelle Modelliermethoden aus einzelnen Teilflächen zusammenzusetzen.

Zur Aufnahme benötigt man entweder eine konventionelle Digitalkamera an einem Roboterarm oder ein ganzes Array von Kameras wie in Abbildung 5.17. Hiermit können alle Bilder gleichzeitig aus einer Hauptrichtung aufgenommen werden. Zur vollständigen Speicherung der visuellen Information benötigt man sechs dieser Aufnahmen aus allen Himmelsrichtungen sowie von oben und unten.

Möchte man jetzt eine beliebige Ansicht des Objekts erzeugen, so bestimmt man die Bilder, die von Kameras mit ähnlichem Blickwinkel aufgenommen wurden. Im einfachsten Fall nimmt man das Bild der nächsten Kamera; etwas aufwendiger wird es, wenn man die nächsten vier Kameras auswählt und das Ergebnisbild aus diesen vier Bildern durch Interpolation zusammensetzt.

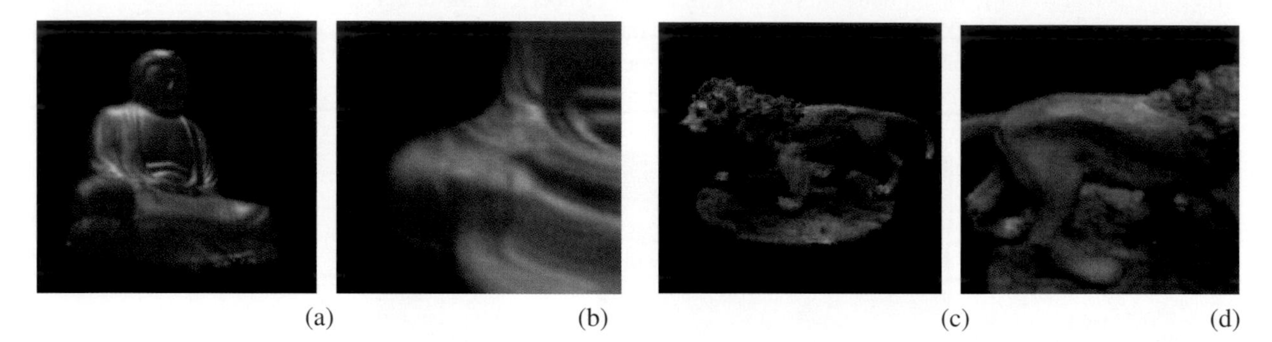

(a) (b) (c) (d)

Abbildung 5.18
Bildbasierte Darstellung aus Ansichten: a) Figur aus Bild 5.17; b) Detailansicht mit Interpolation; c) bis d) ein weiteres Objekt zeigt die Qualität der Wiedergabe.

In Abbildung 5.18 sind Ergebnisse zu sehen; hier wurde jeweils zwischen vier Bildern interpoliert. Abbildung 5.18 a zeigt die Figur, b eine Detailansicht. Das Detail ist hier zwar nicht vollständig scharf, hat aber ausreichende Qualität für viele Anwendungen. Auch in diesem Fall beschränkt sich die Computergrafik also auf die Bearbeitung realer Bilder, die erzeugten Inhalte wirken daher ausnehmend realistisch und lassen sich besonders gut mit anderen realen Bildinhalten mischen.

Anwendung im Film

Die Technik hat ferner ein großes Potential für die Herstellung von Filmen. Verschiedene Forschergruppen haben sich mit diesem Thema auseinandergesetzt, es ist aber Paul Debevec und seinen Mitarbeitern von der University of California Los Angeles zu verdanken, dass die Ergebnisse kurz nach ihrer Vorstellung auf der SIGGRAPH-Konferenz im Jahr 1999 schon im Film *Matrix* integriert wurden.

Die Schauspieler werden an Seilen aufgehängt und durch die Luft gezogen, um ihre spektakulären Luftsprünge durchführen zu können. Diese Technik ist alt, bereits in den 1930er Jahren wurde sie in japanischen Filmen eingesetzt. Neu sind jedoch die schnellen Kamerafahrten um die Akteure, während diese in der Luft schweben. Über ein Kamera-Array wurde hierfür eine Art Lichtfeld der Akteure während ihrer Sprünge aufgenommen. Die Kameras wurden um die Schauspieler herum aufgestellt und nahmen synchron Bilder auf.

Abbildung 5.19 zeigt die aufwendige Technik. Links Reihe ist der Aufbau der Kameras zu sehen (kleine schwarze Löcher), deren zeitversetzte Aufnahme durch einen Computer gesteuert wurde. Um das richtige Timing für die Kamerafahrt zu erhalten wurde durch Computersimulation jede Szene vorab exakt durchgespielt. Die schon erwähnte Bluescreen-Technik (hier mit grünem Hintergrund) wurde verwendet, um den Schauspieler später mit dem notwendigen Hintergrund für die Szene kombinieren zu können.

Abbildung 5.19
Aufnahme einer Szene im Film *Matrix* mit bildbasierter Bilderzeugung.

Der Schauspieler wird auch hier an einem Seil aufgehängt, um die erforderliche Körperhaltung einnehmen zu können. Dieses Seil wird später digital wegretuschiert. Das Bild im Film ist rechts zu sehen. Die einzelnen Aufnahmen der Kameras können über die bereits angesprochenen Methoden der bildbasierten Computergrafik zu einer flüssigen virtuellen Kamerafahrt um die Schauspieler kombiniert werden.

Verwendet man Bilder, die synchron zu einem Zeitpunkt aufgenommen wurden oder solche mit minimalem Zeitverzug, so kann man einen beliebig schnellen Kameraschwenk machen, während dessen die Akteure schweben. Werden die Bilder zu unterschiedlichen Zeiten gemacht, so kann die Zeit während des Schwenks beliebig schnell oder langsam voranschreiten. Man ist damit in der Lage, die Kamerabewegung unabhängig von der Zeit durchzuführen, und beseitigt auf diese Weise eine der wichtigsten physikalischen Restriktionen des konventionellen Films. Daher ist die Technik heute weit verbreitet und an vielen Stellen im Film und in der Werbung zu sehen.

5.5 Veränderung der Beleuchtung

Ein großes Problem beim Zusammensetzen von Bildern aus unterschiedlichen Quellen ist ihre Beleuchtung. In Bild 4.12 war das Problem bereits zu sehen. Vordergrund und Hintergrund stimmen in der Beleuchtungsrichtung, -stärke und -farbe nicht überein. Mit Verfahren zur Neubeleuchtung (Relighting) versucht man daher, die Beleuchtung eines Objekts in einer Fotografie oder Computergrafik nachträglich so zu verändern, dass sie zu einer neuen Umgebung passt.

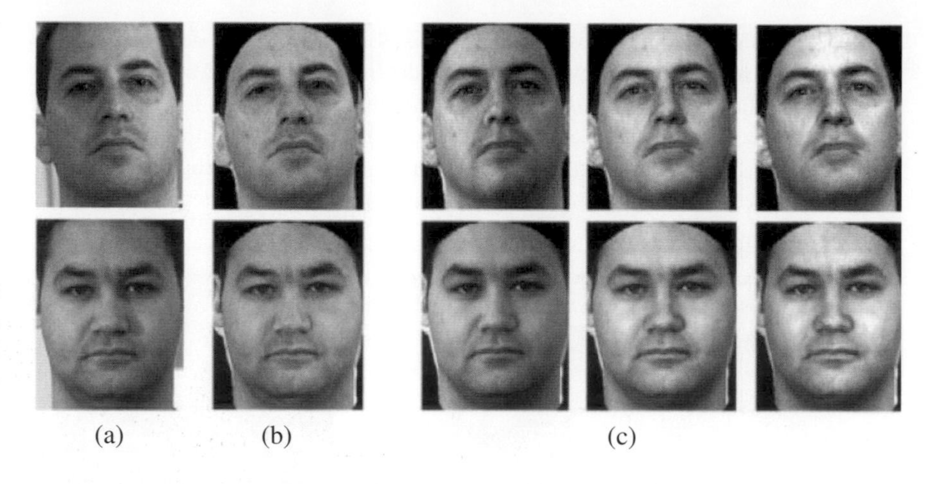

Abbildung 5.20 Neubeleuchtung eines Gesichts: a) Quellbild; b) neutrale Beleuchtung; c) Neubeleuchtung.

Das Vorgehen besteht aus zwei Schritten. Im ersten wird aus dem Quellbild die Oberflächenform des Objekts abgeschätzt und die Einflüsse der Beleuchtung entfernt, beispielsweise Glanzlichter (glänzende Reflektion) und Schatten. Zurück bleibt ein nur noch ambient beleuchtetes Objekt. Jetzt kann man die Farbe und Lichtrichtung der neuen Umgebung abschätzen und das Objekt damit beleuchten. Im besten Falle erhält man damit eine völlig stimmige Kombination.

So weit zur Theorie. In der Praxis ist das Vorgehen leider in vielen Fällen nicht durchführbar, da schon die Abschätzung der Geometrie im Quellbild sehr schwierig ist. Die meisten Verfahren arbeiten daher mit der Geometrie, die für die Bildmanipulation am wichtigsten ist: dem menschlichen Gesicht.

Zu diesem Thema finden sich auch die meisten wissenschaftlichen Arbeiten. Dies hat mehrere Gründe: Zum einen ist das Herausrechnen der Beleuchtung nicht nur für die Computergrafik von Interesse, auch für die automatische Gesichtserkennung ist man auf Bilder angewiesen, deren Beleuchtung möglichst gleichmäßig ist. Zum anderen benötigt die Filmindustrie solche Verfahren, da im Zusammenhang mit der Bluescreen-Technik die Beleuchtung der Akteure oftmals an virtuelle Umgebungen angepasst werden muss. Das kann man mit konventionellen Scheinwerfern machen, ist dann allerdings auf eine Umgebung festgelegt. Über das Relighting hingegen kann der Schauspieler nachträglich in verschiedenen Lichtverhältnissen dargestellt werden, was die Feinarbeit bei der Filmproduktion erheblich vereinfacht. Auch ist es möglich, die Bilder in altes Filmmaterial einzubauen, wenn man die Originalbeleuchtung im Film abschätzen kann.

Abbildung 5.20 zeigt ein Verfahren zur Neubeleuchtung von Gesichtern [84]. Man nimmt die Aufnahme des Gesichts und spannt sie über eine dreidimensionale Standard-Gesichtsform, die im Rechner abgespeichert ist. Diese Form wird über markante Punkte im Quellbild mit dem Gesicht abgestimmt. Der Rechner findet diese Punkte dann automatisch im Foto.

Das Computermodell wurde mit bestimmten Lichtern vorab beleuchtet (von links, rechts, oben, unten, vorne, hinten usw.). Die entsprechenden Helligkeiten und Schatten werden mit denen des Fotos verglichen. Hat man eine Lichtkombination gefunden, deren Auswirkungen mit dem Foto übereinstimmen, so werden die Beleuchtungseinflüsse abgezogen und man erhält ein ambient beleuchtetes Gesicht (Abbildung 5.20 b). Dieses Gesicht kann jetzt beliebig neu beleuchtet werden, wie in c zu sehen ist.

Oftmals sind die Beleuchtungsverhältnisse jedoch so kompliziert, dass man sie nicht einfach über die Kombination von ein paar einzelnen Lichtquellen simulieren kann. Solch eine Situation ergibt sich beispielsweise dann, wenn man ein Gesicht in bestehendes Fotomaterial einbauen möchte. Für eine korrekte Simulation benötigte man ein Bild der Umgebung, in der die Person bei der Aufnahme stand. Clevere Forscher haben nun herausgefunden, dass man solch ein Bild in vielen Fällen hat. Sind auf dem Foto, in dem man das Gesicht einfügen will, bereits Gesichter zu sehen, so findet man die benötigte Information in der Pupille der Augen, denn diese spiegeln ja die Umgebung wider!

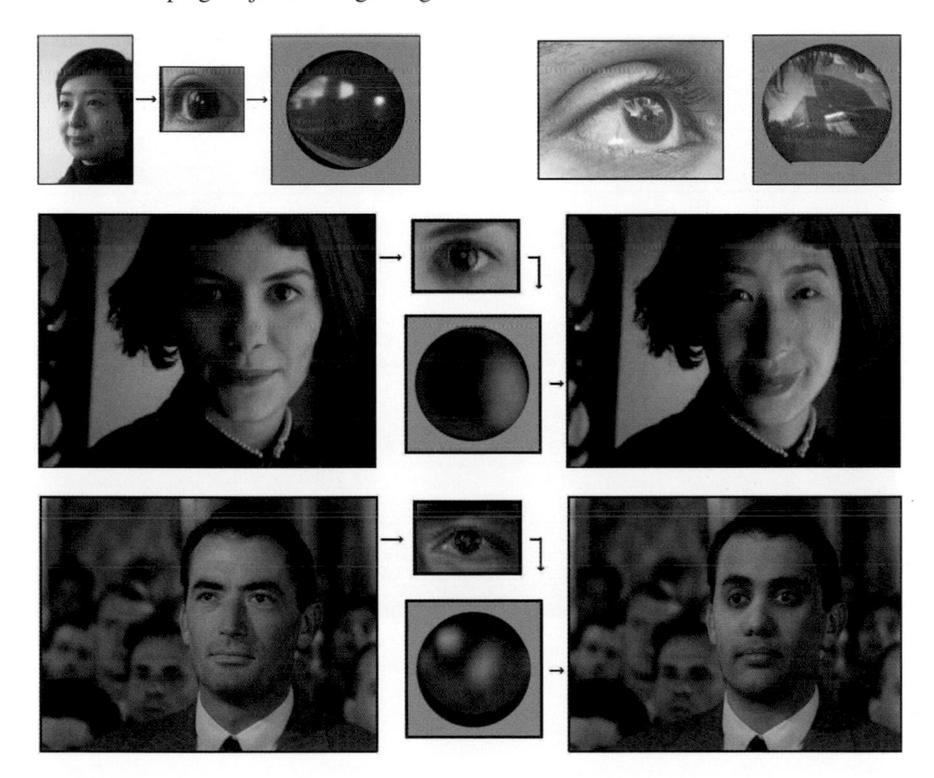

Abbildung 5.21
Neubeleuchtung mit Umgebungslicht aus Pupillenbildern und Einkopieren in eine Filmsequenz.

Abbildung 5.21 zeigt die Extraktion solcher Bilder aus zwei Porträts, vorausgesetzt natürlich, diese wurden mit hinreichend hoher Auflösung aufgenommen. Die Extraktion ist mit einem gehörigen Maß an Mathematik verbunden, will man sie möglichst automatisch durchführen [61]. So muss die Ausrichtung des Auges gemessen und anschließend die Struktur der Iris möglichst genau beseitigt werden.

Hat man das Umgebungsbild, so kann man es verwenden, um ein neues Gesicht auf dieselbe Weise zu beleuchten. Das Umgebungsbild wird dafür auf eine virtuelle Halbkugel aufgebracht, die um das Gesicht herum platziert wird. Nun wird das

Gesicht nicht über eine einzelne Lichtquelle beleuchtet, sondern alle hellen Teile des Umgebungsbildes dienen als Lichtquellen. Einen ähnlichen Effekt erzielt man bei von hinten beleuchteten Werbeplakaten; auch hier wirken die hellen Teile des Bildes als Lichtquellen. Auf das Gesicht strömt das Licht nun ähnlich ein, wie es auf die Pupille des Quellbildes einströmte.

In Abbildung 5.21 unten sind zwei Beispiele zu sehen. Die Ergebnisse zeigen, dass die Informationen aus den Pupillen durchaus genügen, um neue Gesichter so zu beleuchten, dass sie in eine künstliche Umgebung eingefügt werden können. Solche Arbeiten setzen selbst das Fachpublikum regelmäßig in Erstaunen und machen einmal mehr klar, wie tiefgreifend man über die Methoden der Computergrafik in Bildmaterial eingreifen kann. Bei geeigneter Synchronisation von Quell- und Zielgesicht kann die Technik natürlich auch zur Veränderung ganzer Filmsequenzen verwendet werden.

Abbildung 5.22
Gleichzeitige Aufnahme verschiedener Beleuchtungen mit einer Lightstage.

Beleuchtungssynthese

Kommen wir noch einmal zur Filmproduktion zurück. Verpflichtet man einen Weltstar für ein Filmprojekt, so kostet er den Produzenten schnell mehrere hunderttausend Euro pro Tag. Schlimmer noch, bei der Aufnahme der Filmszenen vergeht oft der größte Teil der Zeit für die Justierung der Beleuchtung. Während dieser Zeit steht der Schauspieler im Set herum und muss warten, bis alle Parameter so abgestimmt sind, dass er möglichst optimal in Szene gesetzt ist.

Dieses finanzielle Problem versucht Paul Debevec mit seiner Lightstage zu umgehen. Die Idee besteht darin, den Schauspieler während seines Auftritts gleichzeitig unter vielen verschiedenen Beleuchtungen aufzunehmen. Aus den entsprechenden Bildern kann dann nachträglich eine neue Beleuchtungssituation synthetisiert werden. Der Schauspieler spielt also in der Lightstage seine Szene und wird erst später unter Verwendung der gewünschten Beleuchtung in die Umgebung des Films eingefügt.

Hierfür wird der Schauspieler mit 164 ultraschnellen LEDs beleuchtet, die für jedes Bild des Films – in diesem Fall wurden elf Bilder pro Sekunde aufgenommen – alle nacheinander angeschaltet werden und auf diese Weise 164 verschiedene Beleuchtungen ergeben. Pro Sekunde müssen dafür mit einer Spezialkamera bis zu 4 800 Bilder aufgenommen werden [81]. Verwendet man im resultierenden Film jedes 164. Bild, so hat man den Schauspieler unter der Beleuchtung eines einzigen der LEDs.

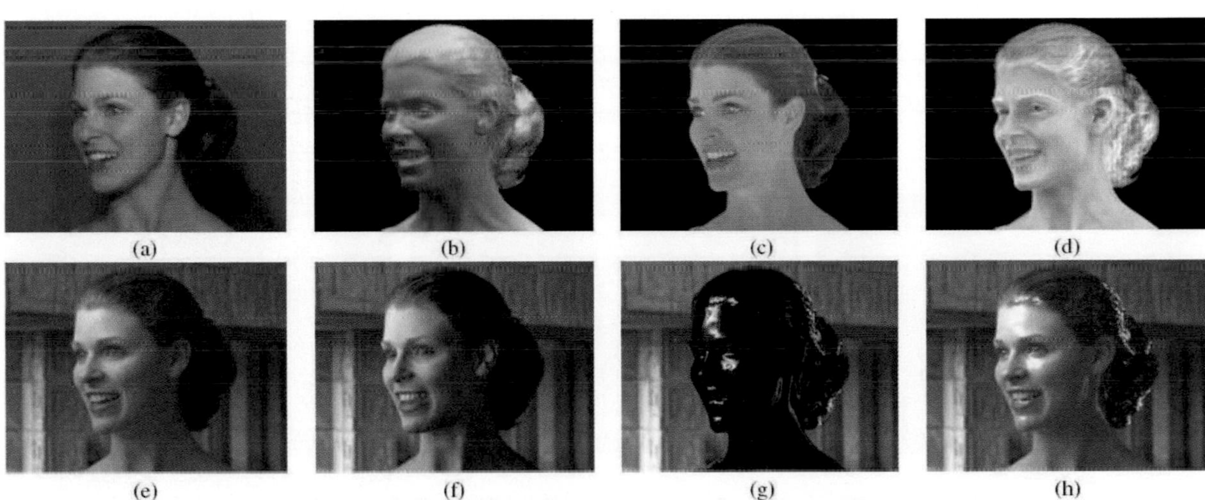

Abbildung 5.23
Beleuchtungssimulation eines Gesichts mit der Lightstage.

Abbildung 5.22 zeigt den Aufbau des Geräts und in der oberen Reihe die Schauspielerin unter einer Basisbeleuchtung. In der unteren Reihe ist dieselbe Sequenz zu sehen, hier allerdings ist die Beleuchtung so ausgewählt, dass sie in eine Umgebung hineinpasst. Die Lightstage setzt momentan der Handlungsfreiheit des Schauspielers noch enge Grenzen. Einen größeren Apparat zu bauen ist freilich nur noch ein technisches Problem und kein prinzipielles mehr.

Bei diesem Ansatz geht es aber nicht nur darum, die verschiedenen Lichtpositionen nachträglich zu kombinieren, zusätzlich muss auch die Lichtfarbe eingestellt und verändert werden. Hierzu wird wieder im ersten Schritt die diffuse und glänzende Reflexion aus dem Gesicht herausgerechnet, um die ambiente Beleuchtung zu erhalten. Das Bild kann jetzt in der Farbtönung verändert werden und neue Beleuchtungseffekte können neu hinzugenommen werden.

In Abbildung 5.23 sind die verschiedenen Phasen des Prozesses zu sehen. Bild 5.23 b zeigt eine Farbcodierung der Geometrie, bei der die Ausrichtung der Oberflächen in der Farbe codiert ist, während in c das Gesicht ohne diffuse und glänzende Reflexionen dargestellt wird. In d ist eine Version zu sehen, die den Anteil der Selbstschattierung zeigt. In der unteren Reihe wird die Schauspielerin in eine Umgebung eingefügt und die Beleuchtung darauf abgestimmt. Die Berechnungen erlauben auch Spezialeffekte wie etwa die Simulation einer Wachsschicht in h. Der dafür erforderliche Hochglanzanteil ist in g zu sehen.

In einer anderen Arbeit wird noch weiter gegangen: Hier wird nicht nur neu beleuchtet, sondern die Materialien werden nachträglich im Foto verändert [43]. Zu Beginn des Verfahrens wird die Oberfläche der Objekte aus den Bildern abgeschätzt, zur Erzeugung von durchscheinenden Objekten werden die Originale aus dem Bild ausgeschnitten und eine ganz grobe Abschätzung des Hintergrund eingesetzt. Im nächsten Schritt werden die Lichtreflexionen durch das neue künstliche Material per Computer ausgerechnet. Die Resultate wirken erstaunlich überzeugend, wie in Bild 5.24 zu sehen ist.

Besonders überraschend ist bei diesem Beispiel auch die Tatsache, wie wenig wir eigentlich über die Reflexion von Körpern wissen und wie schnell wir uns visuell an der Nase herumführen lassen. Auch hier mag das ökonomische Arbeiten des Gehirns eine Rolle spielen: Es ist einfach nicht so wichtig für uns zu wissen, wie ein transparenter Körper das Licht nun genau reflektiert.

Abbildung 5.24
Veränderung von Materialien in Fotografien: a) Original; b)-c) synthetische Objekte.

Wendet man die Techniken zur Neubeleuchtung an, so ist es auch für den geübten Betrachter praktisch nicht mehr möglich, das Einfügen von Personen in Bilder zu entdecken oder auch nur einzuschätzen, ob ein Objekt wirklich an einer Stelle stand. Und genauso wie diese Technik für die Filmindustrie neue Möglichkeiten eröffnen wird, sollten wir uns einmal mehr daran erinnern, dass wir durch die Computergrafik inzwischen leicht hinters Licht geführt werden können. Wie schon erwähnt, ist das Geheimnis aller dieser Illusionen die Verwendung von Fotomaterial und von echten Objekten, die intelligent verändert und kombiniert werden. Dies wird mit Sicherheit in Zukunft noch ausgebaut werden und uns viele weitere Illusionen bescheren.

5.6 Computeranimation und Videomanipulation

Grundsätzlich ist eine Computeranimation nur eine Folge von Computerbildern, die einzeln hergestellt und aneinandergesetzt den Film ergeben. Es kommen lediglich ein paar neue Effekte hinzu wie etwa die notwendige Bewegungsunschärfe bei der Darstellung von bewegten Objekten. Sie entsteht durch den Belichtungszeitraum, innerhalb dessen sich das Objekt weiterbewegt. Auch in einer konventionellen Film- oder Videokamera entsteht eine solche Unschärfe – beachtet man sie nicht, so entsteht beim späteren Abspielen keine flüssige Bewegung. Solche Effekte sind inzwischen hinreichend erforscht und werden heute in allen gängigen Animationsprogrammen berücksichtigt. Das Schwierige an der Herstellung einer Computeranimation ist eher die Erzeugung realistischer Bewegungen von Objekten und virtueller Kamera.

Auch in der Computeranimation hat man zuerst mit enormem Aufwand versucht, solche Bewegungen synthetisch zu simulieren, und ist dann zu datengetriebenen Verfahren übergegangen, bei denen reale Bewegungsdaten verwendet werden. Jahrelang quälte man sich beispielsweise mit mathematischen Modellen zur realistischen Bewegungssimulation von virtuellen Menschmodellen, bis man schließlich begann, die Bewegungen von realen Menschen aufzuzeichnen und auf die Computermodelle zu übertragen. Dieser Durchbruch ermöglicht heute realistische Computerspiele und teilweise auch den Einsatz von virtuellen Schauspielern im Film.

Abbildung 5.25
Bewegungsaufzeichnung: Die hellen Bälle an den Anzügen reflektieren die Strahlung der Lichtquellen und werden zur Positionsberechnung verwendet.

Das Problem bei der Bewegung eines Menschen ist der komplexe Bewegungsablauf. Bezieht man alle wesentlichen Gelenke an Armen und Beinen mit ein, so müssen für eine realistische Bewegungssimulation mehrere Dutzend Positionen am menschlichen Körper gemessen werden. Bei der Bewegungsaufzeichnung, dem Tracking, ziehen die Schauspieler oder Tänzer hierfür einen speziellen Anzug an. An wichtigen Stellen sind so genannte Marker angebracht, kleine Reflektoren oder Sender. An einem würfelförmigen Gestell werden nun Kameras bzw. Empfänger befestigt, die die Position jedes Markers während der Bewegungssequenz aufzeichnen. Es gibt optische Systeme, bei denen am Anzug farbige Bälle befestigt sind, welche von den Kameras erkannt werden, sowie akustische und elektromagnetische Systeme, bei denen Signale von kleinen Sendern im Anzug ausgesandt werden. Hier wird die 3-D-Position aus der Kombination der Laufwege der Signale zu den Empfängern berechnet.

Während der Aufzeichnung erhält man auf diese Weise für jeden Marker eine Bewegungsbahn. Diese Bahn wird auf das Computermodell übertragen und ergibt die virtuelle Bewegung. Sehen Sie sich ein aktuelles Sportspiel an, um zu bestaunen, wie realistisch die Modellierung der Computercharaktere heute geworden ist.

Obwohl die Unterschiede zwischen Simulation und Realität oft klein sind, erzeugen reale Bewegungen einen ungleich besseren Eindruck. Unsere Augen reagieren sehr kritisch auf unrealistische Bewegungen speziell von Menschen. Vielleicht gehören solche Bewegungen wie auch die Interpretation von Gesichtsausdrücken (siehe Abschnitt 2.4) zu den für das Überleben wichtigen Informationen und werden daher vom Gehirn besonders genau wahrgenommen.

Die Bewegung von Gesichtern ist ebenfalls ein schwieriges Kapitel. Obwohl man inzwischen auch hier die Daten von Menschen aufzeichnet und auf die Computermodelle überträgt, sind die Ergebnisse nach wie vor unbefriedigend und weichen zu sehr vom Original ab. Daher handeln die meisten Computeranimationen eher von Monstern, Dinosauriern oder Spielzeug – allesamt Objekte, bei denen wir nicht so kritisch in Bezug auf ihr Aussehen sind und kein Gefühl für die Bewegung haben.

Ausschneiden, einfügen, neu beleuchten

Die schon vorgestellten Techniken für das Ausschneiden von Personen und deren Einfügung in neue Sequenzen lassen sich relativ einfach auf Video übertragen. Man wendet die Verfahren auf die Einzelbilder der Sequenz an und achtet zusätzlich darauf, dass die ausgeschnittenen Formen und entsprechenden Alphamatten (siehe Abschnitt 4.4) für die Einzelbilder nicht zu sehr voneinander abweichen. Die zeitliche Kohärenz – die Gleichmäßigkeit, die dafür sorgt, dass die Animation ohne Flackern abläuft – ist dann relativ einfach zu erreichen [16].

Sollen Bildteile zu neuen Bildern zusammengesetzt werden, beispielsweise durch die in Abschnitt 4.5 beschriebenen Techniken mit optimalen Pfaden, so müssen diese über die Zeit hinweg möglichst kohärent verändert werden. Man spricht von einer spatiotemporalen Kohärenz. Diese wird erreicht, indem die Optimierung nicht mehr nur über einem Bild ausgeführt wird, sondern über eine Sequenz hinweg. Statt einem Pfad hat man dann eine Oberfläche zu optimieren. Stellen Sie sich die Bilder mit den ausgeschnittenen Bereichen aufeinandergelegt vor [47, 52]. Die Pfade bilden dann eine Oberfläche innerhalb des Bildstapels, die möglichst glatt sein sollte, um eine große Kohärenz zu erzielen.

Kennedy spricht, was er nie gesagt...

Schon länger ist eine Technik bekannt, mit der man Menschen beim Sprechen neue Sätze in den Munde legen kann. Während beim Film *Forrest Gump* die Synchronisation der Schauspieler mit historischem Bildmaterial noch aufwendig von Hand durchgeführt werden musste, wird in [12] eine fast automatische Technik vorgestellt.

Benötigt wird hier lediglich eine Videoaufnahme, in der die Person spricht. Aus ihr werden per Hand typische Bilder bei der Aussprache von Lauten extrahiert. Aus den extrahierten Bildern werden nun Mundregion und Augen ausgeschnitten. Diese werden zur Animation einer beliebigen Lautfolge neu zusammengestellt, geeignet interpoliert und in das Gesicht zurückübertragen. In Abbildung 5.26 ist eine Ergebnissequenz zu sehen.

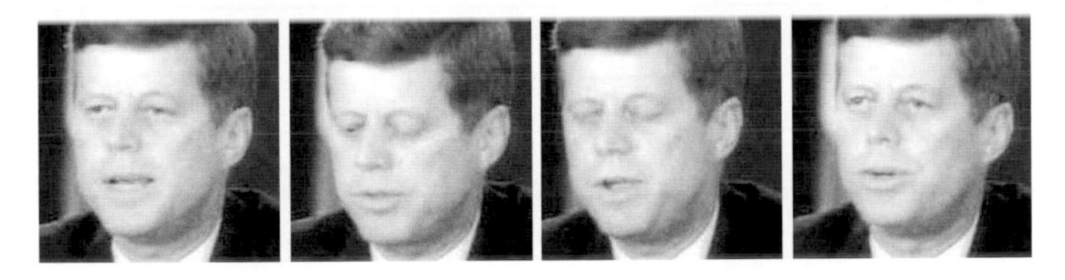

Abbildung 5.26
Eine Videosequenz, bei der Kennedy neue Sätze in den Mund gelegt wurden.

Die Synchronisation ist nicht so kritisch, da normal hörende Menschen eine große Toleranz bei Unstimmigkeiten zwischen Lippenbewegungen und gehörten Lauten haben. Insbesondere wir deutschen Fernsehzuschauer sind daran gewöhnt, in fremden Sprachen sprechende Personen zu sehen und die deutsche Übersetzung zu hören.

Im Film *Forrest Gump* wurde außerdem eine Technik eingesetzt, mit der man das synthetisch hergestellte Filmmaterial künstlich altert. Bei der Synchronisation von neuem und altem Material muss die physikalische Konsistenz der Materialien angeglichen werden. Es gibt Methoden, um Kratzer und andere Störungen aus alten Filmen herauszurechnen oder diese nachträglich einzufärben. Genauso kann man aber auch neues Bildmaterial künstlich altern, indem man auf der Grundlage von statistischen Prozessen Störungen einfügt. Sind die Parameter der künstlichen Störungen und des alten Materials aufeinander abgestimmt, so ist kein Unterschied mehr wahrzunehmen und Daten können beliebig miteinander kombiniert werden.

5.7 Videopanoramen

Lassen Sie mich zum Abschluss des Kapitels noch eine Technik beschreiben, die die Möglichkeiten von digitaler Videotechnik, Bildverarbeitung und Computergrafik nutzt, um neue Formen bildlicher Ausdrücke zu erzeugen. In so genannten Videopanoramen [3] werden stehende Bilder hergestellt, die bewegte Elemente enthalten. In Abbildung 5.27 sind zwei Einzelbilder aus solchen Panoramen zu sehen; im fertigen Resultat hat man dieselben Szenen, in der sich aber das Wasser aus dem oberen Bild sowie die Fahne und das Meer aus dem unteren Bild bewegen.

Abbildung 5.27
Zwei Bilder aus Videopanoramen.

Für das Videopanorama wird zuerst ein Video der Szene aufgenommen. Hierbei kann die Kamera stehen oder sich langsam bewegen. Der Computer ermittelt bewegte und unbewegte Teile in der Aufnahme und trennt diese. Die unbewegten Teile werden zu einem großen Einzelbild der Szene kombiniert und die bewegten Teile zu Sequenzen verarbeitet, die sich periodisch wiederholen, ohne dass es der Betrachter merkt. Diese Sequenzen werden in das große Bild eingeblendet.

Das Resultat ist eine Mischung aus Video und Fotografie, die es in der Zukunft ermöglichen könnte, die Essenz eines Moments wesentlich besser einzufangen, als es heute mit einem Fotoapparat möglich ist. Auf der anderen Seite käme man ohne das Datenaufkommen oder die Geduld des Fotografen aus, die für eine lange Videosequenz notwendig wäre. Die Videopanoramen sind natürlich nur am Bildschirm zu betrachten, aber angesichts der Tatsache, dass die meisten Fotoalben und Diaprojektoren schon durch Festplatten, Laptop und Beamer ersetzt wurden, ist das keine allzu große Einschränkung mehr.

5.8 Resumee

In diesem Kapitel habe ich versucht, Ihnen einen kleinen Einblick in das Arsenal computergrafischer Methoden der Bilderzeugung und -veränderung zu geben. Im Gegensatz zu den einfachen Bildverarbeitungsmethoden aus dem vorangehenden Kapitel arbeitet die Computergrafik mit Licht und dessen Simulation sowie mit dreidimensionalen Objektrepräsentationen. Allerdings hat das Kapitel auch gezeigt, wie die moderne Computergrafik mit der Fotografie verschmilzt und zunehmend Fotos und Videomaterial als Grundlage für die Bilderzeugung verwendet. Einfache computergrafische Methoden könnten durchaus in zukünftige Fotoapparate integriert werden und schöne Bilder erzeugen, die nur noch bedingt mit dem tatsächlich Aufgenommenen zu tun haben. Die Veränderungen gehen hier an einigen Stellen weiter als im vorangehenden Kapitel und erhöhen damit die Notwendigkeit, Bilder grundsätzlich als idealisierte Momente anzusehen, wenn sie nicht ausdrücklich als Dokumente markiert sind.

Im folgenden Kapitel möchte ich noch auf einen weiteren Aspekt der Abbildung von Realität eingehen. Neben Fotografien sind die wichtigsten bildlichen Ausdrucksformen in modernen Printmedien vielfältige Formen von Diagrammen und andere schematische Darstellungen. Hiermit sollen komplexe Daten für den Leser bildlich aufbereitet werden. Und weil es sich um abstrakte Bilder handelt, lassen sich mit einer Vielzahl von Kniffen unterschiedliche Wirkungen erzielen, die den Daten nicht mehr entsprechen und dann manipulativ wirken.

6

Bilder aus Daten

Visualisierung

In den vorangehenden Kapiteln habe ich die vielfältigen Möglichkeiten beschrieben, mit denen man Fotografien verändern und realistisch wirkende Bilder per Computer herstellen kann. Hierbei wurde jeweils versucht, „Fotorealität" aufrechtzuerhalten oder vorzutäuschen. Bei einer Visualisierung ist jedoch eine andere Art von Realität erwünscht. Hierbei handelt es sich um ein Schaubild oder Diagramm, mit dem man abstrakte Daten in grafischer Form darstellt. Demnach muss kein Eindruck von fotografischer Realität erzeugt werden, vielmehr lassen sich die Daten in Form und Farbe beliebig abbilden. Stilistisch aufgepeppt und sachlich umrahmt glauben wir oft nur allzu gerne, was wir sehen. Wir glauben, ein getreues Abbild der zugrunde liegenden Daten zu erblicken.

Der Realismusbegriff muss hier also auf eine andere Weise interpretiert werden: Eine Darstellung ist realistisch oder adäquat, wenn sie die Daten getreu abbildet. Und obwohl es Richtlinien für die Wahl von Farben, Formen und Bezugsrahmen gibt, werden Darstellungen in vielen Fällen geschönt oder bewusst so angelegt, dass Aspekte übersehen oder überdeutlich wahrgenommen werden. Das treue Abbilden beinhaltet hier also neben der rein mathematischen Abbildung auch die Berücksichtigung wahrnehmungspsychologischer Gesetze.

Statistiken und ihrer visuellen Aufbereitung in Form von Diagrammen und Schaubildern wird schon seit jeher Misstrauen entgegengebracht. ‚Traue keiner Statistik, die du nicht selbst gefälscht hast', soll schon Churchill gesagt haben. Bereits Mitte des 20. Jahrhunderts gab es daher viele Untersuchungen zu diesem Thema. Tufte publizierte 1983 sein Buch *The Visual Display of Quantitative Information*, in dem viele Manipulationsformen im Zusammenhang mit der Darstellung von Statistiken beschrieben werden [77]. Eine Reihe populärer Bücher macht statistische Tricks heute auch für den Laien verständlich [36, 45, 46].

Die moderne Datentechnik hat es möglich gemacht, unglaublich komplexe Daten zu erheben. Tatsache ist jedoch, dass Firmen, Institutionen und ganze Gesellschaften inzwischen regelrecht in ihren Daten ersticken. Mithilfe der Visualisierung versucht man daher, solche Daten in Bilder umzuwandeln, um auch riesige Datenmengen mit dem Auge überblicken zu können. In diesem Kapitel möchte ich auf die Herstellung solcher Visualisierungen eingehen und zeigen, dass sie beides sind: eine Schlüsseltechnologie für die Informationsgesellschaft und Ursache vieler Missverständnisse und Manipulationsversuche.

Lassen Sie mich an einer Darstellung erklären, was ich meine: Am 13. Mai 2006 erschien im Südkurier zusammen mit der Überschrift „Die klassische Familie wird seltener – Heiraten kommt aus der Mode" die Grafik in Abbildung 6.1. Diese Darstellung ist aus mehreren Gründen fragwürdig. Zum einen sollten in einer Darstellung von Werten über der Zeit immer beide Koordinatenachsen vorhanden und beschriftet sein, hier fehlt die vertikale Achse. Hätte man sie gezeichnet, so würde auffallen, dass der gewählte Ausschnitt der Werte nicht bei Null, sondern bei 4,8 beginnt. Auf diese Weise sieht der Verlauf viel dramatischer aus.

Die Darstellung ist aber auch noch in einem anderen Aspekt fragwürdig. In der Auswahl der Daten wurde „Eheschließungen pro Jahr und 1 000 Einwohner" gewählt. Stattdessen hätte man auch den Wert „Ehepaare pro 1 000 Einwohner" wäh-

Abbildung 6.1
Eine fragwürdige Kurve.

len können, der wesentlich weniger stark variiert. Der dargestellte Wert stellt die Rate der Veränderung dar – mathematisch die Ableitung –, in vielen Fällen wird er verwendet, um Dramatik vorzutäuschen, wo keine ist. Freilich ist die Ableitung ein Indikator für eine Tendenz und daher oft auch nützlich.

Zwei weitere, diesmal systematische Probleme verstecken sich in der Darstellung: Erstens kann „heiraten" und „klassische Familie" (so die Überschrift) nicht mehr synonym verwendet werden, da heute schließlich viele Menschen verheiratet sind, ohne Kinder zu haben. Zweitens ist die Rate der Eheschließungen kein eindeutiger Indikator für die Anzahl der Ehen insgesamt, da man mehr als einmal heiraten kann. Eine Abnahme kann einerseits eine Unwilligkeit zur Heirat ausdrücken, aber auch eine Tendenz zur langfristigen Partnerschaft. Die Variable hat also nur eine beschränkte Aussagekraft.

Die Grafik ist demnach in drei Aspekten fragwürdig: Die gewählte Variable hat nur beschränkte Aussagekraft, um den Verlauf dramatischer zu machen, wird die Veränderungsrate angegeben statt der Gesamtzahl, und schließlich wird der Wertebereich beschränkt, um eine steilere Kurve zu bekommen. Als Krönung ist die dargestellte Familie eher eine alleinerziehende Mutter mit großem Sohn als eine klassische Familie. Willkommen im Reich der Visualisierung!

Um die mit solchen Visualisierungen einhergehenden Probleme besser zu verstehen, möchte ich zunächst den Visualisierungsprozess unter die Lupe nehmen. Wir werden sehen, dass viele Schritte nötig sind, um zu einer aussagekräftigen Darstellung zu kommen, und dass an vielen Stellen Daten zusammengefasst und weggelassen werden müssen, um die Menge der Parameter auf eine überschaubare Anzahl einzuschränken. Daher beinhaltet der Aufbereitungsprozess viele willkürliche Entscheidungen desjenigen, der die Darstellung produziert. Dem fertigen Bild ist das oft nicht mehr anzusehen.

6.1 Was ist Visualisierung?

Während die Computergrafik geometrische Daten und Bilder verwendet, um fotorealistische Darstellungen zu erzeugen, wandelt man bei der Visualisierung abstrakte Daten in Bilder um. Zu den Ergebnissen gehören die klassischen Diagramme genauso wie die komplizierten Visualisierungen der Gegenwart, die wir später noch sehen werden.

Man unterscheidet die wissenschaftliche Visualisierung und die Informationsvisualisierung. Die Wettervorhersage ist ein typisches Beispiel für eine wissenschaftliche Visualisierung. Ihr liegen Simulationsdaten eines Rechenzentrums zugrunde. Auf der Basis von unzähligen Messwerten (Temperatur, Luftdruck, Windrichtung und -geschwindigkeit, Bewölkung, Regen etc.), die man auf der ganzen Erde mithilfe von Wetterstationen, Ballons, an Bord von Flugzeugen und durch Wettersatelliten gewinnt, bekommt ein Großrechner einen guten Eindruck des aktuellen Wetters. Nun wird über die Auswertung eines komplizierten Gleichungssystems eine Prognose des Wetters in einigen Stunden und Tagen berechnet. Die resultierenden Daten sind Temperatur, Luftdruck und Wind für jeden Ort innerhalb der nächsten Tage. Diese werden in der Wettervorhersage visualisiert, indem man etwa eine Animation der Wetterfronten macht, den Wind darstellt oder für verschiedene Standorte die Temperatur anzeigt.

In der wissenschaftlichen Visualisierung hat man also typischerweise Daten vorliegen, die für ein regelmäßiges Gitter auf einer Fläche oder in einem ganzen Volumen jeweils einen oder mehrere Werte pro Gitterpunkt enthalten. Weitere Beispiele sind Strömungsdaten (Optimierung von Autokarosserien), Belastungen (Schwingungen in Flugzeugflügeln, Statik von Bauwerken) oder diagnostische Daten in der Medizin (Tomografie, Ultraschall).

Die Informationsvisualisierung arbeitet stattdessen mit eher unstrukturierten Daten und in vielen Fällen ohne einen Raumbezug, so etwa bei der Darstellung von Ergebnissen einer Suchanfrage im Worldwide Web. Hier hat man mehr Freiheiten in der Darstellung, muss aber oftmals noch stärker auswählen und weglassen, weil die Daten zu komplex sind. In beiden Fällen geht der Darstellung ein komplizierter Prozess voraus, der nur noch einen kleinen Teil Rohdaten in sichtbares Material umwandelt.

Datenanalyse und Auswahl

Zuerst einmal muss man sich im Klaren sein, welche Daten man überhaupt näher betrachten will. Ein großer Telekommunikationsanbieter speichert jeden Tag die Verbindungsdaten von vielen Millionen Telefonanrufen seiner Kunden, typischerweise etliche Gigabyte. Man könnte versuchen, diese Datenmenge auf einer Karte abzubilden. Wollte man alle Verbindungen nur durch einen Strich vom Ort des Anrufers zum Ort des Angerufenen darstellen, würde man dennoch an vielen Stellen nichts mehr sehen, da einfach zu viele Daten existieren.

Die Daten müssen also vorab schon reduziert werden, z.B. indem man Zeit (nur Anrufe von acht bis neun) oder Ort der Verbindungen (nur Telefonate in Gelsenkirchen) einschränkt. In der Praxis ist das sehr kompliziert, da man vielfach zu wenige oder viel zu viele Daten erhält. In diesen Fällen müssen die Auswahlkriterien wesentlich komplizierter eingestellt werden (Telefonate in Gelsenkirchen zwischen 8 und 9 Uhr, aber nur innerorts oder wenn der Angerufene innerhalb von 30 km um Gelsenkirchen ist), dann besteht allerdings die Gefahr, dass beim Betrachten der Visualisierung diese vorab getroffene Auswahl nicht mehr nachvollzogen werden kann.

Datenaufbereitung

Der nächste Schritt ist bei vielen Anwendungen sehr arbeitsintensiv und nimmt mitunter fast die Hälfte des Gesamtaufwands in Anspruch: Aus den müssen die darzustellenden Werte extrahiert werden. Handelt es sich um eine Datenbank, so ist das einfach, weil hier die Werte strukturiert abgelegt sind. Bei der schon angesprochenen Visualisierung von Suchanfragen im Worldwide Web hingegen müssen die gefundenen Seiten analysiert werden, um überhaupt erst einmal Werte zu erhalten.

← WWW-Suchanfrage

Nehmen wir hierfür ein weiteres Beispiel: Wir möchten einen Gebrauchtwagen kaufen und benötigen eine Übersicht für ein Modell, welche Preis, Baujahr, Kilometerstand, Ausstattung und Farbe enthält. Eine Suchmaschine im Internet findet auf unsere Anfrage mehrere Hundert Autos des gewünschten Typs, eine Anzahl, die jeden Datensurfer ermüden dürfte. Um uns mittels einer Visualisierung einen Überblick zu verschaffen, müssen wir die Daten zuerst aus den von der Suchmaschine gelieferten WWW-Seiten extrahieren, d. h., im vorliegenden Fall müssen wir uns ein Computerprogramm schreiben, welches den Inhalt der Seiten nach bestimmten Schlüsselwörtern durchsucht und die entsprechenden Zahlen speichert. Heraus kommt eine Liste, die für jeden Datensatz (jedes Auto) die gesuchten Parameter enthält.

Festlegung der zu visualisierenden Parameter

Diese Parameter sind im vorliegenden Beispiel jedoch von unterschiedlicher Natur. Einerseits haben wir Zahlenwerte (Preis, Baujahr, Kilometerstand), die entlang einer Skala aufgetragen werden können, andererseits Werte (Farbe, Ausstattung, Motorart und -leistung), bei denen das nicht so einfach ist. Wir werden bei der späteren Darstellung also zwischen quantitativen Werten (den Zahlen) und qualitativen Werten unterscheiden müssen. Letztere unterscheidet man weiter in ordinale Werte, wenn man sie nach einem Kriterium sortieren kann, und nominale Werte, wenn das nicht möglich ist.

In unserem Beispiel sind Preis, Baujahr und Kilometerstand quantitative Werte, die Ausstattung ist dann ein ordinaler Wert, wenn es verschiedene Pakete mit zunehmender Ausstattung gibt, die man sortieren kann. Für die Farbe hingegen ist die Sortierung schwer, es sei denn man hätte eine klare individuell gewünschte Abfolge von Farben.

Bei der Festlegung der darzustellenden Parameter müssen wir außerdem feststellen, dass die Dimensionalität der Datensätze – hier die Anzahl der Parameter pro Objekt – mit fünf bereits so hoch ist, dass eine direkte Darstellung schwierig wird. Es ist also sinnvoll, für einen ersten Überblick erst einmal unwichtige Daten (z. B. Farbe und Ausstattung) wegzulassen.

Wahl der Darstellungsform

Ohne Farbe und Ausstattung haben wir drei verbleibende Parameter: Preis, Baujahr, Kilometerstand. In einem Diagramm mit drei Achsen können wir somit jedes Auto als einen Punkt darstellen und erhalten so eine erste Übersicht. Allerdings stört die dreidimensionale Darstellung die Lesbarkeit (Abbildung 6.2).

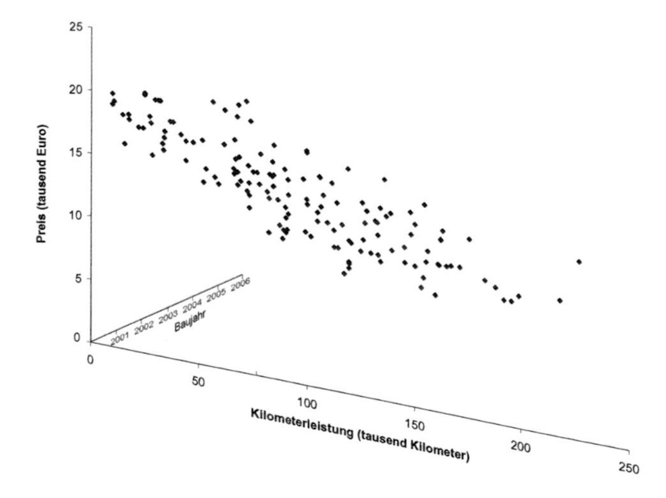

Abbildung 6.2
Gebrauchtwagenpreise als 3-D-Darstellung.

Im Punktdiagramm in Abbildung 6.3 a sind daher nur Preis und Kilometerstand gegeneinander aufgetragen. Man erkennt eine Preisverminderung mit zunehmendem Kilometerstand, die beiden Parameter sind korreliert. Genauso kann man jetzt auch Baujahr und Preis (Abbildung 6.3 b) sowie Baujahr und Kilometerstand gegenüberstellen und wird ebenfalls Korrelationen erkennen. Eine Menge von Diagrammen, die jeweils zwei Parameter der Daten gegeneinander auftragen, nennt man Korrelogramme oder Scatterplots.

Eine andere Möglichkeit zur Darstellung von mehr als zwei Parametern ergibt sich, wenn die einzelnen Datenpunkte zusätzlich durch ihre Form und Farbe weitere Parameter anzeigen. In Abbildung 6.4 sind wieder Preis und Kilometerstand gegenübergestellt, zusätzlich wird das Baujahr über die Farbe und die Motorleistung über die Größe der Datenpunkte angedeutet. Die Parameter der Datensätze sind jetzt in zwei Primärparameter (Preis, Kilometerstand) und zwei Sekundärparameter zerlegt. Die Primärparameter werden im Diagramm gegeneinander aufgetragen, die Sekundärparameter werden über das Aussehen der Datenpunkte visualisiert.

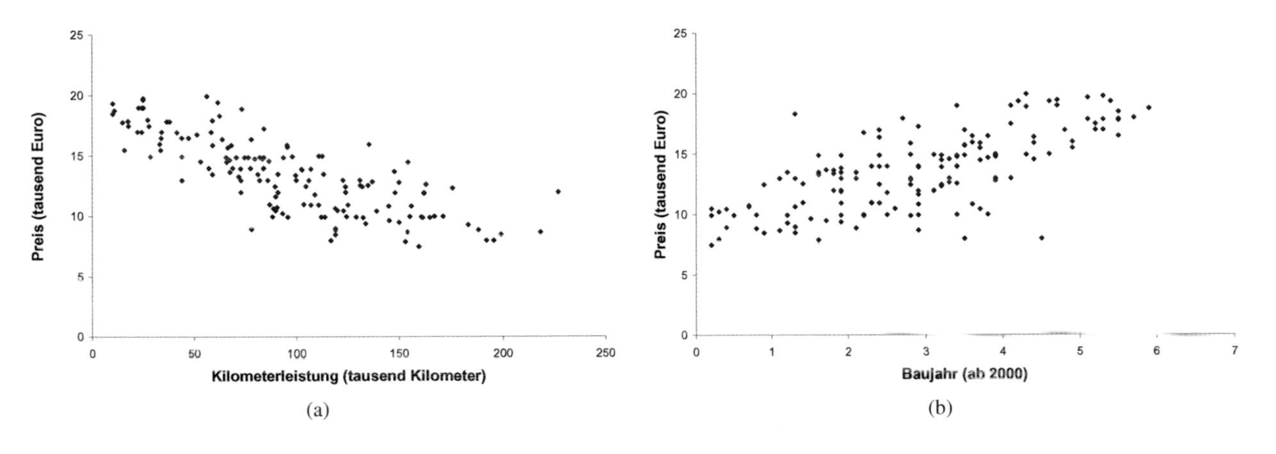

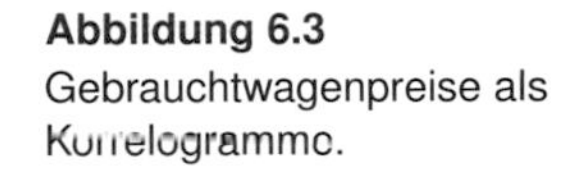
Abbildung 6.3
Gebrauchtwagenpreise als Korrelogramme.

Nun ist ein Überblick schnell gewonnen. Natürlich sind die jüngeren Autos tendenziell teurer und haben eine geringere Kilometerleistung. Ältere Modelle sind (relativ unabhängig von der Kilometerleistung) vergleichsweise billiger. Hohe Motorleistungen finden sich eher im teuren Preissegment. In einem interaktiven Visualisierungsprogramm könnte man zusätzlich die Datenwerte anklicken und dann jeweils die gesamten Informationen über den Gebrauchtwagen in einem separaten Fenster erhalten.

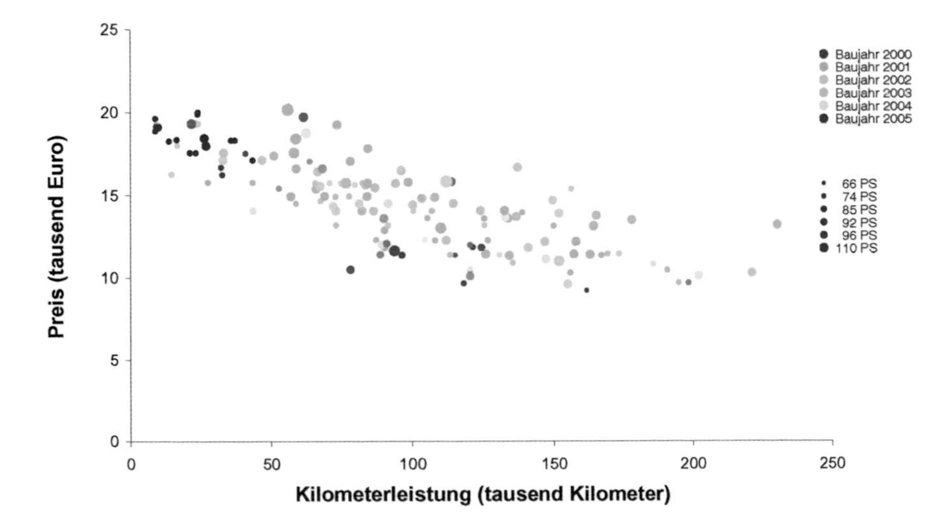

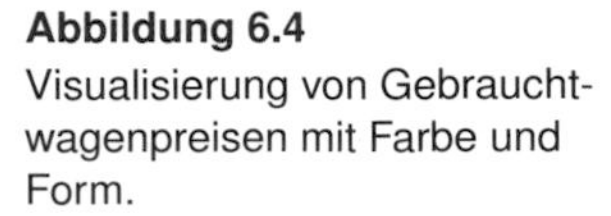
Abbildung 6.4
Visualisierung von Gebrauchtwagenpreisen mit Farbe und Form.

Diesen gerade beschriebenen komplexen Prozess der Auswahl von Parametern und ihrer Abbildung auf Farbe und Form muss man für die Herstellung vieler Visualisierungen durchführen. Dabei fallen eine Reihe von Designentscheidungen. In der Folge eröffnet sich ein großer Spielraum für ganz unterschiedliche bildliche Aussagen aus denselben Daten.

6.2 Visualisierungsformen

Die Abbildungen 6.3 und 6.4 sind typische Diagramme – zwei- oder dreidimensionale grafische Repräsentationen von Informationen mithilfe von Punkten, Linien, Kurven oder geometrischen Formen. Hierbei können die Objekte, mit denen man die Daten darstellt, neben ihrer Position auch ihre Größe, Farbe, Helligkeit, Textur, Orientierung oder Form ändern (siehe auch [73]). Daraus ergibt sich eine Fülle von Möglichkeiten, die wichtigsten möchte ich im Folgenden ganz kurz skizzieren.

Am gebräuchlichsten ist es, die Werte auf die Position, Größe und Orientierung der Objekte abzubilden, da diese Parameter vom menschlichen Auge besonders gut eingeschätzt werden können. Die Farbe wird zumeist für nominale Werte verwendet. Punkt- und Liniendiagramme (Abbildung 6.8) sind typische Beispiele für solche Darstellungen. Bei Säulendiagrammen werden einzelne Werte als Säulen in einem Diagramm abgebildet. Sie dienen bevorzugt zur Darstellung von relativ wenigen Werten. In einem Kreis- oder Tortendiagramm (Abbildung 6.15) werden prozentuale Zusammensetzungen angegeben.

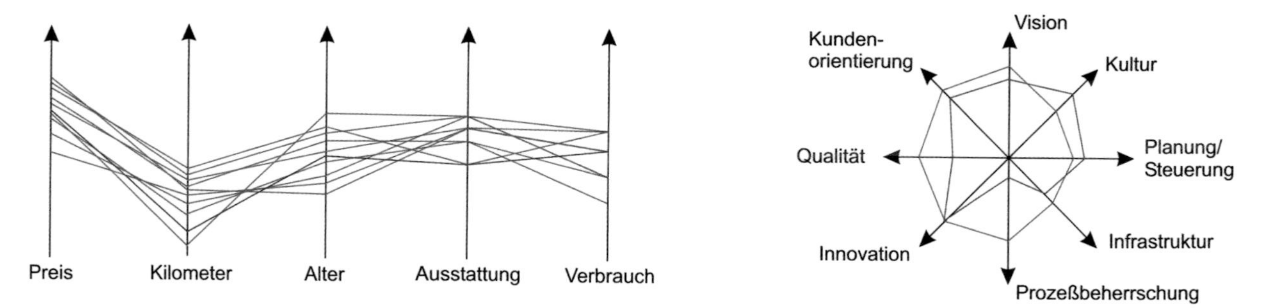

Abbildung 6.5
Parallelkoordinaten und sternförmige Koordinaten zur gleichzeitigen Darstellung von vielen Parametern pro Datensatz. Jeder Datensatz ist eine Linie.

Bei der Darstellung von vielen Parametern pro Datensatz müssen andere Methoden verwendet werden. Oben hatten wir schon gesehen, wie durch Größe und Farbe relativ schnell aussagekräftige Visualisierungen entstehen. Für eine noch größere Parameteranzahl benötigt man jedoch grundsätzlich neue Verfahren. Abbildung 6.5 zeigt zwei davon, die quantitativen Parameter werden entlang von Achsen aufgetragen, die nun nicht mehr in die verschiedenen Raumrichtungen zeigen (dann wäre bei zwei bzw. drei Achsen schon Schluss mit der Anschaulichkeit), sondern parallel bzw. kreisförmig angeordnet sind. Als Ergebnis erhält man nun keinen Datenpunkt mehr, sondern einen Linienzug, der jeweils einen Datensatz darstellt. Natürlich unterliegt jetzt die Anordnung der Achsen und ihre Auswahl einer gewissen Willkür, die je nach Zweck der Darstellung genutzt werden kann.

Eine weitere Möglichkeit zur Visualisierung solcher hochdimensionalen Daten sind Ikonen. Pro Datensatz wird in diesem Fall eine Form dargestellt – ein Gesicht, ein Strichmännchen oder eine abstrakte Geometrie – und je nach zugrunde liegenden Werten verändert. Da unser Auge vertraute Formen schnell und gut unterscheiden kann, erlauben solche Darstellungen, viele Parameter auf einmal zu überblicken.

Eine der ersten Anwendungen für solche Ikonen war die Identifikation von Falschgeld [15]. Eine Maschine maß zwölf Parameter von Geldscheinen. Abweichungen der Form, Farbe und des Papiers wurden registriert und die Messwerte in Form eines Gesichts (ähnlich Abbildung 6.6) einem menschlichen Betrachter gezeigt. Diese nach ihrem Erfinder genannten Chernoff-Gesichter erlaubten einem geschulten Betrachter, gefälschte Geldscheine schnell am charakteristischen Aussehen des Gesichts zu identifizieren. Da in den 1970er Jahren noch keine automatischen Lernverfahren für Computer bekannt waren, war dies die schnellstmögliche Form der Datenanalyse.

Abbildung 6.6
Verschiedene Visualisierungsikonen.

Eine ganz andere Situation ergibt sich, wenn man nicht viele Parameter pro Datensatz darstellen möchte, sondern sehr viele Datensätze mit relativ wenigen Parametern. Nun wird möglichst viel Information auf möglichst geringem Platz gezeigt – im Extremfall nur ein Pixel pro Datenwert. Ein schönes Beispiel für solche Techniken ist in Abbildung 6.7 zu sehen. Hier sind Kurse von Aktienfonds dargestellt. Jede Spalte stellt ein Kaufdatum dar, jede Zeile ein Verkaufsdatum. Jedes Pixel in solch einer Darstellung ist also eine Kombination aus Kauf- und Verkaufsdatum und gibt an, ob man Gewinn (grün) oder Verlust (rot) gemacht hätte, wenn man am entsprechenden Datum der Spalte gekauft und am Datum der Zeile verkauft hätte. In den kleineren dreieckigen Visualisierungen aus Abbildung 6.7 a und b ist dies für zwei Fonds zu sehen. In a handelt es sich um einen stetig steigenden Rentenfonds, in b um einen Aktienfonds, der auch einmal Verluste erzeugt.

Noch interessanter wird die Darstellung, wenn die Farbcodierung nicht nur Gewinn oder Verlust angibt, sondern die Performance im Vergleich zu anderen Fonds. Nun heißt Grün „besser als eine Menge von Vergleichsfonds“ und Rot schlechter. Dies ist in den großen Dreiecken zu sehen.

Durch die Darstellung ist die Charakteristik eines Fonds zu überblicken und es kann auch sehr schnell bewertet werden, wie sich der Fonds entwickelt hat. Auf einer Powerwall (einem Großbildschirm mit sehr hoher Auflösung) können auf diese Weise viele Fonds gleichzeitig dargestellt werden. In Abbildung 6.7 c sind es nur 18 Fonds. In der linken Spalte wieder Rentenfonds, ansonsten Aktienfonds aus Asien, die allesamt recht schlecht abschneiden. Deutlich ist auch die Dotcom-Krise zu sehen, die dafür sorgte, dass im Jahr 2001 gekaufte Anteile zumeist nur noch mit Verlust verkauft werden können.

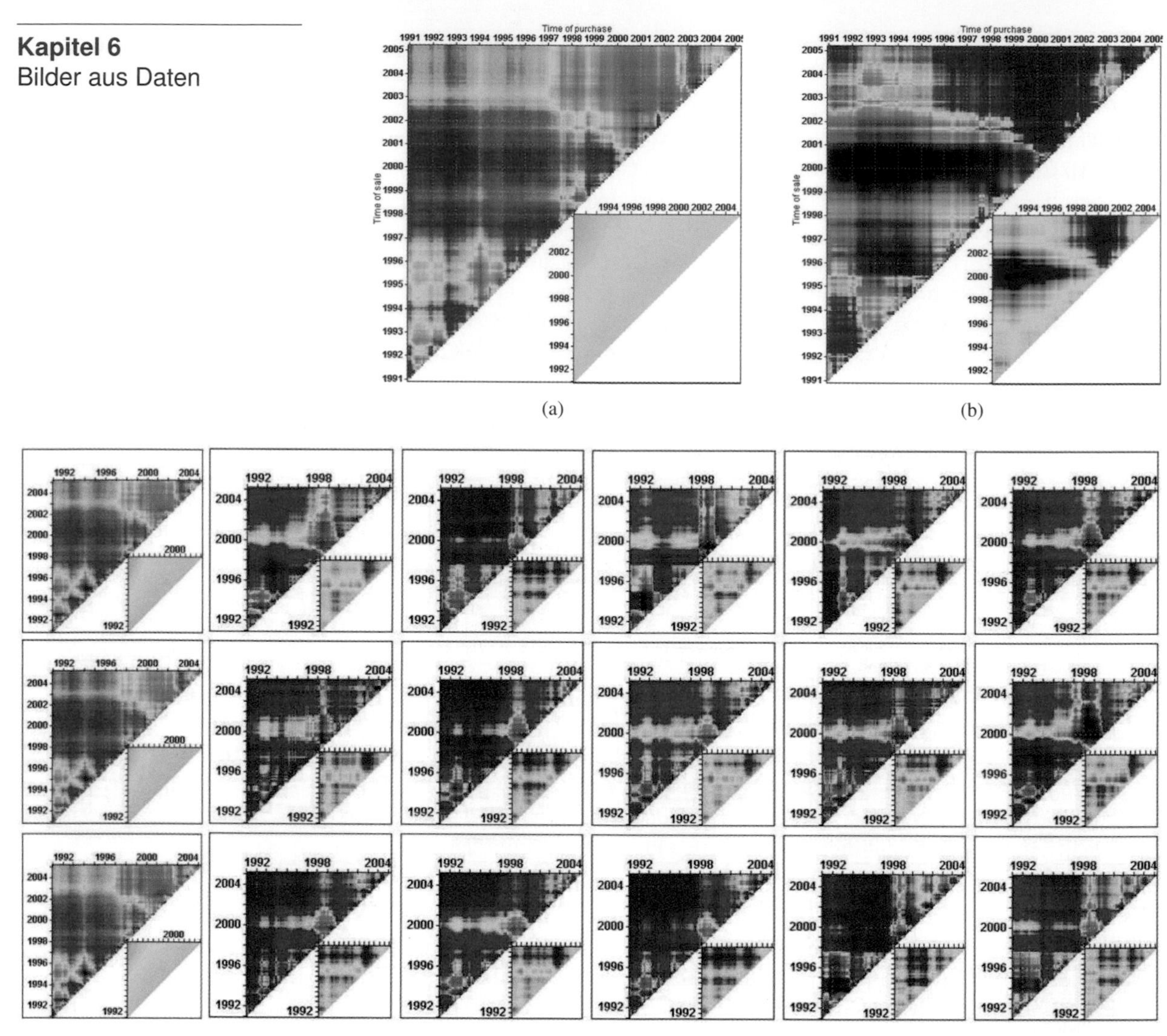

Abbildung 6.7 Pixelbasierte Visualisierungstechnik.

Zwischen den gezeigten Extremen vieldimensionaler Daten mit Ikonendarstellung und komplexen Daten, bei denen man nur noch ein Pixel pro Datensatz hat, gibt es noch viele weitere Visualisierungsformen (siehe hierzu [73]), die in der Informationsvisualisierung untersucht werden.

Ich möchte es dabei belassen und im Folgenden auf relativ einfache, aber dennoch oft schlechte und manipulative Visualisierungen eingehen, wie wir sie in Form von Diagrammen und Kurvendarstellungen in vielen Printmedien finden. Da sie uns im Gegensatz zu den bisher gezeigten Darstellungen viel öfter begegnen, sind sie natürlich auch besser geeignet, um mit ihnen zu manipulieren.

6.3 Manipulative Darstellungen

Eine Visualisierung sollte die dargestellten Daten getreu abbilden. Genauer gesagt, die wahrgenommene Form der Daten sollte den numerischen Werten entsprechen. In einer konkreten Darstellung muss also neben der reinen Abbildung der Werte auch deren Wahrnehmung berücksichtigt werden; neben den allgemeinen Regeln der Wahrnehmungspsychologie helfen hier insbesondere Studien mit vielen Versuchspersonen.

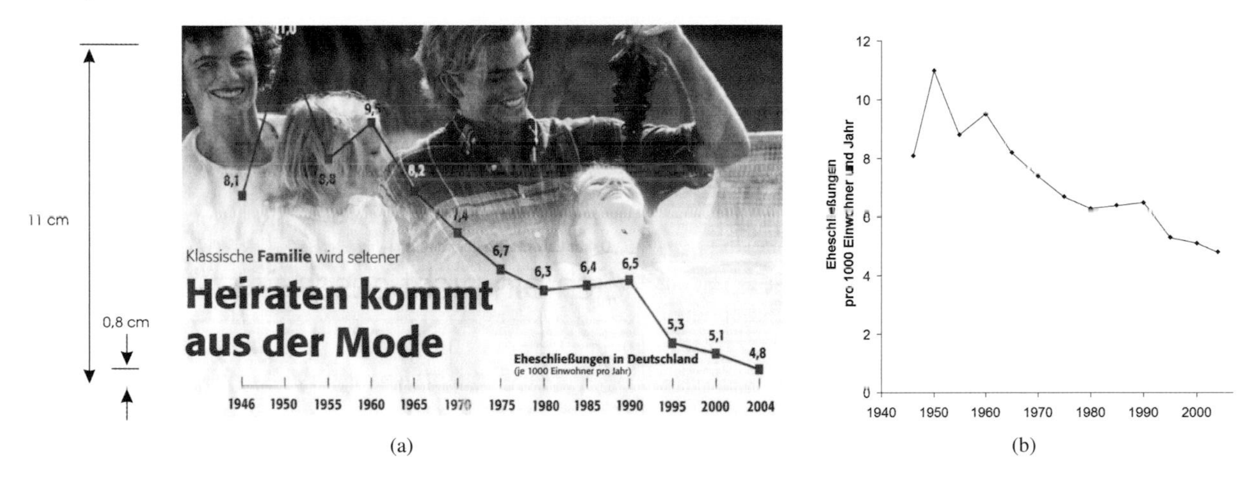

Abbildung 6.8
a) Berechnung des Lügenfaktors aus Bild 6.1;
b) wahre Kurve.

Mit einem einfachen Maß kann man die visuelle Korrektheit einer Darstellung messen, dem Lügenfaktor. Er wird schon von Tufte benutzt und beschreibt das Verhältnis des dargestellten Effekts zu seiner Größe in den Daten [77]. Dies kann perzeptuelle Effekte beinhalten, lässt sich aber in vielen Fällen auch direkt messen. Eine gute Abbildung hat einen Faktor von Eins. Werte deutlich über oder unter Eins kennzeichnen Manipulationen.

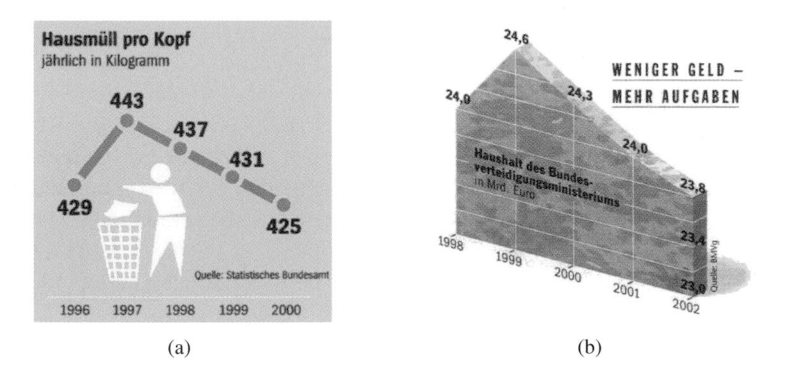

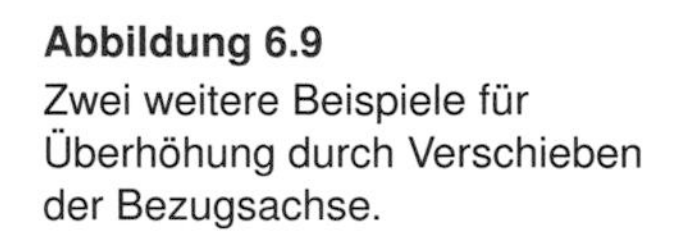

Abbildung 6.9
Zwei weitere Beispiele für Überhöhung durch Verschieben der Bezugsachse.

Im Fall der Visualisierung in Abbildung 6.1 sehen wir eine numerische Abnahme des angegebenen Wertes von 11,0 auf 4.8, also auf 44 % des Ausgangswertes. Die Kurve sinkt aber von 11 cm Höhe auf etwa 8 mm ab, vermindert sich also visuell auf 7 % ihrer Höhe. Der Lügenfaktor ist demnach $44/7 = 6,3$ (siehe Abbildung 6.8).

Das obige Beispiel ist nur eines von vielen, in denen durch Verschieben der Bezugsachse Dramatik vorgetäuscht oder versteckt wird. Zwei weitere Beispiele stammen aus Statistiken des Bundes (Abbildung 6.9, aus [9]). In beiden Fällen sagt die Datenlage eigentlich nur aus, dass sich nichts Wesentliches geändert hat. Die Lügenfaktoren sind 19.3 für a und ca. 20 für Teilbild b. Traurig auch, dass beide von großen Institutionen herausgegeben wurden, bei denen man eigentlich eine Sensibilität für derlei Fragen vermuten würde.

Falscher Ausschnitt

Oft ist der visuelle Eindruck eines Diagramms sehr subjektiv, je nachdem welchen Ausschnitt man gerade ansieht. Nehmen wir noch einmal ein Beispiel aus der Finanzwelt: den Deutschen Aktienindex (DAX). In Abbildung 6.10 ist er seit seinem Bestehen aufgezeichnet. Die Kurve zeigt den typischen Verlauf von Aktienkursen: im Wesentlichen ansteigend. Freilich nur im Wesentlichen, da durch die Krise ab dem Jahr 2000 eine unschöne Delle entstand. Je nach betrachtetem Ausschnitt lassen sich aus der Kurve ganz unterschiedliche Aussagen ableiten.

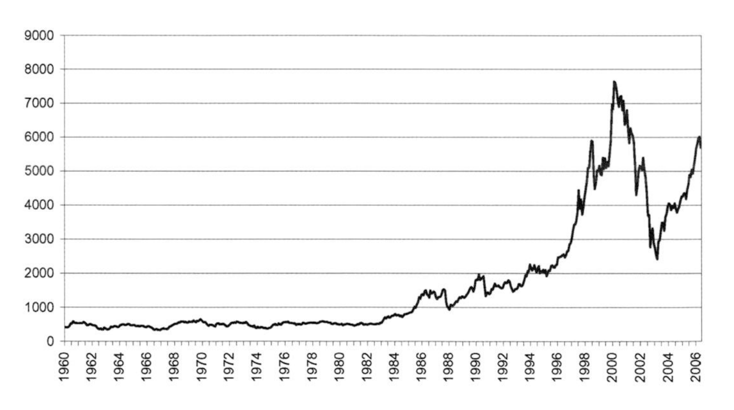

Abbildung 6.10
Der Deutsche Aktienindex der Jahre 1960 – 2006.

Nehmen wir einmal an, wir hätten im Juli 2001 einen Überblick über die Kurse gewinnen wollen. Ein optimistischer Berater hätte uns Abbildung 6.11 a gezeigt und geraten, doch Aktien zu kaufen, da die Kurve nach oben zeigt. Sein zurückhaltender Kollegen hätte uns Abbildung 6.11 b vorgelegt, das eher einen uneinheitlichen Verlauf darstellt. Schließlich wäre ein dritter Kollege ins Büro gekommen mit der dringenden Bitte, schleunigst zu verkaufen, da die Aktienkurse einen eindeutigen Abwärtstrend hätten (Abbildung 6.11 c).

Die drei Bilder unterscheiden sich nur durch den Ausschnitt, welcher jeweils eine andere Interpretation der Daten (und damit Extrapolation in die Zukunft) nahelegt. Das Problem besteht wieder in der Mustererkennung unseres Gehirns: Ständig versuchen wir, visuelle Dinge zu vereinfachen und auf den Punkt zu bringen. Daher interpretieren wir Abbildung 6.11 a als im Wesentlichen ansteigend – eine mathe-

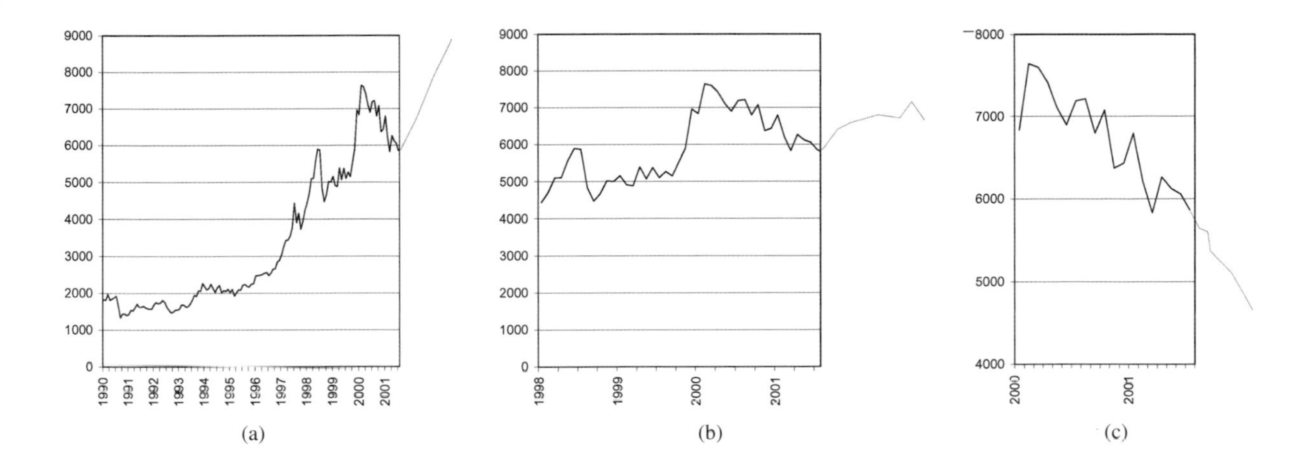

matische (objektive) Analyse würde für diesen Bildausschnitt übrigens dasselbe ergeben. Der Ausschnitt entscheidet also, wie wir die Information einordnen. Diesen Effekt hatten wir auch schon bei der Fotografie gesehen. Jedes Bild ist ein Ausschnitt aus der Wirklichkeit und schon hierdurch eine Verfälschung. Leider lassen aber die Restriktionen von Fotografien und Diagrammen nur Ausschnittsdarstellungen zu – es liegt also in der Natur dieser Medien, Dinge wegzulassen. Nur wenn wir dies von vornherein in unsere Interpretation einbeziehen, können wir mit ihnen richtig umgehen.

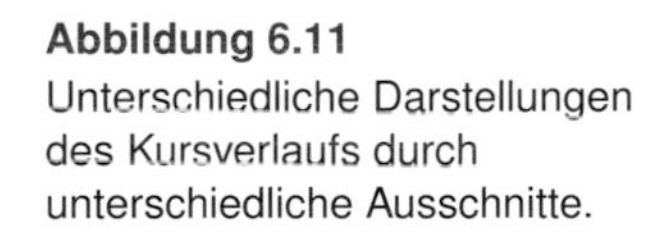

Abbildung 6.11
Unterschiedliche Darstellungen des Kursverlaufs durch unterschiedliche Ausschnitte.

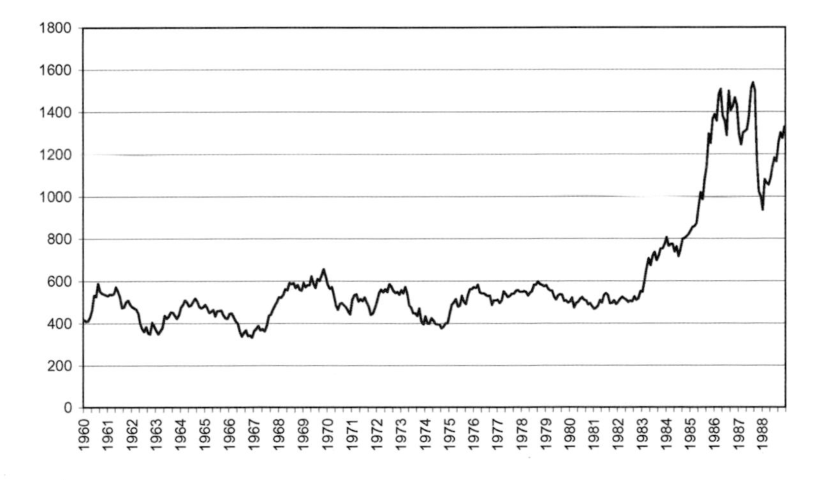

Abbildung 6.12
Der Deutsche Aktienindex der Jahre 1960 – 1988.

Noch ein letzter DAX-Kurvenausschnitt: Aus Abbildung 6.10 leiten wir schnell ab, dass die Dotcom-Krise ein außergewöhnliches Ereignis war, aber ein Ausschnitt der DAX-Werte von 1960–1988 hätte ein ganz ähnliches Ergebnis ergeben, allerdings auf der Basis einer anderen Skalierung (Abbildung 6.12). Der Verlauf sieht auch hier dramatisch aus, entpuppt sich später aber nur als kleine „Delle".

Professionelle Berater setzen daher bei der Analyse von Aktien und Fonds auf mathematische Modelle, die eine Vielzahl von Parametern aus den Kursen ableiten und auf diese Weise eine andere Bewertungsbasis als der visuelle Kursverlauf ergeben. Ob diese immer besser ist, sei dahin gestellt, visuelle Analysen sind hingegen fast immer manipulativ.

Ein weiterer Aspekt ergibt sich aus der Darstellung der Aktienwerte: Die Kurvenverläufe zeigen immer eine exponentielle Entwicklung. Dies ist zwar richtig, erzeugt visuell aber eine Dramatik, die mit der üblichen Angabe des jährlichen Wachstums nicht übereinstimmt. Auch ein konstantes jährliches Wachstum erzeugt über die Jahre eine Exponentialkurve – wollten wir die Aktienkurse ohne Dramatik darstellen, so müssten wir eigentlich eine logarithmische Darstellung auf der Ordinate wählen und alles sähe weit weniger dramatisch aus (Abbildung 6.13).

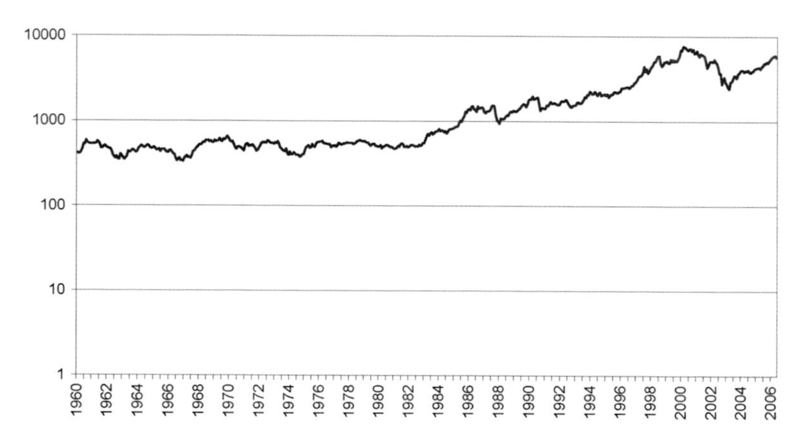

Abbildung 6.13
Der Deutsche Aktienindex, logarithmisch dargestellt.

Schlechte Farben

Ein weiterer kritischer Punkt ist die Farbwahl. Da wir auf Farben emotional ganz unterschiedlich reagieren, kann man durch die Farbgebung Visualisierungen bei gleichem Inhalt ganz unterschiedlich wirken lassen. Es gibt äußerst detaillierte Untersuchungen von Farbwirkungen und geeigneten Farbkombinationen. Der Maler Albert Henry Munsell entwickelte bereits Anfang des 20. Jahrhunderts einen Farbkreis, dessen Farben eine „empfindungsgemäße Gleichabständigkeit" besitzen, also in ihren subjektiv wahrgenommenen Differenzen zueinander ähnlich sind (Abbildung 6.14 a). Dieser wurde später zu einem System mit vielen Farben erweitert, das auch noch heute Verwendung findet. Viele weitere Systeme folgten, die jeweils verschiedene Aspekte der Farbwahrnehmung und -kombination behandeln.

Lassen Sie mich aus der Vielzahl von Untersuchungen eine besonders erwähnen: A. Nemcsics entwickelte ab 1962 das Coloroid-Farbsystem auf der Basis von 48 Grundfarben (Abbildung 6.14 b; siehe auch [60]), die ebenfalls empfindungsgemäß ästhetisch annähernd in gleichen Entfernungen liegen. In fast zwei Millionen

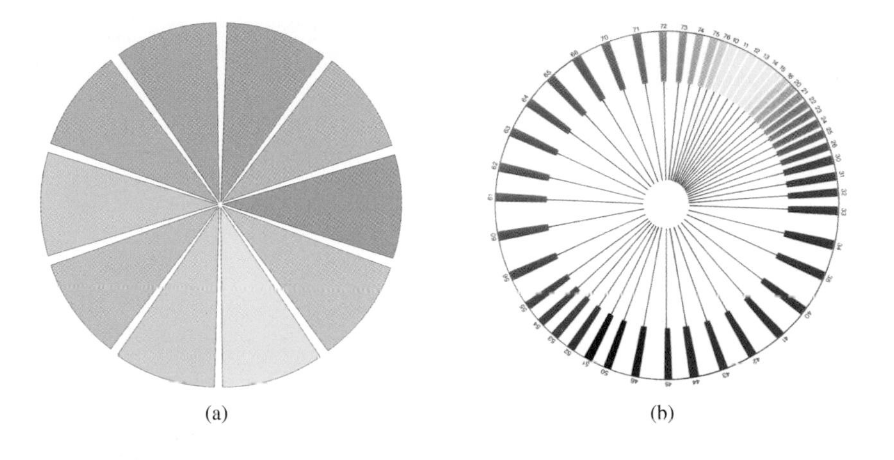

Abbildung 6.14
a) Munsell-Farbkreis;
b) Coloroid-System.

Experimenten mit 1,2 Millionen Versuchspersonen bestimmte er, welche Kombinationen von welchen Menschen unter welchen Umständen als wie angenehm empfunden werden. Nemcsics ist darüber hinaus Künstler – in seiner Heimat ist er so populär, dass ein ganzer Stadtteil von Budapest farblich nach seinen Schemata gestaltet wurde.

Warum die Beschäftigung mit diesen Systemen? Weil in Visualisierungen oft Farbskalen zur Darstellung von Wertebereichen verwendet werden und man Farbkombinationen zur Differenzierung unterschiedlicher Werte heranzieht. Je nach Auswahl lassen sich auf diese Weise Dinge verstecken oder verdeutlichen.

In Abbildung 6.15 sind zwei Darstellungen aus dem Jahresbericht 2004 des Statistischen Bundesamtes zu sehen. In der oberen Darstellung geht es um Eingruppierungsunterschiede zwischen Frauen und Männern in dieser Behörde. Zu sehen ist ein starker Blau-Gelb-Kontrast zwischen Arbeitern und Auszubildenden auf der einen und Beamten auf der anderen Seite. Die unterschiedlichen Stufen in der Beamtenlaufbahn sind dagegen farblich so ähnlich dargestellt, dass visuell kaum ein Unterschied wahrgenommen wird, obwohl der Frauenanteil im höheren und gehobenen Dienst viel kleiner ist. Der starke Blau-Gelb-Kontrast dominiert diese feinen Unterschiede. Im unteren Teil der Darstellung ist die Farbwahl darüber hinaus noch umgekehrt, nun sind höherer und gehobener Dienst blau und der einfache Dienst gelb. Obwohl diese Farbwahl in der Legende unter den Visualisierungen angegeben ist, verleiten die ähnlichen Farben in beiden Abbildungen den Betrachter dazu, jeweils auch den gleichen Inhalt anzunehmen.

← Legende

Noch ein Wort zur Legende. Zu jeder Visualisierung gehört eine Legende, in der die Farben explizit ihren Werten oder Bedeutungen zugeordnet werden. Nur sie macht es möglich, von der Darstellung zu abstrahieren und dem Bild Aussagen zu entlocken, die man auf den ersten Blick nicht sieht. Einer Visualisierung ohne Legende sollte man daher von vornherein mit Misstrauen begegnen.

Doch kommen wir noch einmal zu Abbildung 6.15 zurück. Wählt man Farben mit perzeptuell etwa gleichen Abständen, so ist das Ergebnis viel aussagekräftiger. In Abbildung 6.16 wurden zwei weitere Farben hinzugenommen. Sie wurden den Coloroid-Basisfarben entnommen, hier allerdings auf eine Weise, die den perzep-

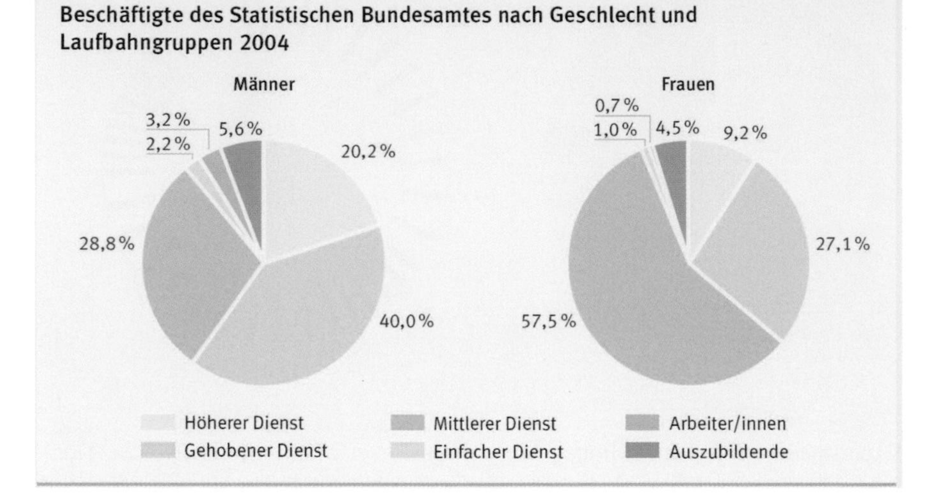

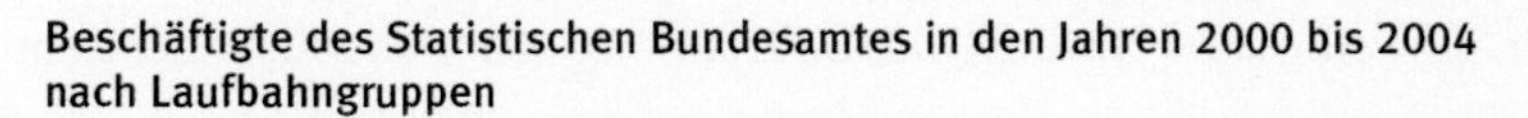

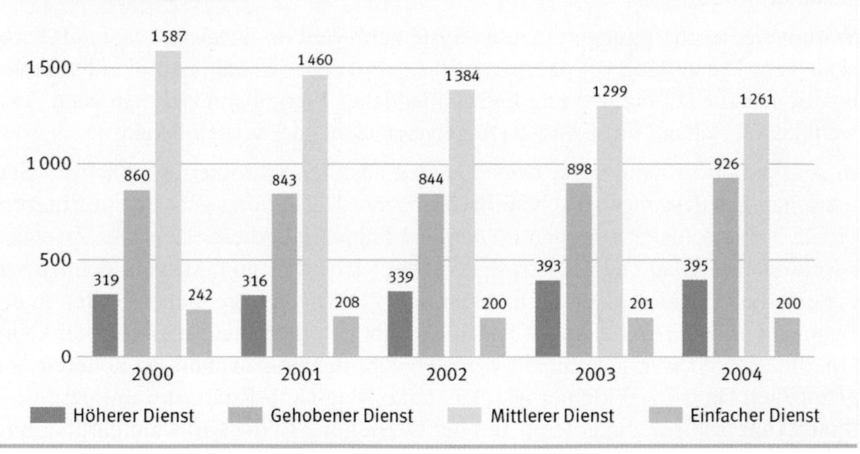

Abbildung 6.15
Darstellung mit unglücklich gewählten Farben. Oben: scheinbar gleiche Anteile für Männer und Frauen. Unten: Farbwahl umgekehrt zu oben.

tuellen Abstand zwischen allen Dienstformen verstärkt. Die Darstellung akzentuiert nun das, was das Original eher versteckte. Durch die Farbwahl sieht man die unterschiedliche Eingruppierung von Männern und Frauen recht deutlich.

Farben bieten aber noch viel mehr: Unwillkürlich assoziieren wir mit ihnen bestimmte Emotionen. Innenarchitekten gestalten daher Farben je nach gewünschtem emotionalen Effekt. Ein Wartezimmer wird beruhigend grün gestrichen, ein Klassenzimmer eher rötlich, um eine aktive Lernumgebung zu erzielen. Schumann und Müller beschreiben verschiedene Emotionen, die man üblicherweise mit Farben verbindet [73]. Nicht nur Temperatur, auch der Geschmack sowie Gewicht und Oberflächeneigenschaften werden bestimmten Farben zugeordnet (Abbildung 6.17). Neben der Wahl von Farben mit perzeptuell gleichen Abständen ist also auch ihre emotionale Wirkung zu beachten. Wenn Sie eine Visualisierung mit schreiend

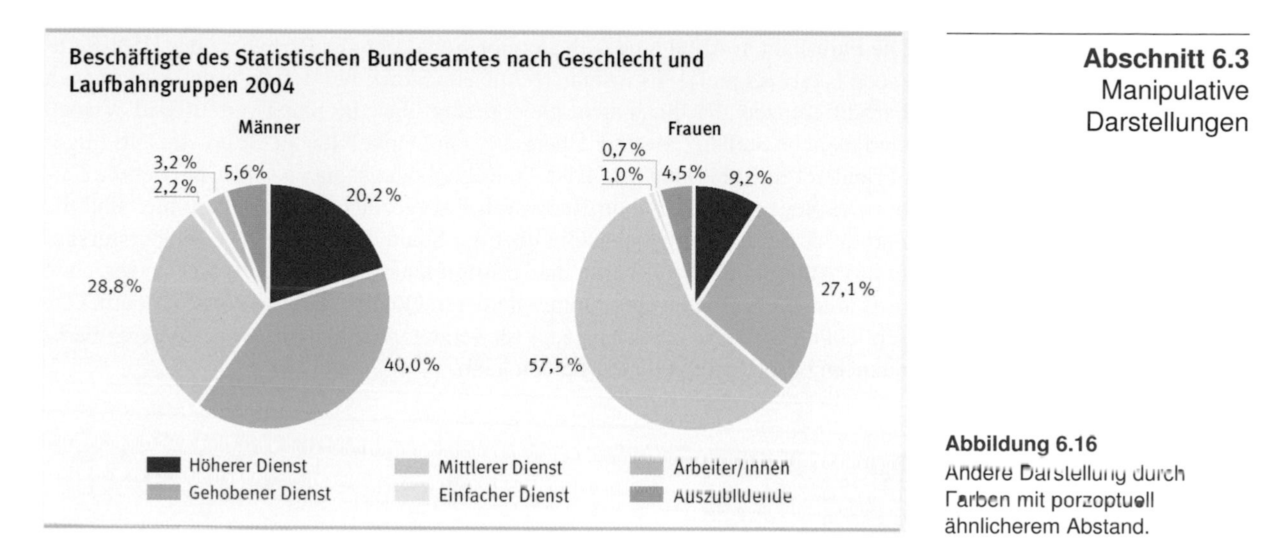

Abbildung 6.16
Andere Darstellung durch Farben mit perzeptuell ähnlicherem Abstand.

roten Farben sehen, so können Sie davon ausgehen, dass der Autor einen Effekt besonders dramatisch darstellen wollte.

	hellblau	dunkelblau	rot	grün	gelb	rosa
Sinnesempfinden	weich	hart	rauh	–	weich	sehr weich
Geschmack	neutral	neutral	würzig/knusprig	bitter	süß	süßlich
Temperatur	kühl	kalt	warm/heiß	kühl	warm	Hauttemperatur
Gewicht	leicht	schwer	wie blau	wie blau	leicht	leicht
Handlungsbedarf	unkritisch	unkritisch	sehr kritisch	unkritisch	leicht kritisch	kritisch

Abbildung 6.17
Assoziationen mit Farben

In Farbskalen werden Farben noch auf andere Weise kombiniert. Sie werden benötigt, wenn man quantitative Werte in einem Bild darstellen will – etwa die Temperatur einer Häuserfassade in einem Wärmebild. Um schlecht isolierte Stellen darzustellen, werden im Wärmebild die wärmeren Stellen rot dargestellt, die kalten mit blauer Farbe. Diese Farbwahl entspricht unserer Farbempfindung, die Rot mit heiß und Blau mit kalt assoziiert. Auf der Basis solcher Farbassoziationen können verschiedene Farbskalen erzeugt und für die Visualisierung verwendet werden. Das in Wärmebildern verwendete Farbschema entspricht beispielsweise der linken Hälfte in der Farbskala von Bild 6.18 a.

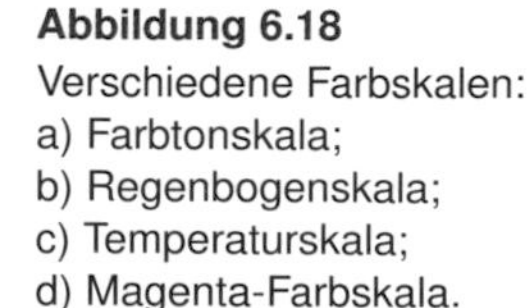

Abbildung 6.18
Verschiedene Farbskalen:
a) Farbtonskala;
b) Regenbogenskala;
c) Temperaturskala;
d) Magenta-Farbskala.

Die Farbskala in Abbildung 6.18 a ergibt sich durch die Farbwerte des HSV-Farbmodells aus Kapitel 4. Es ist eine technische Skala, bei der die wahrgenommenen Farbdifferenzen allerdings nicht gleichmäßig über die Skala verteilt sind. Visuell sind manche Stellen (etwa der Übergang von Dunkelblau zu Grün) viel auffälliger als andere. In Abbildung 6.18 b ist die Regenbogenskala zu sehen, bei der die Farben des Regenbogens in ihrer Reihenfolge aufgezeichnet sind. Auch hier sind die Farbdifferenzen nicht gleichmäßig über die Skala verteilt. Bei der Temperaturskala aus Abbildung 6.18 c wurde dies erfolgreicher durchgeführt, hier entsprechen die Farben dem Glühen eines immer heißeren Objekts. Bei der Magenta-Farbskala schließlich wird zusätzlich Magenta verwendet, weil man in diesem Bereich Farbnuancen besonders gut unterscheiden kann.

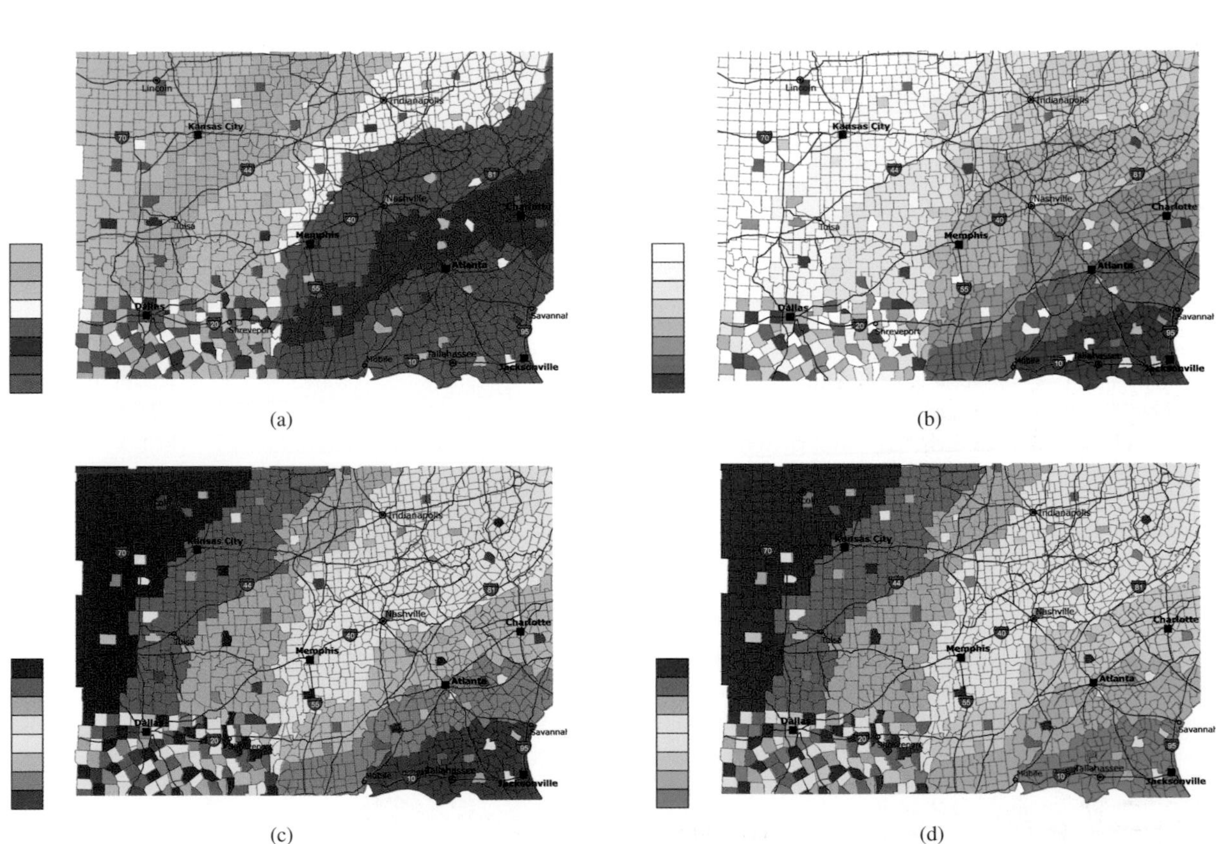

Abbildung 6.19
Einfluss auf Visualisierungen durch Farbwahl: a) qualitativ; b) beruhigend; c) divergierend; d) dramatisch.

Ein Beispiel verdeutlicht den Einfluss von Farbskalen auf die Erscheinung von Visualisierungen. Hierbei wurden auf einer Karte von US-Verwaltungsbezirken hypothetische Werte verteilt und anschließend mit verschiedenen Farben dargestellt (Abbildung 6.19). Die Werte sind so verteilt, dass links unten eine zufällige Verteilung entsteht, ansonsten ein langsamer Übergang von niedrig zu hoch mit einigen Ausnahmen. Abbildung 6.19 a zeigt eine qualitative Farbskala, mit der keine spezifischen Assoziationen verbunden werden. In b werden grüne Werte verwendet, was einen beruhigenden Eindruck hinterlässt. Teilbild c zeigt eine divergierende Skala, bei der zwischen Rot und Grau übergeblendet wird.

Hier ist also nicht ein Übergang zwischen zwei Farben zu sehen, sondern zwischen Farbe und Nichtfarbe. Der visuelle Kontrast ist auf diese Weise sehr hoch. In d ist ein Rot-Grün-Übergang zu sehen, wie er typischerweise für dramatische Karten verwendet wird. Durch den starken Farbkontrast und die unterschiedlichen Assoziationen, die mit den beiden Farben Rot und Grün verbunden sind, erzielt man eine besonders starke visuelle Wirkung.

Falsche Dimension

Will man den dargestellten Effekt in einer Visualisierung vergrößern, ohne die Bezugsachse zu verschieben, so ergibt sich eine weitere Möglichkeit durch die Erhöhung der Dimension. Zwei klassische Beispiele sehen Sie in Abbildung 6.20. Der Werteverfall des Dollars auf 44 % des Wertes von 1958 wird hier durch Banknoten dargestellt, deren Seitenlänge auf 44 % des Ausgangswertes sinkt. Da dies aber für Länge und Breite gleichermaßen geschieht, vermindert sich die dargestellte Fläche auf 19 % des Ausgangswertes und erzeugt einen Lügenfaktor von über Zwei. Noch stärker wird der Effekt beim Preisanstieg des Öls. Einem Preiszuwachs von 454 % steht ein visueller Zuwachs von fast dem 40-fachen gegenüber: Der Lügenfaktor ist hier etwa Neun.

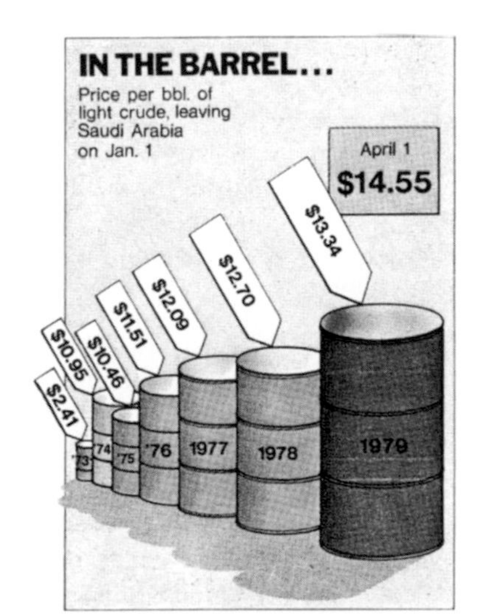

Abbildung 6.20
Übertreibung von Entwicklungen durch höherdimensionale Darstellung.

Denken Sie nun nicht, derlei käme heute nicht mehr vor. Auf der Website des „Seedmagazine“, einer amerikanischen Zeitschrift, finden wir im Juli 2006 eine Reihe von fragwürdigen Visualisierungen zum Zustand der Erde. So zeigt Abbildung 6.21 a Menge und Zusammensetzung von Abgasen über die Zeit. Dies ist eine herausfordernde visuelle Aufgabenstellung, der die Autoren aber leider nicht gerecht wurden.

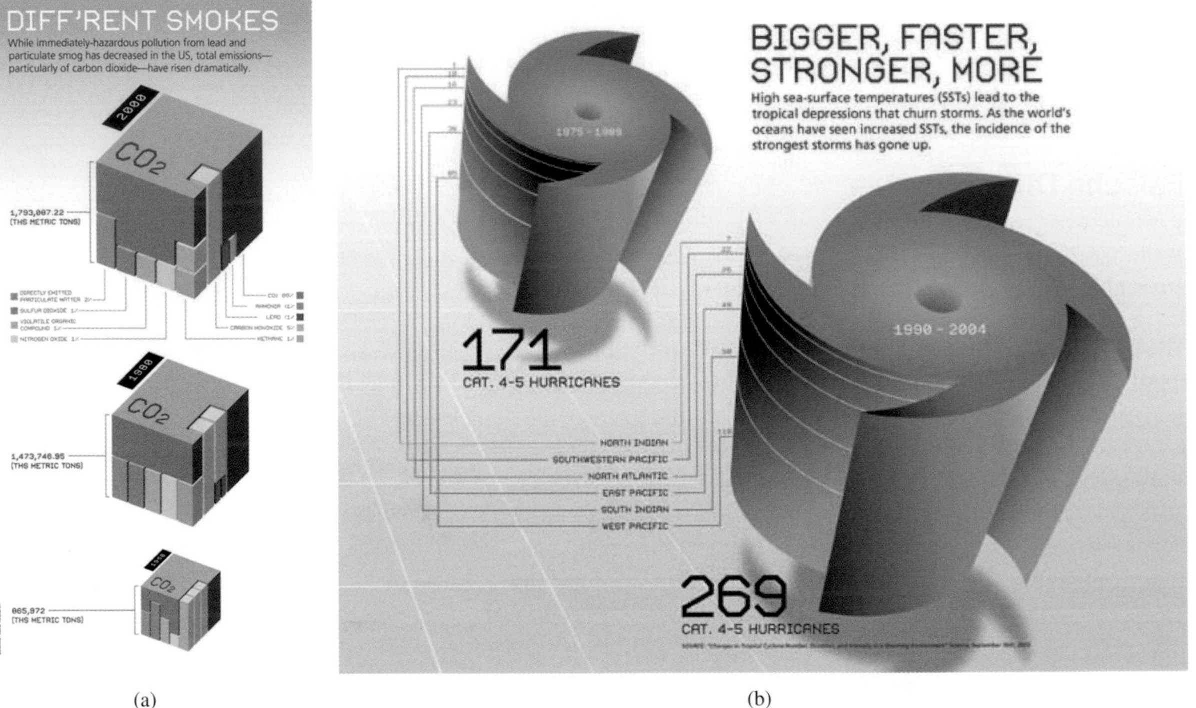

(a) (b)

Abbildung 6.21
Übertreibung durch 3-D-Darstellung.

Durch die Dimensionserhöhung auf Drei ergibt sich hier ein Lügenfaktor von über Zwei, außerdem ist nicht klar, in welcher Weise nun die Zusammensetzung der Abgase zu sehen ist, zwei- oder dreidimensional. In Abbildung 6.21 b wird ebenfalls die Dimension erhöht, allerdings vermindert sich der übersteigerte Größenunterschied durch die perspektivische Darstellung wieder.

Viel schlimmer an dieser Darstellung ist die Verwirrung, die durch das Design hervorgerufen wird. In der Abbildung geht es um die Häufigkeit von starken Wirbelstürmen in den Zeitabschnitten zwischen 1975 und 1989 sowie 1990 und 2004. Schauen wir uns die dargestellten Werte einmal in einer Tabelle an:

	1975–1989	1990–2004
Nordindien	1	7
Südwestpazifik	10	22
Nordatlantik	16	25
Ostpazifik	36	49
Südindien	23	50
Westpazifik	85	116

Sehr schnell ist zu erkennen, dass sich die Häufigkeit in mehreren Fällen verdoppelt, in einem Fall sogar versiebenfacht hat. In Abbildung 6.21 b ist diese Entwicklung für die Regionen jedoch fast nicht zu erkennen. Schlimmer noch: Die Linien, die die Regionen für die beiden Zeitabschnitte verbinden, überkreuzen sich, um in beiden Fällen eine aufsteigende Sortierung zu erhalten. Dies macht aber den Querbezug noch schwieriger. Hätte man es bei der Tabelle belassen, wäre viel gewonnen gewesen.

Grundsätzlich kann man sagen, dass durch Dimensionserhöhung typischerweise der Lügenfaktor einer Darstellung vergrößert wird und man selten etwas zur Verständlichkeit beiträgt. Man sollte sie daher vermeiden, es sei denn, man ist sich über die perzeptuellen Auswirkungen im Klaren.

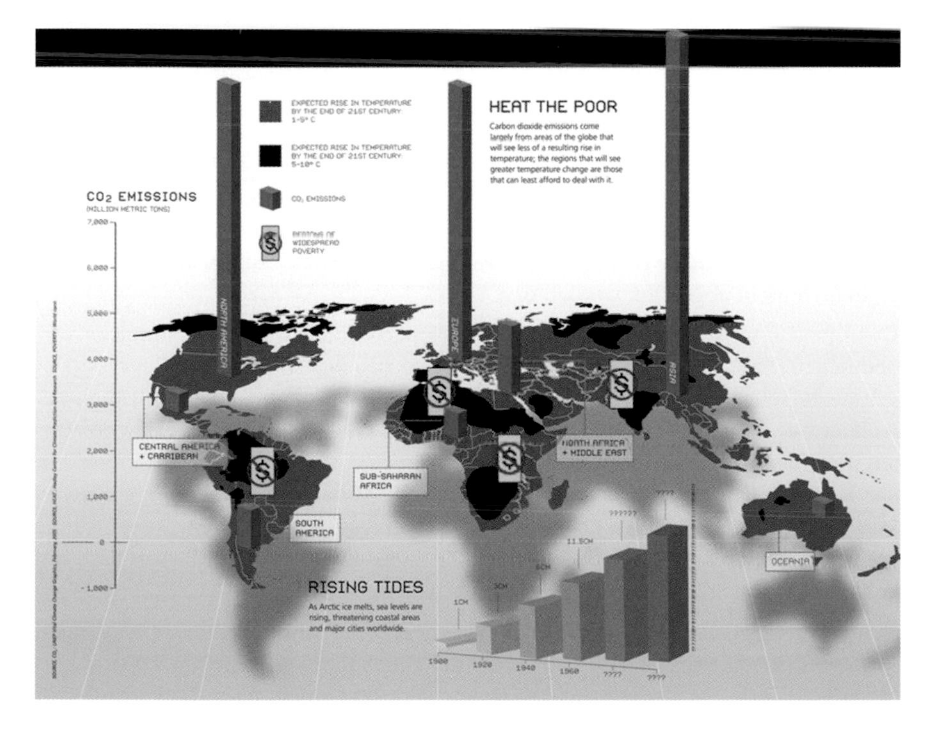

Abbildung 6.22
Was wird hier ausgesagt?

Zu viel Design

Waren die vorangehenden Bilder schon schöne Beispiele für ein Design, das die Lesbarkeit eher vermindert statt unterstützt, so ist es in Abbildung 6.22 noch schlimmer. Hier sind verschiedene Parameter wie Stärke der globalen Erwärmung, Anstieg der Meere und die CO_2-Emission in einem einzigen Schaubild angegeben. Durch das Design, welches Flächen und Volumina gleichzeitig benutzt und zusätzlich Symbole hinzunimmt, ist die Bildaussage nur schwer zu ermitteln. Im unteren Teil ist ferner der Anstieg der Meere aufgezeichnet, allerdings fehlen an zwei

Stellen die Jahreszahlen und die Stärke. Kurzum, so sollte man es nicht machen – und wenn Sie wirklich herausfinden wollen, was in einer gestalterisch übertriebenen Visualisierung dargestellt wird, so ist es immer ratsam, wie oben einfach eine Tabelle aus den Werten zu machen, um so den Kern der Darstellung zu erfassen.

Dieses Vorgehen dreht natürlich den eigentlichen Sinn der Visualisierung um, soll sie uns doch helfen, komplizierte Tabellen durch geeignete visuelle Form leicht aufzunehmen. Wenn aber Darstellungen mit relativ wenigen Daten visuell aufgepeppt werden, so ist dies in vielen Fällen komplett überflüssig und wenig hilfreich für das Verständnis.

Vorgetäuschte Klarheit

In vielen Fällen sind die angezeigten Daten in einer Visualisierung unsicher, etwa weil sie statistisch erhoben wurden oder nur ungenau messbar sind. In diesen Fällen wird zum besseren Verständnis der Daten oftmals eine Kurve in die Messwerte hineingelegt, um auf diese Weise einen klaren Trend sichtbar zu machen.

Das Problem bei diesem Vorgehen ist jedoch die Mehrdeutigkeit vieler Daten, die einen eindeutigen Trend, wie er durch die Kurve angezeigt wird, gar nicht zulassen. Die Abbildung erzeugt einen Eindruck von Klarheit, der aus den Daten eigentlich nicht abgeleitet werden darf.

Der Effekt lässt sich gut an den schon verwendeten Gebrauchtwagenpreisen verdeutlichen. In Abbildung 6.23 a sind die Preise zusammen mit einer Regressionsgerade zu sehen, die mittels eines mathematischen Verfahrens aus den Daten berechnet werden kann. Diese Gerade repräsentiert eine geglättete Variante der Daten unter der Annahme, dass es sich um eine lineare Verminderung der Preise mit der Kilometerleistung handelt. In Abbildung 6.23 b wurde mittels eines anderen Verfahrens durch dieselben Daten eine Kurve gelegt. Auch sie repräsentiert eine geglättete Variante der Daten, diesmal aber unter der Annahme, dass es sich um keine lineare, sondern um eine gekrümmte Abnahme handelt.

Beide Verfahren sind in sich korrekt, sie arbeiten nur mit verschiedenen Voraussetzungen, die typischerweise vom Autor der Darstellung vorgegeben werden. Das eigentliche Problem ist, dass aus den Daten eben kein eindeutiger Rückschluss auf eine Form der Kurve gezogen werden kann. Werden daher die Kurven alleine gezeigt (Abbildung 6.23 c und d), so handelt es sich um vorgetäuschte Klarheit.

In der Statistik ist dieses Problem bekannt, die Daten werden in diesem Fall nicht als einzelne Werte oder Kurven dargestellt, sondern mit so genannten Konfidenzintervallen angegeben. Diese Intervalle beschreiben einen Bereich, innerhalb dessen sich der wahre Wert mit hoher Wahrscheinlichkeit befindet. Bezogen auf die Autopreise wäre dies eine Darstellung, die neben der mittleren Regressionsgerade den Bereich angibt, in dem diese Gerade noch liegen könnte (Abbildung 6.23 e).

Vorgetäuschte Klarheit ist in einer Darstellung leider vielfach nicht zu erkennen, da es für den Betrachter nicht klar ist, welche Datenlage vorliegt und ob die Werte aufgrund unsicherer Messungen gewonnen wurden oder nicht. Werden die Anga-

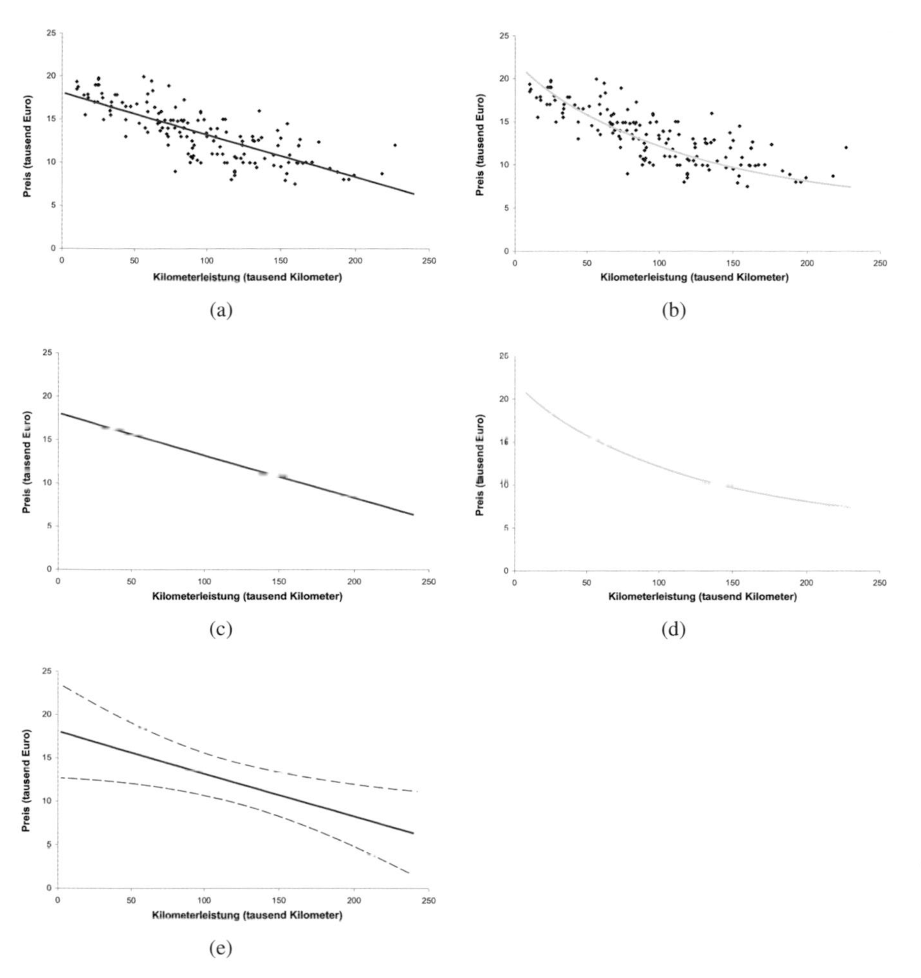

Abbildung 6.23
Regressionsfunktionen: a) Gerade durch lineare Regression; b) Kurve durch Regression höherer Ordnung; c) bis d) Darstellungen ohne Punkte; e) Darstellung mit Konfidenzintervall.

ben über die Qualität der Werte weggelassen, so kann der Betrachter nur anhand weiterer Informationen mutmaßen, ob eine Darstellung adäquat ist oder nicht.

„Glätten von Diagrammen ist manchmal erlaubt und unterliegt der subjektiven Wertung des Wissenschaftlers“, schreibt die von der Universität Konstanz eingesetzte Kommission zur Verantwortung in der Wissenschaft (siehe [72]). Die Kommission hatte sich mit dem Fall Jan Hendrik Schön auseinanderzusetzen, dem Auslöser für den bisher wohl größten Fälschungsskandal der modernen Wissenschaft. Schön hatte an der Universität Konstanz im Fach Physik promoviert und danach in den USA eine kometenhafte Karriere gestartet, die ihn bis zum Kandidaten für den Nobelpreis aufsteigen ließ. Dann stellte sich allerdings heraus, dass in 16 von 25 untersuchten Arbeiten massive Datenfälschungen enthalten waren. Diese waren trotz der Begutachtung renommierter Wissenschaftler nicht aufgefallen, da Schön äußerst trickreich und mit betrügerischer Absicht Diagramme, Messwerte und Prozessbeschreibungen manipuliert hatte. In der Kommission wurde daraufhin über die Zulässigkeit von Glättungen in Diagrammen gestritten mit dem Ergebnis, dass ohne eine gewisse Interpretation der Daten in manchen Fällen keine aussagekräftigen Darstellungen zu erhalten sind. Dieses Dilemma begleitet die moderne Wissenschaft an allen Stellen, an denen komplexe Prozesse oder Daten ausgewertet werden müssen.

6.4 Einige Regeln für gute Visualisierungen

Im Gegensatz zu den Bildern aus den vorangehenden Kapiteln täuschen uns Visualisierungen also nicht durch das Vorspiegeln von Realität im darstellenden Sinne. Stattdessen können Fakten durch Farben und Formen verschleiert oder visuell überhöht werden. Clevere Autoren greifen dabei oftmals auf die Gesetze der Wahrnehmungspsychologie zurück, um den Betrachter in die Irre zu führen (siehe Kapitel 2). Es ist daher sinnvoll, Regeln für Visualisierungen zu definieren, die es den Autoren erlauben, innerhalb ihrer gestalterischen Rahmenbedingungen gut aussehende Darstellungen herzustellen, dem Betrachter aber die Sicherheit geben, nicht getäuscht zu werden:

1. **Legende und Überschrift:** Jede Darstellung, die nicht für sich selbst spricht, also Farben oder Formen zur Anzeige von Werten verwendet, muss eine Legende besitzen, welche die verwendete Abbildung der Werte auf die Farbe oder Form beschreibt. Zusätzlich sollte in den Fällen, in denen es nicht eindeutig aus dem Zusammenhang hervorgeht, eine Überschrift die Darstellung beschreiben.

2. **Achsen:** Achsen sollten grundsätzlich vollständig vorhanden sein, wenn Werte in einem Koordinatensystem abgebildet werden. Wird der Bezugspunkt für eine Achse verschoben, um Platz zu sparen oder kleinere Änderungen eines Wertes anzuzeigen, so muss die Achse auch visuell unterbrochen sein. Ist der Lügenfaktor sehr hoch oder sehr klein ($< 0{,}5$ oder > 2), so sollte zusätzlich in der Überschrift der Zusatz „(stark vermindert)“ oder „(stark überhöht)“ vorkommen.

3. **Dimension:** Die Werte sollten in derjenigen Dimension dargestellt werden, die ihnen entspricht, also eindimensionale Symbole wie etwa Punkte für einzelne Zahlenwerte. Werden Flächen oder Volumina verwendet, so ist der Inhalt korrekt darzustellen.

4. **Farben:** Farben sollten so gewählt werden, dass Abstände in den Werten über perzeptuell entsprechende Abstände in den Farben repräsentiert werden. Werden Farbskalen verwendet, so ist die Abbildung von Werten auf Farbe in der Legende anzugeben.

5. **Design:** Die grafische Ausgestaltung sollte so zurückhaltend wie möglich sein, sodass die Werte im Vordergrund stehen. Grundsätzlich sollte gelten: Wenn eine Tabelle leichter zu lesen ist als die entsprechende Visualisierung, sollte die Tabelle verwendet werden.

6. **Unsichere Daten:** Bei statistisch erhobenen oder anderweitig unsicheren Daten sollten die möglichen Kurvenverläufe durch Konfidenzintervalle auch angezeigt werden.

Werden diese Regeln beherzigt, so sind Visualisierungen zumindest im Wesentlichen getreue Abbilder der unterliegenden Daten. Wir als Betrachter sollten uns angewöhnen, darauf zu achten und misstrauisch zu werden, wenn offensichtliche Missachtungen vorliegen oder uns eigenartige Darstellungen begegnen.

6.5 Visualisierung des Unsichtbaren

Anhand von einigen Beispielen aus der Informationsvisualisierung habe ich mich bemüht, problematische Aspekte dieser Art von Bildern aufzuzeigen. Auch in der wissenschaftlichen Visualisierung kann man auf ähnliche Weise Daten verfälschen, auch hier gelten die oben genannten Regeln für gute Darstellungen.

Ich möchte das Kapitel jedoch mit zwei wissenschaftlichen Visualisierungen abschließen, die beide ganz hervorragend gemacht sind, aber noch einmal ganz neue Fragen aufwerfen. Beide zeigen eigentlich unsichtbare Dinge und erzeugen durch ihre visuelle Kodierung einen Eindruck beim Betrachter, der der Realität nicht mehr entspricht.

Abbildung 6.24
Rasterkraftmikroskopie einer Virusoberfläche.

Abbildung 6.24 ist eine Aufnahme von kristallinen Viruspartikeln mithilfe eines Rasterkraftmikroskops und zeigt deren Oberfläche mit Proteinstrukturen. Ähnliche Aufnahmen gibt es von Atomgittern und allen Arten von Molekülen. Die Aufnahmetechnik erlaubt völlig neue Einsichten in kleinste Strukturen und ist ein Wunderwerk der Technik. Problematisch ist nur die Vorstellung, die mit den Bildern im Kopf des ungeschulten Betrachters erzeugt wird.

Atomare Strukturen sind nicht sichtbar, sie haben keine Oberfläche im eigentlichen Sinn, das Gezeigte ist eine Potentialfunktion und eben keine gebirgsartige

Oberfläche. Die fantastischen Bilder dieser Mikroskope tragen die Gefahr in sich, dass wir das Gezeigte als Realität ansehen und damit zu einer Anschauung solcher kleinen Strukturen zurückkehren, die man eigentlich in der modernen Physik schon längst abgelegt hat.

Abbildung 6.25
Astronomisches Bild als Kombination von unterschiedlichen Strahlungsarten.

Das zweite Beispiel zeigt hingegen eine sehr große Struktur: die Überreste des vor 300 Jahren in einer Supernova-Explosion zerborstenen Sterns Cassiopeia A. Das Interessante an dem Bild ist die Kombination von drei unterschiedlichen Signalen. Infrarotstrahlung wurde mit dem Spitzer-Teleskop gemessen und ist in roter Farbe dargestellt. Das sichtbare Licht wurde mit dem Hubble-Weltraumteleskop aufgenommen und ist gelb abgebildet. Zusätzlich wurden Daten des Chandra-Radioteleskops hinzugenommen, die in zwei Frequenzen als blaue und grüne Strukturen erscheinen.

Für den Astronomen bietet die Darstellung eine hervorragende Möglichkeit, die Zusammenhänge zwischen den Strukturen der einzelnen Strahlungsarten zu erforschen. Er weiß, dass er hier ein Bild vor sich hat, das in dieser Form normalerweise nicht existiert. Für den Normalbetrachter jedoch formt sich ein Bild vom Weltall, das noch weit spektakulärer ist als die Wirklichkeit. So erweitern beide Darstellungen unsere Sinnesorgane mithilfe der Visualisierung und sind gleichzeitig gefährlich, weil sie uns durch die Visualisierung eine Anschauung vermitteln, die es nicht gibt.

6.6 Resumee

Manipulierte Visualisierungen beeinflussen Meinungen und Entscheidungen wahrscheinlich weit mehr als manipulierte Fotos. Sie suggerieren Entwicklungen und Zusammenhänge, wo keine sind. Sie können Massen mobilisieren, weil sie auf einen Blick zeigen, wie dramatisch eine Lage angeblich ist.

Ein aktuelles Beispiel ist die Kurve der durchschnittlichen Erdtemperatur, die so genannte Golfschlägerkurve, welche in der Klimadebatte eine wichtige Rolle spielt. Sie zeigt einen relativ konstanten Verlauf der Temperatur bis in die Neuzeit, wo ein rapider Anstieg zu sehen ist. Obwohl die grundsätzliche Aussage der Kurve wohl richtig ist – der Mensch verursacht wohl einen Teil der Erderwärmung – ist die zugrunde liegende Datenbasis und auch die Darstellung selbst häufig kritisiert worden, weil sie einen Prozess suggeriert, der in dieser Dramatik nicht stimmt. Dennoch hat die Kurve gerade in den USA viel dazu beigetragen, dass man sich mit dem Problem beschäftigt. Sie hat die Meinung weit mehr beeinflusst als alle früheren Reden und Publikationen der Forscher. Hüten wir uns also davor, die Suggestivkraft solcher Darstellungen zu unterschätzen.

Nach diesem Ausflug in die Visualisierung möchte ich im folgenden Kapitel noch einmal zu den Fotografien zurückkehren, diesmal aber steht die Frage im Vordergrund, wie man Bildmanipulationen technisch erkennen kann und wie Bilder zu schützen sind. Die Lage ist glücklicherweise nicht ganz hoffnungslos, viele Tricks können tatsächlich vom Computer detektiert werden. Solche Verfahren werden in der Zukunft helfen, Manipulationen zumindest zu erschweren.

Manipulation technisch erkennen

Digitale Forensik

Die technischen Möglichkeiten der vorangehenden Kapitel haben gezeigt, dass wir einen verlorenen Kampf kämpften, wollten wir Bildmanipulationen zweifelsfrei erkennen. Da ist zuerst das Problem des Anfangsverdachts, der gegeben sein muss, um überhaupt ein Bild einer näheren Prüfung zu unterziehen. In vielen Fällen wurden Manipulationen durch Zufall aufgedeckt oder weil die Autoren das Geheimnis ausplauderten. Eine gut gemachte Manipulation wird jedoch nur selten durch flüchtiges Anschauen offenbar. In der Flut der Bilder ist es daher ziemlich unwahrscheinlich, dass sich genügend Verdachtsmomente auf ein Bild konzentrieren, um eine Prüfung einzuleiten.

Dennoch beschäftigt man sich intensiv mit diesem Thema. So findet in prominenten wissenschaftlichen Zeitschriften wie *Science* und *Nature* zur Zeit eine ausführliche Diskussion über den Umgang mit Fälschungen und Fälschungsversuchen statt. Die Ursache sind gehäuft auftretende Fälle von unzulässigen Bildmanipulationen in eingereichten Artikeln. Erste Analysen in einzelnen Zeitschriften ergaben, dass mitunter ca. 20 % der Artikel Bilder mit unzulässigen Veränderungen beinhalteten. In einem Prozent der Fälle war dies mit Fälschungsabsicht geschehen. Die Analysen wurden bisher mit sehr primitiven Mitteln durchgeführt. Es ist zu erwarten, dass ein wesentlich höherer Prozentsatz entdeckt wird, wenn die Methoden sich verbessern. Daher stellt sich die Frage, ob es technische (und möglichst automatische) Möglichkeiten zur Aufdeckung solcher Manipulationen gibt.

Aufdeckungsmethoden →

Momentan gibt es noch relativ wenige Forscher, die sich mit dieser Frage befassen. Bekannt wurden die Arbeiten von Hany Farid und seiner Gruppe am Dartmouth College in New Hampshire, USA. Seit einigen Jahren beschäftigt er sich mit statistischen Methoden zur Aufdeckung von Bildmanipulationen. Hier versucht man, möglichst automatisch aufgrund der Pixelwerte in Bildern Fälschungen aufzudecken. Einige dieser Verfahren möchte ich im Folgenden kurz erläutern. Wir werden sehen, dass es hier viele methodische Gemeinsamkeiten zu den Ansätzen gibt, die ich schon für die Bilderzeugung und -manipulation beschrieben hatte.

Eine Analyse mit statistischen Methoden ist aber meist schwieriger durchzuführen, als ein Bild zu fälschen – und leider findet sich für jede neue Analysemethode auch ein Verfahren, um sie auszuhebeln. Der Sinn solcher Analysemethoden liegt eher darin, das Niveau hochzuschrauben und die Anzahl der Personen, die in der Lage sind, Bilder unbemerkt zu fälschen, so weit als möglich einzuschränken. Ähnliche Spiele zwischen Herstellern und Fälschern kennt man aus anderen Bereichen wie etwa der Geldfälschung oder der Datenverschlüsselung.

Neben der statistischen Analyse ist unser Auge auch weiterhin ein wertvoller Sensor. Oftmals finden wir ein Bild einfach nicht stimmig, irgendetwas stört uns, ohne dass wir es benennen könnten. Dies kann der Anstoß sein, ein Bild näher anzusehen und weitere Hilfsmittel einzusetzen. Der große Vorteil statistischer Methoden ist jedoch ihre Beweiskraft. Wenn Regionen in einem Bild eindeutig als manipuliert identifiziert werden können, so hat das auch vor Gericht Bestand. Ein Bild zweifelsfrei als echt zu klassifizieren, ist hingegen viel schwerer. Glücklicherweise drehen sich viele Prozesse um den Vorwurf der Fälschung und Verleumdung mit Bildern – denken Sie nur an die vielen Klagen gegen Boulevardzeitschriften.

7.1 Verdoppelung von Bildregionen

Sehen Sie noch einmal Abbildung 3.5 an. Dort wurde ein Bildteil kopiert und über das störende Plakat montiert. Nach dieser Operation sind einige Pixel des Bildes mitsamt ihrer gesamten Nachbarschaft zweifach vorhanden. Man könnte also das Bild absuchen und alle Pixelnachbarschaften danach untersuchen, ob sie noch einmal im Bild vorkommen. Leider ist dies aber ein sehr kompliziertes Problem – der Rechner würde sehr viel Zeit benötigen, um jedes Pixel mit allen seinen näheren Nachbarn auf Ähnlichkeit mit irgendeinem der anderen Pixel abzusuchen. Besser ist es, das Bild in kleine Blöcke zu zerlegen und diese nicht Pixel für Pixel zu vergleichen, sondern zuerst nach groben Ähnlichkeiten zu suchen und, falls diese vorhanden sind, nach feineren. So spart man sich viel Aufwand und ist in der Lage, auch große Bilder zu bearbeiten [64].

Für die vielen kleineren Blöcke, die an anderen Stellen im Bild wiedergefunden wurden, erstellt man jeweils einen Verschiebungsvektor, der angibt, wie viele Pixelpositionen entfernt der Block im selben Bild noch einmal auftaucht. Ist für viele nebeneinander liegende Blöcke der Verschiebungsvektor gleich – wurden also alle Blöcke um dieselbe Entfernung und Richtung verschoben – so scheint insgesamt ein größerer Bereich verschoben worden zu sein. Dieser wird dann im Bild farblich markiert. Das Verfahren funktioniert auch für Bilder, die anschließend weiterverarbeitet und mit Qualitätsverlust abgespeichert wurden. Da das Verfahren relativ schnell abläuft und eindeutige Ergebnisse ohne weiteren Eingriff des Benutzers produziert, ist es ein Kandidat für eine flächendeckende Prüfung von Bildern.

7.2 Bearbeitete Teilstücke von Bildern

Wie aber erkennt man, ob der Bildfälscher ein Teilstück vergrößert oder dreht, um etwas zu verdecken oder anderweitig zu verändern? Diesmal gibt es keine doppelten Pixel, die man detektieren könnte – glücklicherweise aber andere Spuren. Nehmen wir einmal an, der Bildfälscher hätte ein Teilstück des Bildes um den Faktor zwei vergrößert. Um es noch einfacher zu machen, nehmen wir an, das Stück sei eindimensional, wäre also nur eine Bildzeile (Abbildung 7.1).

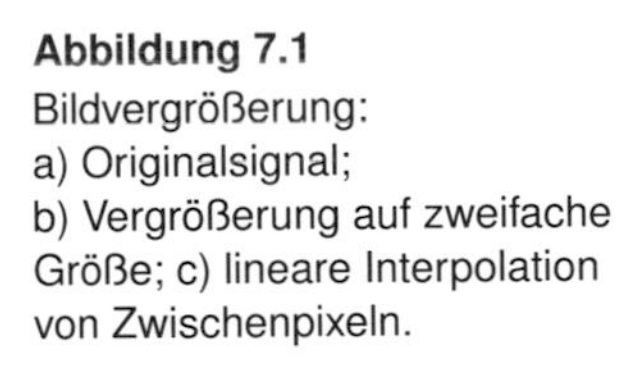

Abbildung 7.1
Bildvergrößerung:
a) Originalsignal;
b) Vergrößerung auf zweifache Größe; c) lineare Interpolation von Zwischenpixeln.

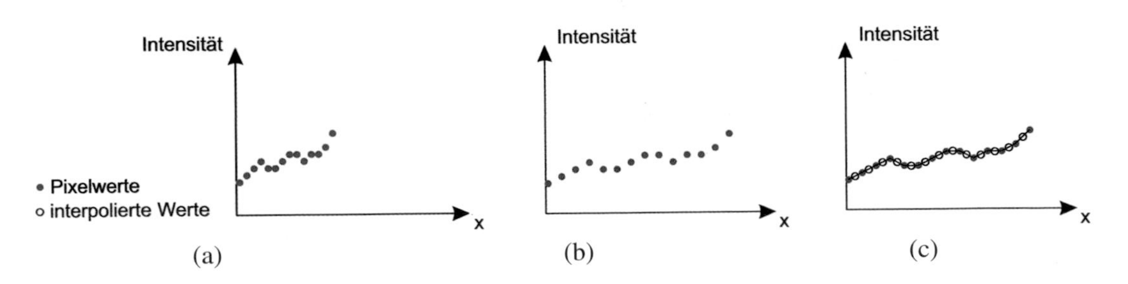

Bei der Vergrößerung werden die Originalpixel zuerst auseinandergezogen, beim Faktor zwei landet jedes Pixel wieder genau auf einer Pixelposition, dazwischen muss aber zusätzlich jeweils ein Pixel eingefügt werden, da das Teilstück ja doppelt so groß werden soll. Im einfachsten Fall führt man eine lineare Interpolation durch, d. h., die neu einzufügenden Pixelwerte entstehen durch Mittelwertbildung der beiden jeweiligen Nachbarpixelwerte (Abbildung 7.1 c).

Im neuen Bild stammt also jedes zweite Pixel aus dem Originalbild, während jedes andere zweite durch Interpolation entstand. Dieser Unterschied ist statistisch messbar und ergibt – bei allen Vergrößerungen und auch bei komplizierteren Interpolationen – immer wieder charakteristische Muster in entsprechenden statistischen Messfunktionen.

Die Rotation erzeugt ähnliche Spuren. Auch hier werden Teile der Pixel auf jeweils dieselbe Weise aus den Originalpixeln erzeugt und hinterlassen charakteristische Muster [65]. Ein Analyseprogramm gibt bei solchen Bearbeitungsformen ein Diagnosebild aus, bei dem diese Muster sichtbar gemacht werden. Ein geübter Betrachter sieht dann sofort, was am Bild geändert wurde.

7.3 Inkonsistente Beleuchtung

Schon in Abbildung 4.12 haben wir gesehen, wie störend es sein kann, wenn die Beleuchtung von Vordergrund und Hintergrund nicht übereinstimmt. Werden mehrere Personen zusammen kopiert, dann können ebenfalls inkonsistente Beleuchtungen aufeinandertreffen. Das Problem ist nur, dass wir dies selten wahrnehmen, wenn die Personen nicht direkt beieinander stehen. Es gibt wahrnehmungspsychologische Untersuchungen, die sogar belegen, dass wir immer nur lokal auf die Konsistenz des Gesehenen achten, unser Gehirn aber globale Übereinstimmung nicht für wichtig hält.

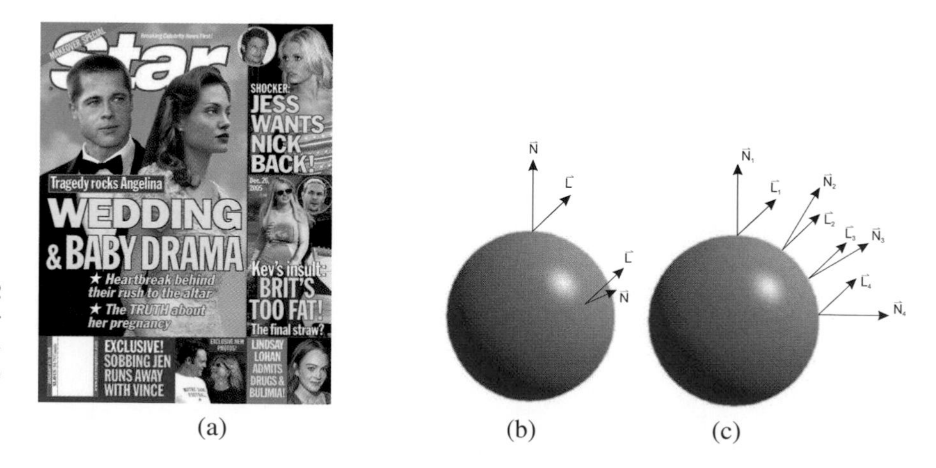

Abbildung 7.2
Cover des *Star* vom 16. Januar 2006 sowie Positionsabschätzung für eine Lichtquelle.

Auch die beiden Schauspieler in Abbildung 7.2 wurden zusammenmontiert. Das Licht kommt für Brad Pitt von der linken Seite, für Angelina Jolie hingegen von rechts. Schauen Sie hierfür insbesondere die Schattenbereiche an, die für beide Schauspieler auf der jeweils entgegengesetzten Seite liegen.

Wir erwarten nichts anderes von solchen Boulevardzeitschriften, aber sie bieten ein gutes Testfeld, um die Qualität von Manipulationen abzuschätzen. Die Beleuchtung ist hierbei ein besonders gutes Mittel zur Aufdeckung von Ungereimtheiten, da sie in den Quellbildern nur schwer zu verändern ist. Wir haben in Abschnitt 5.5 gesehen, wie viel Aufwand dies alleine für Gesichter erfordert.

Zum Nachweis einer inkonsistenten Beleuchtung versucht man, aus dem jeweiligen Objekt Schätzwerte für die Position der Lichtquelle zu erhalten. Dazu muss man jedoch ein paar Annahmen machen: Das Objekt darf nur diffus reflektieren (siehe Abschnitt 5.1) und muss an allen Messpositionen die gleichen Materialeigenschaften haben [38]. Glücklicherweise ist dies oft der Fall, wenn man Kleidung oder auch Gesichter von Personen vermisst.

Bei einem diffusen Material gibt es einen einfachen Zusammenhang zwischen Helligkeit, dem senkrecht zur Oberfläche stehenden Vektor (Abbildung 7.2 a) und der Richtung des Lichteinfalls. Dummerweise kennt man den Oberflächenvektor aber normalerweise nicht, nur an der Außenkante weiß man, dass er in der Bildebene senkrecht zum Objekt steht. Wählt man nun vier Messpunkte auf der Außenkante und bestimmt ihre Grauwerte, so kann man mit einem mathematischen Verfahren die Richtung der Lichtquelle schätzen, allerdings nur in der Bildebene, also nicht im dreidimensionalen Raum. Für viele Bildanalysen reicht das aber aus, anscheinend ist das Verfahren trotz der oben genannten Einschränkungen hinreichend stabil, um auf eine Reihe von Bildern angewendet werden zu können.

Abbildung 7.3
Fotomontage von John Kerry und Jane Fonda mit eingeblendeten Pfeilen zur Lichtquelle.

Abbildung 7.3 zeigt ein weiteres Beispiel der Kombination von Personen. Hier wurden John Kerry und Jane Fonda montiert, um Kerry im Präsidentschaftswahlkampf als Anti-Kriegs-Aktivisten zu diskreditieren. Obwohl das Foto nirgends gedruckt wurde, verbreitete es sich rasant im Internet. Bald wurden die Bildquellen ermittelt und die Täuschung entlarvt. Auch die automatische Beleuchtungsdetektion kann diese unterschiedlichen Beleuchungsrichtungen aufdecken (Abbildung 7.3 mitte), obwohl das Auge in diesem Fall sogar mit der Montage zufrieden ist.

7.4 Weitere Detektionsmethoden

Lassen Sie mich einige weitere Detektionsmethoden kurz erwähnen, die das bereits Beschriebene abrunden. Die Forschung befindet sich erst am Anfang dieses technisch interessanten Gebiets, daher werden die nächsten Jahre mit Sicherheit weitere Verfahren hervorbringen, zumal durch die Probleme mit (nicht nur wissenschaftlichen) Bildern eine große Nachfrage nach solchen Verfahren entstanden ist.

Jede Linse macht bei der Aufnahme eines Bildes Fehler. So sind Randbereiche zumeist dunkler und eine chromatische Aberration tritt auf, eine Farbverzeichnung durch das Glas der Linse. Je nach Wellenlänge wird das Licht unterschiedlich gebrochen und so entstehen charakteristische Farbfehler, die die Kamerahersteller zwar zu vermindern suchen, die sich aber prinzipiell nicht ganz beseitigen lassen.

Wurde in einem Bild ein Stück vom Rand in die Mitte versetzt, so kann dies anhand der Aberrationswerte entdeckt werden. In diesem Fall würde man die Farbverzeichnung des Randes in einem Bildteil der Mitte erkennen und durch Vergleichen mit der Verzeichnung der Nachbarschaft das Stück identifizieren. Dies gilt natürlich auch, wenn ein Stück von der Mitte an den Rand oder an eine andere Position verschoben wurde [39].

Kamerarauschen →

Eine weitere Spur hinterlassen die CCD-Chips der Kamera (siehe Anschnitt 5.1). Sie erzeugen ein charakteristisches Farbrauschen, welches man insbesondere bei Nachtaufnahmen mitunter störend bemerkt. Es ist in allen Bildern vorhanden und kann mit statistischen Methoden aus den Bilddaten extrahiert werden. Werden Bilder aus unterschiedlichen Quellen kombiniert, so kann man dies anhand der unterschiedlichen Rauscheigenschaften für verschiedene Teile des Bildes erkennen, zumindest wenn die Digitaldaten zur Verfügung stehen.

Video →

Auch Videosequenzen lassen sich analysieren, zumindest wenn sie in komprimierter Form als MPEG-Daten gespeichert sind. Bei diesem Verfahren wird die Bildsequenz in verschiedene Bildarten zerlegt. In regelmäßigen Abständen werden komplette Bilder über eine JPEG-Kodierung (siehe Kapitel 4) abgespeichert. Dazwischenliegende Bilder werden codiert, indem man nur die Veränderung abspeichert, die zur Erzeugung des neuen Bildes aus dem jeweils vorangehenden nötig ist. Auf diese Weise entstehen so genannte Zwischenbilder.

Wird ein MPEG-Datenstrom nach der Aufnahme codiert, später decodiert, bearbeitet und wieder neu codiert, so ergeben sich durch die zweifache Komprimierung charakteristische Artefakte, die sich in der Codierung der JPEG-Bilder und auch der Zwischenbilder zeigen. Hier sind dann bestimmte Farben bzw. Helligkeiten verstärkt, andere abgeschwächt. Dies kann man wieder statistisch ermitteln und auf diese Weise wenigstens herausfinden, ob ein Datenstrom zweimal codiert wurde [78]. In diesem Fall lohnt mitunter ein genauerer Blick auf den Inhalt, insbesondere wenn er brisant ist.

7.5 Computergrafik oder echt?

Noch einer weiteren spannenden Frage hat sich Farid mit seiner Arbeitsgruppe gewidmet: Kann man Computergrafiken statistisch von echten Bildern unterscheiden? Die Frage ist aus mehreren Gründen interessant: Zum einen ist es wichtig herauszufinden, was an Computergrafiken noch besser gemacht werden kann, sodass sie zumindest von der Bildinformation her statistisch den echten Bildern entsprechen. Zum anderen hat diese Unterscheidung auch juristisch durchaus Relevanz.

So ist es beispielsweise in den USA und weiteren Ländern verboten, kinderpornografisches Material zu besitzen, zu tauschen oder zu veräußern. Nun hat aber jüngst ein amerikanisches Gericht entschieden, dass dies nicht für Computeranimationen gilt, die kinderpornografische Szenen nachstellen! Ist das Material vollständig synthetisch, so darf man straffrei damit umgehen. Ein Gericht muss also im Zweifelsfall feststellen können, ob ein Videofilm synthetisch ist. Solche Unterschiede können also ganz schnell auch eine strafrechtliche Brisanz haben.

Jedenfalls ist es Farid und seiner Gruppe gelungen, ein Programm zu schreiben, welches automatisch 98 % der Computergrafikbilder als solche entlarvt und immerhin fast 70 % der realen Fotografien als echt [53]. Bei umfangreichen Tests wurden nur etwa 2 % der Computergrafiken als echt angesehen, während 30 % der Fotografien als Computergrafiken falsch klassifiziert wurden.

Das Programm ist also wesentlich besser bei der Beurteilung von Computergrafiken als von Bildern. Die Methode untersucht neben anderen Werten auch die räumlichen Frequenzen in den Bildern und ihre Verteilung. Ein Bild mit vielen hohen Frequenzen enthält viele Details, während ein Bild mit überwiegend niedrigen Frequenzen eher glatte Objekte beschreibt. Zwischen Computergrafiken und realen Fotos bestehen signifikante Unterschiede in der Verteilung dieser Frequenzen, es sind also auf verschiedene Weise glatte und detaillierte Objekte vereint. Vielleicht liegt das daran, dass die synthetischen Bilder immer noch zu wenig Details enthalten, zu wenig Schmutz, zu wenige Unregelmäßigkeiten.

7.6 Digitaler Schutz für echte Bilder?

Den Eingriff in digitale Bilder zu erkennen, ist das eine, wirkungsvoller wäre es natürlich, ihn von vornherein zu vermeiden. Leider aber hat die kurze Geschichte digitaler Medien bislang immer gezeigt, dass es schier unmöglich ist, diese wirksam zu schützen. Jeder Kopierschutz wurde gebrochen und alle Versuche der Industrie unterlaufen, digitale Rechte durchzusetzen. Noch wurde kein System entworfen, in das Hacker nicht doch Einlass gefunden hätten.

Genauso sind auch alle Versuche der Journalistenverbände zur Etablierung ethischer Grundsätze immer wieder von Einzelnen missachtet worden. Solange für Bilder – und gerade auch unerlaubt aufgenommene – enorme Summen gezahlt werden, ist die Versuchung einfach zu groß. Daher kann ein digitaler Schutz für echte, nichtmanipulierte Bilder immer nur die Schwelle für die Fälschung nach oben treiben, die Messlatte höher hängen. Es wird immer wieder Personen geben, die aus intellektueller Herausforderung oder aus Profitgier Wege finden, solche Schranken zu umgehen. Die im Folgenden skizzierten Mechanismen dürfen also nicht als hochwirksame Waffe zur Vermeidung von Bildmanipulationen verstanden werden, vielmehr sollen sie authentische Bilder aus der Masse der Bilder herausheben und ihnen damit die Aufmerksamkeit geben, die sie verdienen. Ihre Fälschung ist immer noch möglich, aber viel schwerer durchzuführen.

Qualitätssiegel →

Wir sollten nämlich die Beweislast umdrehen: Jedes Bild ist gefälscht, solange es nicht explizit sagt, es sei authentisch. Man könnte ein Qualitätssiegel einführen, einen Stempel oder kleines Symbol, welches einem Bild die Eigenschaft „authentisch" zuordnet. Alle anderen Bilder müssen grundsätzlich als manipuliert angesehen werden.

Hat ein Bild den entsprechenden Stempel, so muss es digital auf der Webseite des Verlages verfügbar sein und der Betrachter muss auf seinem Rechner ein von ihm zu wählendes, frei verfügbares Analyseprogramm auf das Bild anwenden können. Natürlich müssen dabei die Rechte der Bildautoren gewahrt bleiben. Zur Analyse wird ein digitales Bildformat eingeführt, welches alle Arbeitsschritte von der Rohaufnahme bis zur Veröffentlichung speichert und es dem Benutzer ermöglicht, diese nachzuvollziehen. Damit können am Bild die Veränderungen vorgenommen werden, die fürs Drucken notwendig sind, wie etwa Ausschnittbildung, Farb- und Kontrastanpassung, Schärfen oder Weichzeichnen. Der Betrachter hingegen hat mit diesem Format eine schlüssige Kette vom Rohbild zum Druckbild. Moderne Bildverarbeitungsprogramme haben bereits einen entsprechenden Modus eingeführt, der alle Veränderungen protokolliert und diese in einem Bildformat auch speichert. Hier haben wir schon einen Schritt in diese Richtung, die originale Bilddatei wird nicht mehr verändert und steht damit auch späteren Veränderungen weiter zur Verfügung.

Wie kann man aber sicherstellen, dass die Ausgangsdatei nicht schon manipuliert wurde? Dies ist ein wesentlich komplizierteres Problem und Fälscher würden sicher hier ansetzen. Als Gegenmaßnahme könnte bereits in der Kamera von jedem aufgenommenen Bild ein digitaler Fingerabdruck hergestellt werden, eine relativ kleine Menge an Informationen, die aus dem Bild berechnet werden und für jedes Bild bezeugen, dass es tatsächlich mit dieser Kamera aufgenommen wurde. Solche Signaturen nehmen so wenig Platz ein, dass sie in nächster Zukunft in den Kameras gespeichert werden könnten für alle jemals mit dieser Kamera aufgenommenen Bilder. Um festzustellen, ob ein Bild tatsächlich mit der Kamera des Fotografen aufgenommen wurde, müsste man nur aus dem vorliegenden Rohbild den digitalen Fingerabdruck erzeugen und ihn mit den Werten vergleichen, die der Fotograf im Internet publiziert hat.

Um zu fälschen, hätte der Fotograf nun immer noch zwei Möglichkeiten: Erstens könnte er die Daten der Kamera manipulieren, indem er ein gefälschtes Bild zwischen die echten mogelt. Das müsste durch geeignete Protokolle in der Kamera verhindert werden, was gar nicht so schwer ist, da eine Kamera heute sowieso ein Kleincomputer ist und Datenverschlüsselung problemlos beherrschen sollte.

Zweitens könnte er der Kamera vorgaukeln, dass sie eine echte Szene aufnimmt, in Wirklichkeit ist sie aber nur auf einen Bildschirm oder Ausdruck gerichtet, auf dem das bereits gefälschte Bild zu sehen ist. Jeder, der sich mit Fotografie beschäftigt weiß aber, dass dies ziemlich schwer zu bewerkstelligen ist. Als Monitor bräuchte man ein Spezialgerät, welches die hohen Kontraste und gleichzeitig vielen Details darstellen kann, die bei der Aufnahme echter Szenen entstehen (siehe Abschnitt 2.1). Mit einem Druck wäre dies ebenfalls sehr schwer zu erreichen, da auch hier der Kontrast viel kleiner als in der Natur ist.

Die gewonnenen Daten würden außerdem, da sie ja auch durch Manipulation früherer Bilddaten entstanden sind, mit ziemlicher Sicherheit durch die oben beschriebenen statistischen Verfahren aufgedeckt werden können, da auch ihre Charakteristik durch die Modifikationen verändert worden wäre. Das Schutzverfahren für das Qualitätssiegel hätte also drei Komponenten: Kameras und andere Aufnahmegeräte geben auf gesicherte Art Auskunft über die mit ihnen gemachten Bilder. Gedruckte Bilder mit Qualitätssiegel sind digital verfügbar und die Rohdaten können daraufhin geprüft werden, ob sie auch wirkliche Rohdaten sind. Zusätzlich werden durch geeignete Bildformate die prüfbaren Rohdaten samt allen danach ausgeführten Operationen abgelegt und dem Betrachter Computerprogramme zur Verfügung gestellt, mit dem er alle Modifikationen nachverfolgen kann.

Kein Journalist und keine Zeitung ist gezwungen, solch einen Qualitätsschutz aufzubauen. Seriöse Zeitschriften könnten sich damit aber von anderen abgrenzen und Forscher, die ihre Glaubwürdigkeit beim Einreichen von Manuskripten gestärkt sehen wollen, könnten sich damit ausweisen. Als Leser müsste man nur lernen, alle Bilder ohne solch ein Qualitätssiegel automatisch als Fälschungen anzusehen.

Natürlich ist es dem durchschnittlichen Leser einer Boulevardzeitschrift ziemlich egal, wie die Bilder entstanden sind, die er wöchentlich kauft. Gerade aber seriöse Medien sehen sich zunehmend unter Druck, geprüfte Qualität zu verkaufen. Aus dieser Notwendigkeit und auch aus der Tatsache heraus, dass in vielen Fällen die Redaktionen der Medien selbst durch die Fotografen getäuscht wurden, ergäbe sich eine hinreichende Motivation für die Einführung solcher Verfahren.

7.7 Digitale Wasserzeichen

Eine weitere Form des Schutzes von Bildern sind digitale Wasserzeichen. Hierbei handelt es sich um Informationen, die direkt in das Bild hineinkodiert sind, also nicht einfach herausgelöst werden können. Es gibt sichtbare und unsichtbare Wasserzeichen. Als sichtbare Wasserzeichen finden wir sie in Form von Firmennamen in vielen Bildern im Internet. Unsichtbare Wasserzeichen können nur durch Spezialprogramme sichtbar gemacht werden und dienen dazu, unerlaubte Publikation oder sonstige Verwendung gerichtsfest nachzuweisen.

Im Gegensatz zum oben beschriebenen Schema des Bildschutzes dient ein Wasserzeichen primär nicht zum Schutz der Unversehrtheit des Bildes, sondern zum Nachweis des Rechteinhabers. Es gibt eine Reihe von Anwendungsfällen: So kann der Urheber die unerlaubte Benutzung feststellen, aber auch der Käufer durch sein eigenes Wasserzeichen eine ordnungsgemäße Verwendung. Es ist außerdem vorstellbar, dass ein Wasserzeichen Auskunft über den Originalzustand des Bildes gibt und damit Veränderungen aufdeckt. Dann würde es gut in das oben beschriebene Schema zum Schutz von Bildern passen.

Leider sind unsichtbare Wasserzeichen vom Informationsgehalt her beschränkt, denn sie müssen unsichtbar bleiben, d. h., sie dürfen die Pixel des Bildes nur unterhalb der Wahrnehmungsschwelle verändern. Gleichzeitig müssen sie aber sehr robust bezüglich der üblichen Bildoperationen sein – man muss sie nach einer Bearbeitung immer noch auslesen können. Dies führt dazu, dass üblicherweise nur wenige Informationen im Bild codiert werden können.

Unsichtbare digitale Wasserzeichen sind eine Spezialform der Steganografie, der Wissenschaft der verborgenen Übertragung von Information. Während die Kryptografie versucht, die Informationen durch Verschlüsselung unlesbar für Dritte zu machen, versteckt die Steganografie die Information in anderen Daten, sodass der Uneingeweihte gar nicht mehr erkennen kann, dass in den offensichtlichen Daten weitere Inhalte verborgen sind. In Bezug auf Bilder hieße dies, eine Botschaft als unsichtbares Wasserzeichen in einem Bild oder einer Folge von Bildern abzuspeichern. Ein normaler Betrachter sähe die Bilder und dächte sich nichts dabei. Nur der gewünschte Empfänger könnte durch eine spezielle Bildanalyse die verborgene Botschaft herauslesen.

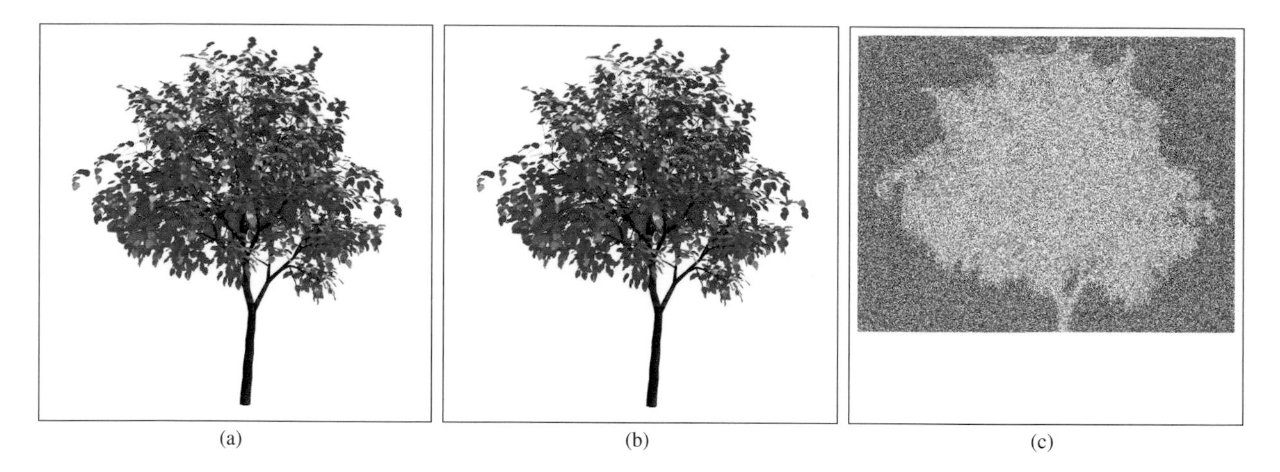

Abbildung 7.4
Steganografie: a) Originalbild; b) Bild mit verdeckter Information; c) Verstärkte Differenz.

In Abbildung 7.4 ist eine Botschaft in einem Bild versteckt. Sie enthält hier immerhin fast die Hälfte des Textes des vorliegenden Buches – allerdings in einer Codierung, die diesmal nicht gegen Bildverarbeitung immun ist und daher sehr kompakt gespeichert werden kann. Diese Eigenschaft ist bei der Steganografie im Gegensatz zu unsichtbaren digitalen Wasserzeichen nicht so wichtig, da der Empfänger die Bilder üblicherweise auf direktem Weg erhält.

Abbildung 7.4 a zeigt das Originalbild, in b ist die veränderte Version zu sehen. Nur eine drastische Verstärkung der Unterschiede zwischen beiden Bildern fördert die Botschaft visuell zutage, sie ist unsichtbar in Form von winzigen Veränderungen der Helligkeitswerte des Originalbildes gespeichert. Ein Betrachter ohne Argwohn wird solch eine Verstärkung typischerweise nicht durchführen und in normalen Bilddaten wird diese Art von zusätzlichem Rauschen auch kaum auffallen.

7.8 Resumee

Bilder lassen sich technisch nicht vollkommen schützen und auch die Aufdeckung von Manipulationen wird immer ein Wettstreit zwischen den Fälschern und der digitalen Forensik bleiben. Dennoch schrauben die vorhandenen Techniken die Schwelle für den Fälscher immer weiter nach oben und es ist zu hoffen, dass eines Tages der Aufwand an keiner Stelle mehr lohnt. Vielleicht hilft auch die beschriebene Einführung eines Qualitätssiegels, um ungefälschte Bilder aus der Masse der täglichen Pressebilder herauszuheben.

Ich möchte im nächsten Kapitel noch einmal zu den Fotografien zurückkehren, diesmal aber zu solchen, die nicht über Bildverarbeitungsprogramme verändert wurden – die Manipulation ist hier viel subtiler, geschieht sie doch direkt bei der Aufnahme der Bilder.

8

Bilder kritisch betrachten

Medienkompetenz

Über Medienkompetenz ist schon viel geschrieben worden. Es gibt eine Reihe von Aufsätzen zur Wichtigkeit von Bildmedien und der Notwendigkeit, sachgerecht mit ihnen umzugehen. Aktuelle Sammelbände liefern Beiträge über Auswirkungen, Macht und Rolle von Bildern aus unterschiedlichsten Perspektiven (siehe etwa [54]). In den Bildwissenschaften wird in vielerlei Hinsicht über die Rolle von Bildern als Symbole, ihre (Bild-)Sprache und die zu erlernenden Fähigkeiten des Betrachters reflektiert [22, 69]. Ich möchte als Informatiker keine weiteren Beiträge zu dieser Diskussion liefern, sondern einige Aspekte beschreiben, die im praktischen Umgang mit Bildern wichtig sind und die dabei helfen sollen, Bilder adäquat zu betrachten und zu interpretieren.

Lassen Sie uns daher zuerst noch einmal zur Fotografie zurückkehren und die Rolle des Fotografen bei der Bildaufnahme näher betrachten. Ein Foto zeigt das, was innerhalb der Begrenzung des Mediums von der Realität abgebildet werden kann. Leider ist das oft nur ein geringer Teil, außerdem hat der Fotograf als Regisseur meist die Kontrolle über das, was er mit dem Bild an Emotionen transportiert. „Die Kamera lügt immer über das, was vor ihr liegt, aber nie darüber, was hinter ihr ist. Bei der Fotografie wird also nur die Absicht, die hinter der Kamera steckt, wahrhaft abgebildet, was davor ist, ist immer nur eine Annäherung an die Wahrheit“ [71]. Dieses Zitat des Fotografen Wolfgang Tillmans bringt auf den Punkt, was Medienprofis selbstverständlich wissen, wir uns aber immer wieder klarmachen müssen.

Nehmen wir Porträtaufnahmen: Wie alle Fotos betrachten wir sie intuitiv erst einmal als eine akkurate Abbildung der Realität. Daher tendieren wir dazu, auch externe Effekte der Beleuchtung, Linse, Umgebung, Editierung als interne Eigenschaften des Subjekts zu betrachten [7]. Der Fotograf hat daher viele Möglichkeiten, die Wirkung der Bilder dem gewünschten Effekt anzupassen. Betrachten Sie einmal Porträts in Printmedien. Oftmals kommt hier eine ziemlich stereotype Bildsprache zum Vorschein: Der Wissenschaftler wird stets vor der großen Bücherwand abgebildet, die auch im Zeitalter der elektronischen Medien immer noch als Symbol seiner Gelehrtheit dient. Der Politiker oder Manager wird oft von unten fotografiert, um seine Wichtigkeit und Größe zu unterstreichen. Einen Sportler wird man selten im Anzug sehen, einen Kreativen meistens im schwarzen Rollkragenpulli. Bilder, die nicht in dieses Schema passen, zeugen meist vom Interesse des Fotografen, der individuellen Person nahezukommen und ihre persönlichen Merkmale abzubilden.

Fotorealismus →

Doch der Einfluss seitens des Fotografen geht natürlich noch viel weiter. An einigen bekannten Bildern möchte ich im nächsten Abschnitt verschiedene Aspekte der Interaktion von Fotograf und Situation skizzieren. Sie illustrieren einmal mehr die Problematik des Terminus „Fotorealismus“, diesmal aus einer anderen Perspektive. Ursprünglich stammt der Begriff aus der Malerei und bezeichnet einen Malstil der 1970er Jahre, der sich durch sehr großformatige und äußerst realistisch wirkende Bilder auszeichnet. Er spielt mit Realitätsverwechslung und der Unsicherheit des Betrachters. Man sieht in ihm eine erste Reaktion auf die Übermacht der Fotografie zur damaligen Zeit.

In den vorangehenden Kapiteln war dieser Begriff jedoch meist rein technisch verwendet worden, ging es doch um die Simulation des fotografischen Aufnahmeprozesses durch den Computer. Fotorealistisch war eine Lösung dann, wenn das Computerbild vom Foto nicht mehr zu unterscheiden war. Lassen Sie uns nun überlegen, um welche Art von Realismus es beim Fotografierprozess eigentlich geht.

Abbildung 8.1
Bild von Robert Doisneau, welches zur Bildikone wurde – leider gestellt.

8.1 Das inszenierte Bild

Ein berühmtes Foto von Robert Doisneau wurde zu einer Bildikone für die Liebe (Abbildung 8.1). Es entstand 1950 im Auftrag des *Life*-Magazins und symbolisiert sehr treffend die Stadt Paris als Stadt der Romantik und Liebe. Innerhalb eines Gerichtsverfahrens fand man später heraus, dass die Szene kein Schnappschuss war, sondern gestellt [71]. Allerdings wird nirgends explizit behauptet, das Foto sei ein Schnappschuss. Problematisch an dem Bild ist allein die Vortäuschung des Alltäglichen durch die Bewegungsunschärfe im Vordergrund und Hintergrund sowie die bewusst „normal" erscheinende Umgebung. Das Bild ist also durchaus künstlerisch sehr hochwertig, nur wird es von uns falsch interpretiert und der Fotograf scheint das auch so gewollt zu haben.

Ein bekanntes Bild zeigt den Tod eines gefangenen Vietcongs (Abbildung 8.2). Es wurde im Jahr 1968 von Eddie Adams, einem Fotojournalist der Associated Press aufgenommen. Der Fotograf berichtet, der Polizeichef Nguyen habe den Gefangenen erschossen, weil er wollte, dass dies dokumentiert würde. Hier hat das

Oftmals kann die dargestellte Realität in einem Bild durch eine mitgegebene Interpretation stark verändert werden. Hier öffnet sich ein weiteres großes Spannungsfeld, das in der Fachpresse breite Aufmerksamkeit findet. So heißt es im Pressekodex des deutschen Journalistenverbands: „Zur Veröffentlichung bestimmte Nachrichten und Informationen in Wort und Bild sind mit der nach den Umständen gebotenen Sorgfalt auf ihren Wahrheitsgehalt zu prüfen. Ihr Sinn darf durch Bearbeitung, Überschrift oder Bildbeschriftung weder entstellt noch verfälscht werden. Dokumente müssen sinngetreu wiedergegeben werden ...“ [66].

(a) (b)

Abbildung 8.4 Bildmanipulation durch „Erklären“.

In Abbildung 8.4 geschah genau das Gegenteil. Jürgen Trittin wird 1994 in einer TV-Aufnahme vor vermummten Menschen gezeigt. *Bild* dramatisiert das Bild sieben Jahre später durch Herausnahme eines Ausschnitts und eingefügte „Erklärungen“. Das Bild wird hier also gar nicht retuschiert, dem Betrachter wird beim Hinsehen nur eine falsche Interpretation aufgezwungen. So ist der vermeintliche Schlagstock nur als solcher zu interpretieren, weil der weitere Verlauf des Seils herausgeschnitten wurde. Was hier auf drastische Weise geschah, ist in vielen Kombinationen aus Bildern und Text zu finden. Es wird ein Bild gezeigt und der Text beschreibt, was der Leser zu sehen hat. Auf entsprechende Weise tun wir dies dann auch – gerade in Fällen, in denen ein Bild mehrere Deutungsmöglichkeiten zulässt, gibt die vermeintliche Erklärung den Ausschlag.

Kann man aus Zeitgründen zu einem Ereignis kein Bildmaterial besorgen, so wird oftmals genommen, was sich bereits in den Archiven befindet. Es zeigt dieselben Protagonisten in einer ähnlichen Situation, wird aber als passende Abbildung zum Text interpretiert. Auch dies ist untersagt, im Pressekodex liest man: „Kann eine Illustration, insbesondere eine Fotografie, beim flüchtigen Lesen als dokumentarische Abbildung aufgefasst werden, obwohl es sich um ein Symbolfoto handelt, so ist eine entsprechende Klarstellung geboten. So sind Ersatz- oder Behelfsillustrationen (gleiches Motiv bei anderer Gelegenheit, anderes Motiv bei gleicher Gelegenheit etc.), symbolische Illustrationen (nachgestellte Szene, künstlich visualisierter Vorgang zum Text etc.), Fotomontagen oder sonstige Veränderungen deutlich wahrnehmbar in Bildlegende bzw. Bezugstext als solche erkennbar zu machen." In seriösen Bildmedien wird dies beherzigt, so kennzeichnen Nachrichtensendungen in den öffentlich-rechtlichen Programmen solche Bilder und Bildsequenzen heute sehr sorgfältig.

Kehren wir aber zum Kommentar von Wolfgang Tillmans zurück. Wie kann man die Intention des Fotografen erkennen, die hinter einem Bild steckt? Wie macht man sich ein wenig unabhängiger von der visuellen Wucht, die oftmals von den Bildern ausgeht – oder anders ausgedrückt: wie helfen wir unserem Gehirn, uns nicht emotional gefangen nehmen zu lassen (siehe Abschnitt 2.3).

Die Antwort kann nur lauten: innehalten, im Geiste einen Schritt zurücktreten und das Bild analysieren. Tun wir das, so schränken wir die emotionale Arbeit des Gehirns ein und stärken auf diese Weise bewusst die Arbeit der äußeren Sehrinde. Der wichtigste Schritt besteht also in der Übung, sich vom Bild zu distanzieren und eine rationale Sichtweise einzunehmen.

Im Zusammenhang mit Bildmanipulationen schlägt Andreas Schreitmüller darüber hinaus die Einführung von Pflichtfälschungen vor [72]. Diese sollten als solche gekennzeichnet so oft in Zeitungen und Nachrichtensendungen auftauchen, dass sich der Leser bzw. Zuschauer immer wieder an die Möglichkeiten der Manipulation erinnert und hoffentlich auf diese Weise eine höhere Medienkompetenz erlangt.

8.2 Bildsprache und -analyse

Die Bilder des vorangehenden Abschnitts sind deshalb so drastisch, weil sie einen äußerst realistischen und lebensnahen Eindruck hinterlassen – und sie sind ja auch Fotorealität. Hier ist es im Einzelfall besonders schwer, eine Manipulation zu erkennen. Nur durch Zusatzinformation seitens des Fotografen sind wir in der Lage, solche Bilder richtig einzuschätzen.

Viele Bilder wollen uns aber auf viel oberflächlichere Weise beeinflussen. So spielt die Werbeindustrie ganz unverholen und mitunter selbstironisch mit Bildern und Botschaften. Dabei bedient sie sich einer Bildsprache, die Assoziationen in uns weckt: Mit bestimmten Darstellungsformen verbinden wir ganz bestimmte Gefühle, Stimmungen und Beziehungsmuster.

Diese Bildsprache ist angelernt und kulturell geprägt, sie ist uns aber zumeist nicht explizit bewusst. Anders bei den Werbeschaffenden: Schon im Studium müssen sie sich die Bildsprache aneignen und Bilder analysieren – die meisten von uns haben das höchstens ansatzweise in der Schule gemacht. Dieses Aneignen einer visuellen Lesefähigkeit (*visual literacy*) gewinnt jedoch in dem Maße an Bedeutung, wie wir im täglichen Leben von Bildern überschwemmt werden. Braden definiert sie als „die Fähigkeit, Bilder zu verstehen und zu benutzen, inklusive der Fähigkeit, bildhaft zu denken, zu lernen und sich auszudrücken"[10].

Visuelle Lesefähigkeit ist außerdem die Basis für *Visuelle Intelligenz*, die Fähigkeit, mit synthetischen, gefälschten, manipulierten Bildern umzugehen und auch Strategien und Manipulationsversuche durch Bilder aus Werbung und Politik zu erkennen. Insbesondere enthält visuelle Intelligenz die Fähigkeit, auch dann abstrakt mit Bildern umzugehen, wenn unser normales logisches Denken in der Anwesenheit von überwältigenden, gewalttätigen oder sexuell stimulierenden Bildern aussetzen möchte [7]. Die Fähigkeit zum innerlichen Zurücktreten und Analysieren kann man also durchaus als eine Ausprägung von Intelligenz ansehen.

Leider steht diese Fähigkeit in direktem Konflikt mit der immer schneller wachsenden Bilderflut, die ganz bewusst eine emotionale Gefangennahme provoziert. Vergleichen Sie einen Kinofilm von heute mit einem aus den fünfziger oder sechziger Jahren. Manche dieser alten Kinofilme empfinden wir heute als so langsam, dass es uns schwer fällt, sie anzusehen. Moderne Filme haben Schnittfolgen, die um ein Vielfaches schneller sind und erzwingen damit die rein gefühlsmäßige Aufnahme (siehe Abschnitt 2.3).

Doch bereits im Jahr 1964 schreibt der Medientheoretiker Marshal McLuhan in einem seiner vielen Aphorismen über das Fernsehen, es erzeuge ein „Einbezogensein in das alles einbeziehende Jetzt und Hier". Er sagt voraus, dass durch Fernsehen Langzeitperspektive, kritisches, integratives Denken und Logik ersetzt würde durch das Hineintauchen in den Augenblick und den Wunsch nach tiefen Erfahrungen [57]. Diese Verschiebung erleben wir heute hautnah. Kann eine Nachricht durch emotionale Bilder unterfüttert werden, so zählt das mehr als alle Diskurse und Erkenntnisse. Die Bilder der Folterungen in Abu Grahib (von denen niemand weiß, ob sie nicht auch manipuliert waren) erschütterten die amerikanische Regierung weit mehr als alle anderen Erkenntnisse über den ungewollten Verlauf des Irak-Krieges zu dieser Zeit.

Haben wir es geschafft, uns von der spontanen emotionalen Wirkung eines Bildes zu distanzieren, so taucht bei der Bildanalyse ein zweites Problem auf: Es gibt keinen einfachen Regelsatz, der uns die Sprache eines Bildes vollständig erschlösse. Vielmehr kommt es darauf an, sich der Assoziationen bewusst zu werden, die mit den Elementen eines Bildes verbunden sind. Glücklicherweise ist das viel einfacher, als ein Bild zu erzeugen, welches gewünschte Assoziationen weckt und darüberhinaus als interessante Werbebotschaft auch wahrgenommen wird. Die Kunst des Werbegestalters ist genau diese Transformation, denn Inhalte und Fakten haben heute in der Werbung praktisch keinen Platz mehr. Auch hier überwiegt die gewünschte emotionale Gefangennahme des Betrachters. Lassen Sie mich die einfachsten Dinge kurz aufzählen:

- **Farbe und Kontrast**
  Die Gesamttönung eines Bildes entscheidet über die transportierte Stimmung. Farben und Kontraste vermitteln uns hierbei die vom Fotografen gewünschten Assoziationen. Der erste Schritt bei der Bildbetrachtung kann also in der Zuordnung einer Gesamtstimmung bestehen (fröhlich, grau, dunkel, gefährlich, edel usw.), die das Bild auf mich übertragen möchte.

- **Verhältnis von Bildteilen**
  Eine gute Werbefotografie versucht immer, eine Geschichte zu erzählen. In vielen Fällen wird durch eine sorgfältige Analyse berechnet, wohin der Betrachter sieht und in welcher Abfolge die einzelnen Bildteile angesehen werden. Man

verwendet dafür spezielle Apparate zur Messung der Blickrichtung. Die Abfolge der Blicke soll möglichst dem Ablauf der Geschichte folgen.

Wir müssen uns bei der Analyse fragen, welche Dinge und Personen die Hauptakteure sind und in welchem Verhältnis sie zueinander stehen. Wer ist oben, wer ist groß, wer ist Sieger, wer ist schlauer etc.? Durch welche Dinge wird unser Blick zuerst gefesselt? Probate Mittel sind nackte Körper, sowie erschrekkende oder edle Dinge. Wohin sehen wir dann, welche Aussage reift in uns? Welche Spannung entsteht zwischen den Protagonisten im Bild?

- **Perspektive und Blickwinkel**
  Jedes Bild erzählt seine Geschichte aus einer eigenen Perspektive. Selten ist man der passive Betrachter, eher schon der Voyeur oder derjenige, der mit einer Situation aus der Nahe konfrontiert wird. Oft ist man als Betrachter auch fast schon handelnd, da die Bilder aus entsprechender Perspektive aufgenommen sind.

- **Interaktion zwischen Bildelementen**
  Bei einem Werbefoto muss die gewünschte Geschichte in kürzester Zeit vermittelt werden, da der Betrachter typischerweise nur Augenblicke mit der Betrachtung verbringt. Es genügt aber auch, den Betrachter zu irritieren, indem man etwas zeigt, das er nicht erwartet. Neben einer schnell erkennbaren und offensichtlichen Geschichte lauert in guter Werbung oft noch eine weitere Botschaft, hinter einem irritierenden Effekt noch etwas, das der Betrachter zu erkunden versucht, um seine Irritation loszuwerden.

Abbildung 8.5
Werbebeispiele mit verschachtelten Botschaften.

Zwei Beispiele für komplexe Werbungen finden sich in Abbildung 8.5. Rechts für Campari, ein traditionell mit weiblicher Erotik beworbenes Getränk. Farbe und

Kontraste zeigen eine eher gemütliche, intime Atmosphäre, vielleicht eine Party. Der Blickfang ist das Dekolleté in der Bildmitte und die offensichtliche Botschaft lautet in etwa „Campari ist sexy“. Nun ist aber die Flasche in das Bild so hineingearbeitet, dass sie durch den Halsansatz und das Dekolleté des weiblichen Modells quasi mit ihm verschmilzt. Das Bild ist aus einer Ich-Perspektive aufgenommen, fast schon scheint die Frauenhand im linken Bildteil zum eigenen Körper zu gehören. Der Griff nach der Flasche wird zum Griff nach dem Dekolleté. Und so greift die Hand nicht nur zum Getränk, sondern gleichzeitig auch zum Reißverschluss der abgebildeten Frau – eine homoerotische Anspielung, die der abgebildeten Erotik noch ein zusätzlich irritierendes Element verleiht. Der Genuss des Getränks impliziert damit nicht nur Erotik, sondern verbotene, reizvolle Erotik und vertieft damit die Wirkung auf den Betrachter bzw. die Betrachterin.

Abbildung 8.5 links zeigt eine preisgekrönte Werbung eines Fernsehsenders. Hier ist bewusst eine finstere Bildstimmung gewählt. Die sandfarbenen Töne und die Uniform des Soldaten implizieren ein Geschehen im Nahen Osten. Blickfang ist neben dem grimmigen Gesicht der Zapfhahn in der Bildmitte. Indem der Griff zur Waffe zum Griff an den Zapfhahn mutiert, wird der Betrachter irritiert. Die nun notwendige Assoziation, dass es sich um den Irak-Krieg und in diesem Krieg eigentlich ums Öl dreht, selektiert schon die Betrachter nach ihrem Bildungsgrad. Diejenigen, die jetzt noch übrig bleiben, hofft der Fernsehsender zu überzeugen, „dass er es auf den Punkt bringt“, und versucht damit eine Qualitätsmarke zu setzen. Der Fernseher wird zum Röntgengerät, das die Szene durchleuchtet und die verborgenen Fakten ans Tageslicht bringt.

Solche komplexen Botschaften begegnen uns in vielen Werbungen, aber auch in niveauvollen dokumentarischen Bildern. Haben wir gelernt, sie zu lesen, so können sie eine stete Quelle für Unterhaltung, Erheiterung aber auch Bewunderung für die kreative Ausgestaltung werden. Eine weitergehende Abhandlung über die Macht der Bilder und ihre Sprache findet sich in Uwe Pörksens *Weltmarkt der Bilder* [67].

8.3 Bilder als Symbole

Oftmals beeindrucken uns Bilder besonders, weil sie zusätzlich zum dargestellten Bildinhalt eine symbolische Wirkung haben. Carl-Gustav Jung fand in seinen Studien zum Unterbewussten uralte Symbole und Mythen, die uns unbewusst begleiten. Außerdem konnte er zeigen, dass unterhalb der rationalen Ebene weitere Schichten unseres Bewusstseins bei der Wahrnehmung beteiligt sind. Er schreibt: „Ein Wort oder ein Bild ist symbolisch, wenn es mehr enthält, als man auf den ersten Blick erkennen kann“ [40]. Erkennen dieser tieferen Schichten ist ein wichtiger Aspekt von Bildsprache und muss für eine qualifizierte Betrachtung von Bildern ebenfalls berücksichtigt werden.

Nehmen wir ein aktuelles Beispiel. Die schrecklichen Bilder der Attacken auf das World Trade Center im Jahr 2001 gewannen noch mehr Dramatik durch die Tatsache, dass der einstürzende Turm ein uraltes Menschheitssymbol ist. Angefangen vom Turmbau zu Babel, bei dem Gott nur durch die Sprachverwirrung verhindern konnte, dass ihm die Menschen zu nahe kamen, finden wir den Turm und seine Zerstörung auch schon seit langer Zeit auf Tarotkarten. Er ist ein Symbol für das Gefängnis des Geistes, das durch Sophia, die Weisheit zum Einsturz gebracht wird. Dieser eher positiven Bewertung steht die Auslegung als Symbol für den Größenwahn der Menschheit entgegen. In Abbildung 8.6 a ist eine Darstellung des Turms zu Babel von Lucas van Valckenborch zu sehen, b zeigt die Darstellung auf einer Tarotkarte von 1780, in c schließlich sehen wir das brennende World Trade Center.

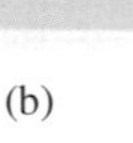

(a) (b) (c)

Abbildung 8.6
Aktuelle Symbolik: a) Turm zu Babel; b) Tarotkarte von 1780; c) Terrorattacken vom September 2001.

Man muss gar keine inhaltliche Beziehung zwischen diesen Bildern ziehen, die Bilder treffen uns mit emotionaler Wucht, weil wir eine symbolische Handlung sehen, im letzteren Fall eine mörderische Inszenierung, die sich vielleicht bewusst eines solchen Symbols bediente. Schließlich war das World Trade Center gleichzeitig auch ein Symbol für die Wirtschaftsmacht USA.

Neben dem einstürzenden Turm gibt es viele weitere Bildsymbole: der Held, der Drache, die alte Frau (Hexe), die Heilige, die Hure, der Teufel, das Gespenst, die große Flut. Sie alle tauchen in modernen Bildern auf, freilich in aktuellen Varianten, in Anspielungen und zumeist ironisiert. Dennoch regen sie uns aufgrund unseres tiefliegenden Wissens besonders an. Joseph Campbell bringt es auf den Punkt: "Alle Götter, alle Himmel, alle Welten sind in uns. Sie sind vergrößerte Träume, und Träume sind Manifestationen in Bildform von Energien des Körpers im Konflikt mit anderen. Das sind Mythen" [14].

An dieser Stelle ist es sinnvoll, noch ein wenig weiter auszuholen. Schon in Abschnitt 2.7 war die Spannung zwischen realistischen und abstrakt/symbolischen Bildern behandelt worden. Das dortige Beispiel zeigt die Veränderung von ägyptischen Hieroglyphen bis hinein ins lateinische Alphabet. Durch eine immer weiter voranschreitende Abstraktion wurde aus dem Bild ein Laut.

Der Ägyptologe Jan Assmann unterstreicht die revolutionäre Kraft dieses Prozesses, indem er noch weiter in die Vergangenheit zurückgeht [54]. Ursprünglich seien die Hieroglyphen nicht Kommunikationssymbole gewesen, sondern vielmehr visuelle Gedächtnissymbole. Der Heiler hatte anfangs eine Schlange als Zeichen seiner Macht über das Gift, später trug er nur noch das Bild einer Schlange mit sich, was einfacher war. In Bezug auf Analysen von Moses Mendelssohn [58] beschreibt er den Weg der Schriftzeichen als einen „iconic turn" von den Dingen zu den Hieroglyphen und einen „aniconic turn" von den Hieroglyphen zu den abstrakten Schriftzeichen, bei denen man nicht mehr die ursprünglichen Bilder kennen muss, um den Sinn zu verstehen. Seiner These zufolge leben diese Bildsymbole in unserer Kultur noch immer. Unsere Sprache sei eben nicht eine von Grund auf erfundene Lautsprache, sondern beruhe auf den Hieroglyphen, die aber falsch verstanden würden, deutete man sie nur als reine Bildersprache. Auch sie seien eine Lautsprache, deren Buchstaben im Gegensatz zu den unseren aber visuell an den Laut gekoppelt seien.

Was geschieht nun heute? In vielen Formen kehrt die Bildsprache zurück. Einmal in der Form der oben angesprochenen Beispiele als komplexe, allegorische Symbole, mit denen tiefliegende Konzepte assoziiert werden. Sie beziehen dann ihre Kraft gerade durch ihre Symbolik und ihre allgemeine, nichtspezifische Darstellung [40]. Wir erleben Bildsymbole aber auch noch in einer anderen Form: als allgemein verständliche Piktogramme wie das Toilettenzeichen mit weiblicher und männlicher Silhouette oder über die Buchstaben „WC". Diese Symbole entspringen eher dem pragmatischen Umgang mit der Internationalität und der Sprachenvielfalt. Auch hier wird mit einem Bild ein Konzept oder Ding angedeutet, freilich von geringerer Komplexität und nicht in allegorischer Form. Damit nähern wir uns wieder den Hieroglyphen an, da auch moderne Bildzeichen den Anspruch haben, selbsterklärend zu sein.

Doch kehren wir zu den symbolischen Bildern zurück. Es gibt davon keinen festen Satz, vielmehr kommen ständig neue Symbole dazu, während ältere Bilder vergessen werden. Albert Einsteins Bild mit herausgestreckter Zunge (Abbildung 8.7) steht für den genialen, unkonventionellen Wissenschaftler. Es hat nicht mehr nur einen symbolischen Gehalt, sondern wurde selbst zum symbolischen Bild, welches abseits von der wirklichen Personalität des Abgebildeten verwendet wird. Marylin Monroe (mit wehendem Kleid über dem Lüftungsschacht) steht für die pure Weiblichkeit und Verführung, Che Guevara hingegen für den charismatischen Widerstandsführer.

Es wird an dieser Stelle klar, dass eine Abgrenzung zwischen Bildern mit Symbolgehalt und symbolischen Bildern schwierig ist. Wenn sich heute eine Frau mit Kleid über einen Lüftungsschacht stellt, wird den meisten Menschen das Bild von Marylin Monroe in den Kopf kommen, was für die Symbolhaftigkeit des Originals spricht. Nicht jede herausgestreckte Zunge wird jedoch den Betrachter an Einstein erinnern.

Wichtig im Zusammenhang mit der visuellen Lesefähigkeit ist also nicht das Wissen über einen festen Bildsymbolsatz, sondern vielmehr das Erkennen von Symbolik in Bildern, welches wir uns immer wieder antrainieren müssen. Dies galt

Abbildung 8.7
Moderne Bilder mit Symbolcharakter.

früher noch in stärkerem Maße. So waren religiöse Abbildungen wie auch Herrscherbilder in der Zeit vor der Erfindung der Druckerpresse ein wichtiges Mittel zum Vermitteln von Geschichten. Gerade religiöse Bilder erzählen dem, der ihre Symbolik zu deuten weiß, sehr differenzierte Geschichten und es liegt an unserer nicht vorhandenen Lesefähigkeit, dass wir solche Bilder langweilig finden. Solche repräsentationalistischen Bildformen entstanden aus den frühen kultischen Bildern, deren Inhalte noch abstrakte Symbole der Lebenswirklichkeit waren (Abschnitt 2.7).

Sachs-Hombach definiert in diesem Zusammenhang Bilder als wahrnehmungsnahe Symbolsysteme [69] und unterscheidet drei Bildarten, die sich bezüglich der Art der Rezeption durch den Betrachter unterscheiden:

- **Darstellende Bilder**

  Hierzu gehören Fotografien genauso wie Bilder mit darstellendem Charakter. In der Trompe-l'œil Technik des Barock wurden alle visuellen Eigenschaften der Motive nachgebildet, hier wurde das erste Mal eine Art „Fotorealismus" erzeugt. Aber auch Piktogramme haben als konventionalisierte Bilder ähnlich Worten Darstellungscharakter.

- **Strukturbilder**

  Strukturbilder stellen die Struktur, die wesentlichen Eigenschaften eines Motivs dar. Landkarten waren wahrscheinlich die ersten solchen Bilder. Noch reduzierter als Karten sind Pläne, in denen eine zusätzliche geometrische Abstraktion stattfindet. Auch die schon angesprochenen Visualisierungen in Form von Diagrammen und anderen abstrakten Darstellungen zählen hierzu. Schließlich stellen auch symbolartige Bilder die Struktur oder Essenz eines komplexen Zusammenhangs dar.

- **Reflexive Bilder**

  Solche Bilder eröffnen eine visuelle Metakommunikation, erlauben also Aussagen über den Sehprozess an sich. René Magritte malte eine Reihe solcher Werke, etwa eine Pfeife, unter der zu lesen ist „Ich bin keine Pfeife". Er wollte damit ausdrücken, dass wir nicht das Objekt, sondern ein Bild des Objekts sehen.

Je nach Bildart nehmen wir unterschiedliche Haltungen zum Gesehenen ein. Die Stärke aller darstellenden Bilder liegt darin, uns in eine Handlung hinein zu nehmen. Am ausgeprägtesten tun das Fotos und als weitere Steigerung Filme oder gar Virtual-Reality-Anlagen, die durch eine Kombination von verschiedenen Medien einen starken Anschein von Wirklichkeit erzeugen. Sollten Sie die Gelegenheit haben, einen professionellen Flugsimulator zu besuchen, so werden Sie einen Grad an Realitätssimulation erleben, der Sie nach Sekunden das Erlebte für echt halten lässt.

Strukturbilder erzwingen hingegen einen abstrakten Modus des Betrachtens, der uns vom dargestellten Motiv entfernt. Das Bild bedeutet etwas außerhalb seiner selbst. Ein reflexives Bild regt zum Nachdenken über das Sehen an, das Bild tritt hier ganz in den Hintergrund.

In vielen Fällen ist solch ein Nachdenken über den Charakter des Bildes hilfreich, um die Distanz zum Bildeindruck zu wahren. Visuelle Intelligenz beinhaltet auch die Fähigkeit, Bildgeschichten und -symbole kulturgeschichtlich einzuordnen und entsprechende Aussagen abzuleiten. Wie schon in der Einleitung des Kapitels möchte ich hier ganz generell auf die Kulturwissenschaften verweisen, innerhalb derer dieses Thema erschöpfend behandelt wird.

Im letzten Kapitel des Buches rundet ein kleiner Überblick über zukünftige Bildmedien das bisher Beschriebene ab. Allerdings sind wirkliche Innovationen immer von einer Qualität, die eine Voraussage unmöglich macht. Daher kann auch ich nur vom Existierenden auf das Zukünftige schließen. Dennoch möchte ich einige Innovationslinien aufzeigen und aus meiner Sicht deren Realisierungschancen bewerten.

9

Bildmedien der Zukunft

The Matrix?

Im Film *The Matrix* werden den Menschen Stecker in den Kopf implantiert, um auf diese Weise das Gehirn mit simulierten Daten zu füttern. Die Menschen leben in einer virtuellen Realität (VR) und bemerken nichts davon, obwohl sie eigentlich von Maschinen gefangen und energetisch ausgebeutet werden – eine bedrückende Zukunftsvision. Glücklicherweise ist die Forschung noch meilenweit davon entfernt, das Gehirn mit elektrischen Impulsen so zu täuschen, dass Sinneseindrücke nachgebildet werden könnten.

Computer-Sehhilfen →

Bei einigen Blinden konnte man Computerchips in die Netzhaut einsetzen und mittels einer angeschlossenen Kamera Seheindrücke erzeugen. Dies geht aber bisher über einfache Umrisse nicht hinaus. Auf ähnliche Weise wurde versucht, das Hören nachzubilden, aber auch dies nur mit bescheidenem Erfolg. Lassen wir uns aber nicht täuschen. Es sind technische und nicht prinzipielle Probleme, die es noch zu lösen gilt. Daher besteht durchaus Hoffnung, zumindest einzelne Sinnesorgane nachzubilden, was für viele Behinderte ein Segen wäre. Auf der anderen Seite ist es heute schon möglich, Protesen mittels Nervenimpulsen zu steuern. Die Verbindung von menschlichem Gehirn und dem Computer wächst also durchaus und dürfte in der Zukunft noch wesentlich besser werden.

Da wir aber alles, was wir Wirklichkeit nennen, über unsere Sinnesorgane aufnehmen, kann dies auch unser Realitätsempfinden beeinflussen. Könnte man die Sinnesorgane bzw. das Gehirn perfekt täuschen, so entstünde in unserem Gehirn der Eindruck von Realität und wir könnten u.U. nicht mehr unterscheiden, ob wir Simuliertes oder Echtes sehen. Ich hatte kommerzielle Flugsimulatoren schon als Beispiel für eine fast perfekte virtuelle Realität erwähnt. Hier werden alle Sinne gleichzeitig getäuscht, wir sehen und hören, wir fühlen Vibrationen und durch die Bewegung der Kabine empfinden wir auch Beschleunigung – auf diese Weise ist es nach kurzer Zeit schon ziemlich schwierig, sich dem Empfinden von Realität zu widersetzen.

Fernsehen →

Auch das Fernsehen täuscht uns durch Sehen und Hören. Obwohl wir in unserem Wohnzimmer sitzen und nur auf einen relativ kleinen Bildschirm blicken, kennen wir alle die Faszination des Mediums, das versucht, uns förmlich in sich hinein zu ziehen. In der Vergangenheit wurden Untersuchungen bekannt, nach denen viele Kinder durch den Einfluss der Werbung die Farbe von Kühen als lila angeben und Fische als rechteckige Stäbchen zeichnen. Obwohl sich im letzteren Fall auch die moderne Essenszubereitung zwischen die Kinder und die Wirklichkeitsempfindung schiebt, greift hier medialer Einfluss massiv ein.

Online-Rollenspiele →

Eine andere Art von virtueller Realität bildet sich im Internet heraus. Online-Rollenspiele ziehen immer mehr Menschen in ihren Bann. *World of Warcraft* und *Second life* haben Millionen Benutzer, die sich in virtuellen Gemeinschaften am Rechner treffen und individuell im Spiel vorankommen wollen, indem sie virtuelle Fähigkeiten und virtuelles Gold anhäufen. Hierbei soll gar nicht die „echte“ Wirklichkeit nachgebildet werden, sondern man möchte eine neue virtuelle Welt erschaffen. Und so tauchen die Spieler in eine Fantasiewelt mit eigenen Gesetzen ein, in der man kämpfen können muss, aber auch kooperieren. Zunehmend beeinflusst diese Welt aber auch die wirkliche Welt. Die virtuellen Schätze, die man sich durch ausdauerndes Spielen erwerben und an andere Spieler weitergeben kann, werden in der realen Welt gegen reales Geld verkauft. Ein Spieler bietet einen wertvollen Gegenstand zum Verkauf an und übergibt ihn nach Zahlung im Spiel an den Käufer.

In China existieren bereits Firmen, die mittels vieler Second Life spielender Kinder virtuelles Gold erwirtschaften und es dann auf dem Schwarzmarkt verkaufen. Leider können sich die Kinder am Spielen nicht erfreuen, weil sie im Stil von Kinderarbeit überlange Schichten unter schlechtesten Bedingungen über sich ergehen lassen müssen. Außerdem ist ein Fall von Mord bekannt geworden, bei dem ein Spieler, weil ihm im Spiel ein wertvoller Gegenstand entwendet wurde, einen anderen Spieler in der realen Welt ausfindig machte und aus Rache tötete.

Schon aufgrund dieser Beispiele sollten wir uns davor hüten zu meinen, wir könnten in der Zukunft solchen virtuellen Realitäten aus dem Wege gehen. Zu groß ist die Faszination der neuen Möglichkeiten, zu tief sitzt die Lust am Spiel und am Entfliehen aus einem vielleicht tristen Alltag. Aber was geschieht, wenn virtuelle Dinge wie die genannten Rollenspiele zunehmend auch den realen Alltag beeinflussen? Entstehen hier die Parallelgesellschaften, von denen an anderer Stelle schon viel die Rede war? Die technischen Möglichkeiten jedenfalls werden uns diesen Weg immer leichter machen.

← Parallelgesellschaft

9.1 Aufnahme- und Ausgabemedien

Die Informatik tat sich immer schwer damit, zukünftige Entwicklungen auch nur ungefähr abzuschätzen. Niemand konnte den Siegeszug des Worldwide Web vorhersehen oder die Tatsache, dass wir heute unsere Mobiltelefone zur Versendung von SMS benutzen, anstelle mit ihnen zu telefonieren. Vor 15 Jahren war die Grafikleistung unvorstellbar, die heute von einem handelsüblichen PC angeboten wird und hätte Millionen gekostet. Nur der umgekehrte Fall ist oft eingetreten: Der Fortschritt hat alle Vorhersagen weit überholt. Das gilt zumindest für Dinge, die sich relativ leicht durch technische Entwicklungen verbessern lassen.

Daher glaube ich, dass wir in einigen Jahren mit Bildmedien umgehen, die die heutigen in ihrer Auflösung um ein Vielfaches übertreffen. Schon heute gibt es Monitore, die zehn Millionen Bildpunkte darstellen. Bei einer Bildschirmdiagonalen von 50 cm werden $4\,000 \times 2\,500$ Bildpunkte abgebildet, mehr als mit dem Auge wahrnehmbar. Zukünftige Projektoren werden ähnliche Auflösungen haben, schon heute sind Modelle mit vier Millionen Bildpunkten käuflich, einer weiteren Steigerung stehen keine prinzipiellen Probleme entgegen. In der Entwicklung sind außerdem Laserprojektoren, die die Darstellung auf allen erdenklichen Flächen ermöglichen. Sehr kleine LED-Projektoren werden in Computer und Laptops integriert werden, sodass man überall ein projiziertes Bild erzeugen kann. Schon heute gibt es erste Modelle in der Größe von Zigarettenschachteln.

Entsprechende Speichermedien werden diese Displays mit Daten versorgen. Die HDTV-DVD ist in der Markteinführung, neue Formate mit noch höherer Auflösung werden folgen. Dies wird sich so lange fortsetzen, bis in allen Situationen die

Auflösung des Auges übertroffen wird und weitere Verbesserungen keinen ökonomischen Sinn mehr machen.

Auch in Bezug auf die Brillanz und den Kontrast werden Bildschirme und Projektoren noch besser werden. Die Firma Philips arbeitet an einem Fernseher, der Kontraste wie in der Realität wiedergeben kann. Prototypen wurden der Fachwelt schon vorgestellt. Solche Fernseher können den Zuschauer regelrecht blenden und gleichzeitig tiefschwarze Nacht vortäuschen. Die darauf abgespielten Filme sehen äußerst realistisch aus.

Die Aufnahmetechnik wird sich dem ebenfalls anpassen. Kameras mit vielen Millionen Bildpunkten sind heute schon Realität. Wer von einer Kamera im Taschenformat eine tatsächliche Auflösung von zehn Megapixel erwartet, ist äußerst optimistisch, da die winzigen Linsen hier Grenzen setzen. Größere Spiegelreflexkameras können aber durchaus viele Megapixel aufnehmen. Zusammen mit den Verfahren aus Kapitel 3 können mit solchen Kameras Fotos von Gigapixel-Größe (eine Milliarde Bildpunkte und mehr) entstehen. Da der Preis von Speicherbausteinen stetig fällt, wird auch die Speicherung solcher Bilder keine Probleme mehr bereiten. Extrem hohe Kontraste werden ebenfalls möglich, wenn entsprechende CCD-Chips und Kameras auf den Markt kommen.

Vorläufig ist also kein Ende der Bilder- und Datenflut zu erwarten. Große Industrien leben vom Spieltrieb vorwiegend männlicher Käufer. Ohne technischen Fortschritt kann man ihnen nicht jedes Jahr ein neues Produkt verkaufen – und Fortschritte in Bezug auf Auflösung und Datenraten sind immer noch relativ leicht zu erzielen.

9.2 Angebot und Vielfalt

Während technische Entwicklungen noch ein gewisses Potential haben, ist die Medienindustrie am anderen Ende in eine Sackgasse gelangt. Pro Tag und Mensch kann nur eine gewisse Menge an Medienkonsum und Aufmerksamkeit verkauft werden. Ich hatte im Vorwort schon die ARD-Langzeitstudie zur Mediennutzung erwähnt. Hier wurden über vier Stunden durchschnittlichen Fernsehkonsums bei Jugendlichen und Erwachsenen in Deutschland ermittelt. Rechnet man Arbeitszeit und sonstige notwendige Tätigkeiten dazu, ist der Tagesablauf vieler Menschen vollständig ausgefüllt. Das Fernsehen kennt daher schon seit Jahren nur noch den Verdrängungswettbewerb und Kampf um Einschaltquoten.

Da Fernsehen vermehrt von Menschen mit eher geringerer Bildung und niedrigem Einkommen konsumiert wird, haben sich viele Sender auf diese Zuschauergruppe eingestellt. Die hohen Erstellungskosten für Fernsehprogramme führen dazu, dass teure Formate nur noch für große Zuschauermengen produziert werden. Nischenkanäle machen nur dann einen Sinn, wenn mit relativ geringen Kosten die ebenfalls geringen Werbeeinnahmen oder Gebühren aufgefangen werden können. Von den Massenmedien kann man aufgrund dieser Randbedingungen eine gesteigerte Qualität und Vielfalt nicht erwarten. Allenfalls wird mehr Gerechtigkeit eintreten, wenn flächendeckend nur noch das bezahlt wird, was auch gesehen wurde (pay per view).

In diesem Zusammenhang ist auch *Video on demand* zu nennen, eine Kombination von Fernsehen und Internet, die es ermöglicht, Filme herunterzuladen und dann anzusehen. Momentan ist das Angebot dieser Services noch beschränkt. Mit der Verbesserung von Datenleitungen wird sich das bald ändern und eine Vielfalt vorhanden sein, die die Ausmaße jeder Videothek sprengt. Eine Hoffnung wäre nur, wenn zusätzlich zu Spielfilmen endlich auch alle Dokumentationen der öffentlich-rechtlichen Sender abgerufen werden könnten. Hier schlummert (und verrottet) ein Schatz in den Archiven, der dringend gehoben werden müsste.

← Internet

Die Vielfalt im Angebot von Bildmedien hat sich zunehmend auch ins Internet verlagert. Hier kann mit extrem niedrigen Kosten produziert werden und so ist eine unglaubliche Vielfalt entstanden. Gängige Geschäftsmodelle beruhen nicht mehr darauf, Benutzern etwas zu verkaufen, sondern virtuelle Gemeinschaften entstehen zu lassen. Ein aktuelles Beispiel ist „Youtube", eine Webseite, auf der man selbst gedrehte oder aufgenommene Videoclips ablegen kann. Diese können von jedermann angesehen, kommentiert und bewertet werden. Die Firma besteht seit zwei Jahren und schon werden 100 Millionen Videoclips pro Tag angesehen. Die dort versammelten Benutzer sind zumeist Jugendliche. Das macht die Webseite für die Werbung so interessant, dass sie nun für eine unglaubliche Menge Geld verkauft wurde.

In einer virtuellen Gemeinschaft stellen die Benutzer meist selbst die Inhalte her, daher fallen nur Kosten für die Speicherung und Infrastruktur an. Die Qualität ist damit oft entsprechend niedrig. In den folgenden Jahren werden sich weitere Gemeinschaften bilden, bis auch dieser Markt gesättigt ist. Allerdings hat das Internet in seiner unglaublichen Dynamik bisher noch alle Vorhersagen übertroffen, sodass hier noch völlig unerwartete Dinge geschehen können.

Zwei Beispiele: Das relative Wohlergehen großer amerikanischer Plattenfirmen liegt momentan nur noch im Traum vieler junger Bands begründet, einen Vertrag mit solch einer Firma zu haben. Zunehmend vermarkten Bands aber ihre Lieder selbst. Sie legen Songs frei ins Internet und bitten die Fans um eine Spende, wenn ihnen die Lieder gefallen. Oder sie stellen neue Lieder erst dann ins Internet, wenn eine bestimmte Summe zusammengekommen ist. Im Buchmarkt geschehen ähnliche Dinge. Junge Autoren stellen ihre Werke ins Internet in der Hoffnung, damit genügend Aufmerksamkeit zu erzielen. In den Niederlanden wurde ein Manuskript für ein Buch 25 000-mal aus dem Internet heruntergeladen, bevor ein großer Verlag auf den Trend aufsprang und es nun verlegt.

Voraussetzung für viele Internetdienste sind eine sichere Bezahlung von Kleinstsummen und eine sichere Authentifizierung der Benutzer (für eine Reihe von solchen Diensten muss man mit Sicherheit wissen, wer der jeweilige Partner ist) sowie ein digitales Rechtemanagement im guten Ausgleich zwischen Benutzer- und Autorenrechten. Alle diese Fragen sind Themen in Forschung und Entwicklung, und ich wage den Optimismus, dass wir aus den wilden Anfangsjahren des Internets bald herauskommen werden. Bezahlsysteme wie Paypal existieren bereits.

Werden sie flächendeckend genutzt, so wird sich herausstellen, ob der Benutzer für höhere Qualität kleine Geldbeträge zu bezahlen bereit ist. In diesem Fall kann eine Qualitätssteigerung erwartet werden, momentan ist das freilich nicht abzusehen.

9.3 Virtual und augmented Reality

Head-mounted Display →

In den vergangen Jahren wurden erhebliche Forschungsgelder in die Entwicklung von so genannten Head-mounted Displays investiert. Vor den Augen des Betrachters montierte Bildschirme füllen das Sehfeld vollständig aus und geben dem Betrachter die Illusion, in einer virtuellen Umgebung zu sein. Hierzu gehört auch eine Stereodarstellung, die einen räumlichen Eindruck entstehen lässt. Jedes Auge bekommt hierbei eine eigene Ansicht der Umgebung zu sehen, ganz wie wir es mit unseren Augen auch sonst erfahren. Jede Kopfbewegung des Benutzers wird durch einen Sensor gemessen, an den Rechner übertragen, und die virtuelle Szene rotiert um denselben Winkel. Der Betrachter hat daraufhin den Eindruck, in der virtuellen Umgebung den Kopf gedreht zu haben.

Obwohl die Systeme immer besser werden und Bildqualität sowie Tragekomfort heute gut sind, haben sie sich bisher nicht durchgesetzt. Anscheinend hat der Mensch einen instinktiven Widerwillen, sich zu sehr „verbauen" zu lassen. Hinzu kommt, dass für einen weiteren menschlichen Sinn noch keine Simulation gefunden wurde: den Tastsinn. Zwar können so genannte Datenhandschuhe – mit Sensoren und Motoren bestückte Spezialhandschuhe – bestimmte Reize vermitteln, wenn der Benutzer an eine Stelle im virtuellen Raum fasst. Diese Reize kommen aber nicht den Erfahrungen beim richtigem Tasten gleich, sondern sind beispielsweise Schwingungen oder Druck auf die Fingerspitzen. Insgesamt haben sich alle Versuche zu dieser Form von Virtueller Realität als nicht marktfähig erwiesen und man kann erwarten, dass dies auch in der Zukunft nicht geschehen wird.

Augmented Reality →

Viel interessanter ist jedoch die *Augmented Reality*. Hier kann der Betrachter die reale Welt durch eine fast normale Brille sehen, in die zusätzlich weitere Informationen eingespiegelt werden. Diese Technologie stammt vom Militär und erlaubt es beispielsweise Piloten, wichtige Parameter ihres Flugzeugs im Auge zu behalten, während sie nach vorne sehen.

Der Benutzer muss hier nicht völlig in die virtuelle Welt eintauchen, daher ist die Akzeptanz auch höher. Anwendungen gibt es viele: Mechaniker benutzen solche Brillen, um sich bei der Wartung komplexer Maschinen zusätzliche Informationen über die Bauteile geben zu lassen. Geo-Informationsdienste speisen Wissen über Gebäude und andere Umgebungen in Brillen ein, eine Stadtführung kann dann auch ohne Führer interessant werden. Augmented-Reality-Systeme werden heute in Autos eingebaut und zeigen Fahrzeugdaten in der Frontscheibe an. Zusätzlich machen die Fahrzeuge den Fahrer auf Gefahren aufmerksam und können ihn überdies motivieren, in eine bestimmte Richtung zu blicken.

In der Zukunft könnten solche Brillen als Bestandteil von PDAs große Bedeutung erlangen. PDAs sind persönliche digitale Assistenten, Maschinen im Taschenformat, die zunehmend Handy, Musikplayer, Speichermedium, GPS und Computer in einem darstellen. Mit einer Augmented-Reality-Brille könnte man durch die Straßen laufen und die Namen der Fußgänger sehen, die ebenfalls einen PDA besitzen und ihre Daten freigeben. Die PDAs würden sich dann über ein Funknetz austauschen. Viele weitere ortsbezogene Dienste sind denkbar: zeige die nächste Pizzeria, informiere über interessante Orte in der Umgebung oder Ähnliches. Es ist anzunehmen, dass solche Systeme die Zukunft weit stärker beherrschen als vieles andere.

Eine weitere interessante Entwicklung könnten die schon erwähnten Miniprojektionssysteme sein. Ein PDA ist zukünftig vielleicht in der Lage, ein Bild zu projizieren. Dann könnte man die gerade vorhandenen Flächen zur Ausgabe benutzen und auf diese Weise im Internet surfen oder E-mail komfortabel lesen.

9.4 Dreidimensionale Displays

Ein weiteres Forschungsthema in der Computergrafik sind autostereoskopische Displays. Darunter versteht man Bildschirme, die einen dreidimensionalen Eindruck vermitteln, ohne dass der Benutzer eine Brille oder andere Hilfsmittel aufsetzen muss. Es gibt eine Reihe von technischen Lösungen. Die meisten produzieren zwei Ansichten einer dreidimensionalen Szene und projizieren je eine Ansicht in ein Auge des Betrachters. Wie beim natürlichen Stereosehen entsteht auch hier ein dreidimensionaler Bildeindruck.

Manche dieser Displays sind nur für einen Betrachter geeignet. Hierbei handelt es sich um Verfahren, die die Position der Augen des Betrachters ermitteln und das Abstrahlverhalten des Monitors darauf einstellen. Andere Lösungen strahlen in viele verschiedene Richtungen unterschiedliche Bildinformationen ab. Mehrere Betrachter können jetzt dreidimensional sehen, wenn sie die richtigen Positionen einnehmen. Ganz ähnlich funktionieren Wechselbilder in Kinderspielzeug, die den Bildinhalt verändern, wenn man den Kopf bewegt. In beiden Fällen sind winzige Prismen auf einer Oberfläche angebracht. Sie sorgen durch die Lichtbrechung an ihren Kanten dafür, dass in verschiedene Richtungen unterschiedliche Teile der Bildinformation abgegeben werden. Obwohl solche Verfahren heute schon gut funktionieren, sind sie für die Augen anstrengend und noch immer nicht für einen Dauereinsatz geeignet.

Eine weitere Lösung besteht darin, viele durchsichtige Flachbildschirme hintereinander zu setzen und die Information in Schichten auf den einzelnen Displays zu zeigen. Hier hat man dann eine richtige dreidimensionale Darstellung, welche ohne Akkommodation der Augen auskommt – allerdings um den Preis eines großen, teuren und aufwendig zu betreibenden Geräts.

← Hologramm

Ein fast perfektes Medium zur Speicherung und Darstellung dreidimensionaler Lichtinformationen sind Hologramme (siehe Abschnitt 5.4). In den vergangenen Jahren wurden viele Verfahren zur Erzeugung, Speicherung und Darstellung computergenerierter Hologramme untersucht. Am Massachusetts Institute of Technology (MIT) in Boston steht ein kleines Display, welches eine bestimmte Sorte von Hologrammen interaktiv darstellen kann. Das Ergebnis ist aber winzig klein und die Maschine sehr aufwendig. Bislang haben Probleme mit den erforderlichen großen Datenmengen und der Ausgabetechnik eine praktisch verwendbare Lösung verhindert. Dies mag sich in der Zukunft ändern, dennoch sind die technischen Hürden an dieser Stelle sehr hoch.

Das größte Problem im Zusammenhang mit 3-D-Displays ist aber ihre fehlende Notwendigkeit. Die Ergebnisse sehen nett und interessant aus, bis auf Spezialanwendungen aus dem Design gibt es aber keine Probleme, für deren Lösung die Technik essentiell wäre. Daher fehlt der Anreiz, hier viel Geld zu investieren, und wenn nicht neue Anwendungen entstehen, wird die Technik auch weiterhin nur ein Nischendasein führen.

9.5 Resumee

Der Prozess der Perfektionierung von Bildmedien wird sich also weiter fortsetzen und die Industrie wird versuchen, uns mit einer ununterbrochenen Kette visueller Unterhaltungsmöglichkeiten zu versorgen. Schiebt man keinen Riegel vor, so wird auch die Bildmanipulation weiter perfektioniert werden und wir müssen uns an nicht mehr zu entdeckende Fälschungen gewöhnen. Diese werden wir in Printmedien und im Internet erleben, zusehends aber auch in angeblich authentischen Filmen.

Bildmanipulation ist jedoch mehr als nur Fälschung. Wir haben gesehen, dass es viele Fälle gibt, in denen man als Fotograf gar nicht an der physikalisch dokumentarischen Authentizität eines Bildes interessiert ist. Über die Zukunft der Kamera wurde in Kapitel 3 berichtet. Solche Apparate werden uns geschönte Momente bescheren und damit sicher auch zur Qualitätssteigerung von Fotografien beitragen. Vielleicht werden ähnliche Verfahren später in Videokameras integriert werden und auf diese Weise Filme verbessern. Wenn wir den Unterschied zwischen teilsynthetischen Momenten und dokumentarischen, unverfälschten Bildern verinnerlichen, wird dies kaum Probleme aufwerfen. Dem steht aber unser Sehsystem entgegen, das ohne Training immer wieder der Täuschung anheimfällt, alle realistischen Bilder als echt anzusehen.

Dieses Buch stellt eine Momentaufnahme dar: Ich habe interessante Techniken aus digitaler Bildmanipulation, Computergrafik und Visualisierung beschrieben. Es muss sich hierbei um einen Ausschnitt handeln, manches mag zu kurz gekommen sein, anderes ist für manche Leser zu ausführlich oder schlicht trivial. Solche Bücher sind stets ein Wagnis für den Autor, weil er in Teilbereichen dilettieren muss und sich damit angreifbar macht. Dennoch hoffe ich, einen brauchbaren Leitfaden zur Bewertung des Standes der Technik und seiner Konsequenzen gegeben zu haben. Außerdem hoffe ich natürlich, Sie für ein Forschungsgebiet begeistert zu haben, das jenseits der angeblichen wissenschaftlichen Elfenbeintürme die Gesellschaft in vielfältiger Form beeinflusst.

Abbildungsnachweis

Abbildung 2.4: Bild a und b aus HDR-Shop, mit freundlicher Genehmigung von Paul Debevec, University of Carlifornia, Los Angeles, http://www.debevec.org, Bild c © 2001 ACM, Inc., mit freundlicher Genehmigung von Erik Rheinhard, University of Bristol

Abbildung 2.7: ©Karl Wesker für *Die Zeit*, 29. Dezember 2005 [5].

Abbildung 2.8: Bild oben rechts aus [26]

Abbildung 2.10: © Nature Publishing Group, aus [76], mit freundlicher Genehmigung von I. Gauthier.

Abbildung 2.11: Fotografie von R. C. James

Abbildung 2.14: Georges Seurat. Die Brücke bei Courbevoie, 1886–87, The Samuel Courtauld Trust, Courtauld Institute of Art Gallery, London

Abbildung 2.18: ähnlich zu [8]

Abbildung 2.19: ähnlich zu [6]

Abbildung 2.20: ähnlich zu [7, 18]

Abbildung 3.1: © David King, aus [44] S. 104–107

Abbildung 3.2: © David King, aus [44] S. 104–107

Abbildung 3.3: © David King, aus [44] S. 104–107

Abbildung 3.4: aus [37], S. 72

Abbildung 3.5: oben: Reuters; unten: Landesregierung Thüringen, Broschüre „Für den Mutigen werden Träume wahr“, 1998

Abbildung 3.6: links: The Associated Press; rechts: Ringier Verlag, Boulevardzeitung *Blick* Artikel „Ein Land wie im Krieg“, 1997 (Motiv jeweils Tatortkulisse Bombenattentat in Theben 17. November 1997)

Abbildung 3.7: links: aus [20], S. 79, Verlag der Stiftung Haus der Geschichte; rechts: SIPA Press 1997

Abbildung 4.18: a-d aus [62], Bild 3, © 2003 ACM, Inc., mit freundlicher Genehmigung von A. Blake, P. Perez, M. Gangnet, Microsoft Research UK, Cambridge

Abbildung 4.19: aus [62], Bild 3 © 2003 ACM, Inc., mit freundlicher Genehmigung von A. Blake, P. Perez, M. Gangnet, Microsoft Research UK, Cambridge

Abbildung 4.20: aus [62], Bild 4 © 2003 ACM, Inc., mit freundlicher Genehmigung von A. Blake, P. Perez, M. Gangnet, Microsoft Research UK, Cambridge

Abbildung 4.21: aus [62], Bild 2 © 2003 ACM, Inc., mit freundlicher Genehmigung von A. Blake, P. Perez, M. Gangnet, Microsoft Research UK, Cambridge

Abbildung 4.22: aus [75], Bild 6, © 2004 ACM, Inc., mit freundlicher Genehmigung von Harry Shum, Microsoft Research China

Abbildung 4.23: aus [75], Bild 9, © 2004 ACM, Inc., mit freundlicher Genehmigung von Harry Shum, Microsoft Research China

Abbildung 4.26: aus [24], Bild 4, © 2001 ACM, Inc., mit freundlicher Genehmigung von Alexei Efros, Carnegie Mellon University

Abbildung 4.27: a-c aus [80], Bild 1 und 3, © 2000 ACM, Inc., mit freundlicher Genehmigung von Mark Levoy, Stanford University

Abbildung 4.28: aus [80], Bild 6, 13, 14, 15, © 2000 ACM, Inc., mit freundlicher Genehmigung von Mark Levoy, Stanford University

Abbildung 4.29: aus [35], Bild 14, © 2001 ACM, Inc., mit freundlicher Genehmigung von Aaron Hertzmann, University of Toronto, Originalfoto von John Shaw: *Painting Nature in Watercolor*, S. 286, Watson-Guptill Publications, 1990

Abbildung 4.30: aus [23], Bild 1, 2 © 2003 ACM, Inc., mit freundlicher Genehmigung von Daniel Cohen-Or, Tel Aviv University

Abbildung 4.31: aus [23], Bild 11, © 2003 ACM, Inc., mit freundlicher Genehmigung von Daniel Cohen-Or, Tel Aviv University

Abbildung 4.35: Mit freundlicher Genehmigung von Michael Cohen, Microsoft Research, Redmond

Abbildung 4.36: Mit freundlicher Genehmigung von Michael Cohen, Microsoft Research, Redmond

Abbildung 4.37: aus [2], ähnlich Bild 12, © 2004 ACM, Inc., mit freundlicher Genehmigung von Aseem Agarwala, Adobe Research, Seattle

Abbildung 4.38: aus [63], Bild 1, © 2004 ACM, Inc., mit freundlicher Genehmigung von Georg Petschnigg, Microsoft Research, Redmond

Abbildung 4.39: aus [51], Bild 1, 2 © 2003 ACM, Inc., mit freundlicher Genehmigung von Daniel Cohen-Or, Tel Aviv University

Abbildung 5.1: mit freundlicher Genehmigung von Alex Sharovsky

Abbildung 5.2: mit freundlicher Genehmigung von Alex Sharovsky

Abbildung 5.3: mit freundlicher Genehmigung von Marek Denko

Abbildung 5.8: mit freundlicher Genehmigung von Marek Denko

Abbildung 5.9: Mit freundlicher Genehmigung von Jan Walter Schliepp, Greenworks Organic Software

Abbildung 5.12: Marc Levoy, The digital michelangelo project [50] sowie Szymon Rusinkiewicz und Marc Levoy [68] © 2000 ACM, Inc. mit freundlicher Genehmigung von Mark Levoy, Stanford University

Abbildung 5.15: mit freundlicher Genehmigung von Paul Debevec; University of California Los Angeles

Abbildung 5.16: aus [19], Bild 2, © 1996 ACM, Inc., mit freundlicher Genehmigung von Paul Debevec, University of California Los Angeles

Abbildung 5.17: mit freundlicher Genehmigung von Mark Levoy, Stanford University

Abbildung 5.18: mit freundlicher Genehmigung von Mark Levoy, Stanford University

Abbildung 5.19: Abbildungen aus dem Film *Matrix*, Warner Brothers, © akg-images.

Abbildung 5.20: aus [84], © 2005, IEEE, Inc., mit freundlicher Genehmigung von L. Zhang

Abbildung 5.21: aus [61], © 2004 ACM, Inc., Ko Nishino und Shree Nayar, Stony Brook University, New York; unten: Originalbilder aus *Amelie*, © 2001 Miramax Film Corp., sowie *Ein Herz und eine Krone*, © 1953 Paramount Pictures

Abbildung 5.22: mit freundlicher Genehmigung von Paul Debevec, University of California Los Angeles

Abbildung 5.23: aus [81], Bild 9, © 2005 ACM, Inc., mit freundlicher Genehmigung von Paul Debevec, University of California Los Angeles

Abbildung 5.24: aus [43], © 2005 ACM, Inc., mit freundlicher Genehmigung von Erik Reinhard, Universität Bristol

Abbildung 5.26: aus [12], Bild 6, © 1997 ACM, Inc., mit freundlicher Genehmigung von Christoph Bregler, New York University

Abbildung 5.27: aus [3], Bild 1, 6, © 2005 ACM, Inc., mit freundlicher Genehmigung von Aseem Agarwala, Adobe Research, Seattle

Abbildung 6.1: *Südkurier*, 14. Mai 2006

Abbildung 6.5: nach [73], Bild 6.7

Abbildung 6.7: mit freundlicher Genehmigung von Daniel Keim und Hartmut Ziegler, Universität Konstanz, siehe auch [42], © IEEE, Inc.

Abbildung 6.9: aus [9], Originalquelle Bild a: Statistisches Bundesamt; b: BMVg

Abbildung 6.15: Statistisches Bundesamt, Jahresbericht 2004

Abbildung 6.16: ähnlich zu Statistisches Bundesamt, Jahresbericht 2004

Abbildung 6.18: aus [73], Bild 5.22, mit freundlicher Genehmigung von Heidrun Schumann, Universität Rostock

Abbildung 6.19: Farben aus www.colorbrewer.org von Cynthia A. Brewer, Geography, Pennsylvania State University

Abbildung 6.20: links: *Washington Post*, 25. Oktober 1978; rechts: *Time*, 9. April 1979

Abbildung 6.21: www.seedmagazin.com vom 5. Juli 2006, State of the planet

Abbildung 6.22: www.seedmagazin.com vom 5. Juli 2006, State of the planet

Abbildung 6.24: mit freundlicher Genehmigung von Alex McPherson, University of Carlifornia, Irvine

Abbildung 6.25: NASA, Radiostrahlung: NASA/CXC/SAO; Optisch: NASA/STScI; Infrarot: NASA/JPL-Caltech

Abbildung 7.2: *Star Magazine*, 16. Januar 2006

Abbildung 7.3: aus [38], Originalquellen: Corbis, http://pro.corbis.com

Abbildung 8.1: Robert Doisneau, aus [71], S. 103

Abbildung 8.2: © The Associated Press / Eddie Adams, aus [71], S. 73

Abbildung 8.3: © Rheinisches Bildarchiv Köln, Robert Capa, *Life Magazin*, aus [71], S. 105

Abbildung 8.4: links: Fernsehsendung 1994, Quelle www.spiegel.de; rechts: *Bild* Januar 2001, Quelle www.spiegel.de

Abbildung 8.5: links: www.campariredpassion.it; rechts: www.ad-award.com

Abbildung 8.6: links: Museum Koblenz, www.mittelrhein-museum.de; mitte: © Lo Scarabeo Edizioni d'Arte, www.loscarabeo.com; rechts: © The Associated Press.

Abbildung 8.7: alle: © akg-images

Literatur

[1] *Website der Firma 3dMD*. http://www.3dmd.com, 2006.

[2] A. Agarwala, M. Dontcheva, M. Agrawala, S. Drucker, A. Colburn, B. Curless, D. Salesin und M. Cohen. *Interactive Digital Photomontage*. ACM Transactions on Graphics, 23(3):294–302, August 2004.

[3] A. Agarwala, K. Zheng, C. Pal, M. Agrawala, M. Cohen, B. Curless, D. Salesin und R. Szeliski. *Panoramic Video Textures*. ACM Transactions on Graphics, 24(3):821–827, August 2005.

[4] K. Ahrens und G. Handlögten. *Echtes Geld für falsche Kunst*. Maulwurf Verlag, Remchingen, www.kunst-faelschung.de, 1992.

[5] H. Albrecht und C. Stolze. *Serie Volkskrankheiten: Depression, Fehlalarm im Mandelkern*. Die Zeit, 29. Dezember, 2005.

[6] J. Anderson. *Kognitive Psychologie*. Spektrum Akademischer Verlag, 2001.

[7] A. Barry. *Visual Intelligence - Perception, Image and Manipulation in Visual Communication*. State University of New York Press, 1997.

[8] I. Biederman. *Recognition-by-components: A Theory of Human Image Understanding*. Psychological Review, (94):115–147, 1987.

[9] N. Bissantz. *So lügt man mit Grafiken*. Bissantz & Company, Nürnberg, 2002.

[10] R. Braden und J. Hortin. *Television and Visual Literacy*, Kapitel Identifying the theoretical foundations of visual literacy. International Visual Literacy Association, 1982.

[11] C. Braun, M. Gruendl und C. Marberger und C. Scherber. *Beautycheck - Ursachen und Folgen von Attraktivität*. http://www.beautycheck.de/english/bericht/bericht.htm, 2001.

[12] C. Bregler, M. Covell und M. Slaney. *Video Rewrite: Driving Visual Speech with Audio*. In: Proceedings of SIGGRAPH 97, S. 353–360.

[13] V. Bruce, P. Green und M. Georgeson. *Visual Perception*. Psychology Press, 2003.

[14] J. Campbell. *The Power of Myth*. Anchor, 1991.

[15] H. Chernoff. *Use of Faces to Represent Points in K-dimensional Space Graphically*. Journal of the American Statistical Assoiation, 68:361–368, 1973.

[16] Yung-Yu Chuang, Aseem Agarwala, Brian Curless, David H. Salesin und Richard Szeliski. *Video Matting of Complex Scenes*. ACM Transactions on Graphics, 21(3):243–248, July 2002.

[17] M. Cohen und R. Szeliski. *The Moment Camera*. IEEE Computer, 39(8):40–45, August 2006.

[18] W. Davies. *Egyptian Hieroglyphes*. Berkely: University of California Press/British Museum, 1987.

[19] P. Debevec, C. Taylor und J. Malik. *Modeling and Rendering Architecture from Photographs: A Hybrid Geometry- and Image-Based Approach.* In: Proceedings of SIGGRAPH 96, Computer Graphics Proceedings, Annual Conference Series, S. 11–20, August 1996.

[20] Stiftung Haus der Geschichte. *Bilder, die lügen - Begleitbuch zur Ausstellung.* Verlag der Stiftung Haus der Geschichte, 1999.

[21] O. Deussen und B. Lintermann. *Digital desing of Nature - Computer Generated Plants and Organics.* Springer-Verlag, 2005.

[22] C. Doelker. *Ein Bild ist mehr als ein Bild. Visuelle Kompetenz in der Multimedia-Gesellschaft.* Klett-Cotta, 1997.

[23] I. Drori, D. Cohen-Or und H. Yeshurun. *Fragment-Based Image Completion.* ACM Transactions on Graphics, 22(3):303–312, July 2003.

[24] A. Efros und W. Freeman. *Image Quilting for Texture Synthesis.* In: SIGGRAPH 2001 Conf. Proc., S. 341–346.

[25] A. Efros und T. Leung. *Texture Synthesis by Non-parametric Sampling.* In: IEEE International Conference on Computer Vision, S. 1033–1038, Corfu, Greece, September 1999.

[26] L. Evans. *The New Complete Illustration Guide: The Ultimate Trace File for Architects, Designers, Artists, and Students.* Van Nostrand Reinhold, 1996.

[27] M. Eysenck und M. Keane. *Cognitive Psychology.* Psychology Press, 2000.

[28] B. Fink, K. Grammer und P. Kappeler. *Zum Verlieben Schön.* Spektrum der Wissenschaft, (11):28–35, November 2006.

[29] A. Gershun. *The Light Field.* Translated by P. Moon and G. Timoshenko in the Journal of Mathematics and Physics, 18:51–151, 1939.

[30] A. Glassner. *Principles of Digital Image Synthesis.* Morgan Kaufmann, 1995.

[31] E. Goldstein. *Wahrnehmungspsychologie.* Spektrum Akademischer Verlag, 2002.

[32] Greenworks. *Xfrog Modelling Software.* http://www. xfrog.com.

[33] D. Grossman. *On Killing: The Psychological Cost of Learning to Kill in War and Society.* Back Bay Books, 1996.

[34] E. Hebborn. *Der Kunstfälscher.* Dumont, 2003.

[35] A. Hertzmann, C. Jacobs, N. Oliver, B. Curless und D. Salesin. *Image Analogies.* In: Proceedings of ACM SIGGRAPH 2001, S. 327–340.

[36] D. Huff. *How to Lie with Statistics.* Norton, 1993.

[37] A. Jaubert. *Photos, die lügen: Politik mit gefälschten Bildern.* Athenäum Verlag, Frankfurt, 1989.

[38] M.K. Johnson und H. Farid. *Exposing Digital Forgeries by Detecting Inconsistencies in Lighting.* In: ACM Multimedia and Security Workshop, New York, NY, 2005.

[39] M.K. Johnson und H. Farid. *Exposing Digital Forgeries Through Chromatic Aberration.* In: ACM Multimedia and Security Workshop, Geneva, Switzerland, 2006.

[40] C.G. Jung. *Archetypen.* DTV, 1990.

[41] J. Kajiya. *The Rendering Equation.* In: SIGGRAPH 1986 Conf. Proc., S. 143–150.

[42] D. A. Keim, T. Nietzschmann, N. Schelwies, J. Schneidewind, T. Schreck und H. Ziegler. *A Spectral Visualization System for Analyzing Financial Time Series Data*. In: EuroVis 2006: Eurographics/IEEE-VGTC Symposium on Visualization, 2006.

[43] E. Khan, E. Reinhard, R. Fleming und H. Buelthoff. *Image-based Material Editing*. ACM Transactions on Graphics, 25(3), 2006.

[44] D. King. *Stalins Retuschen: Foto- und Kunstmanipulation in der Sowjetunion*. Hambuger Edition, 1997.

[45] W. Krämer. *So überzeugt man mit Statistik*. Campus Verlag, 1994.

[46] W. Krämer. *So lügt man mit Statistik*. Campus Verlag, 1997.

[47] V. Kwatra, A. Schödl, I. Essa, G. Turk und A. Bobick. *GraphCut Textures: Image and Video Synthesis Using Graph Cuts*. ACM Transactions on Graphics, 22(3):277–286, July 2003.

[48] J. Langlois und L. Roggman. *Attractive Faces are Only Average*. Psychological Science, 1990.

[49] J. LeDoux. *Sensory Systems and Emotion*. Integrative Psychology, 4:237–248, 1986.

[50] M. Levoy. *The Digital Michelangelo Project*. http://www.digital-michelangelo.org.

[51] T. Leyvand, D. Cohen-Or, G. Dror und D. Lischinski. *Digital Face Beautification*. SIGGRAPH 2006 technical sketch, 2006.

[52] Yin Li, Jian Sun und Heung-Yeung Shum. *Video Object Cut and Paste*. ACM Transactions on Graphics, 24(3):595–600, August 2005.

[53] S. Lyu und H. Farid. *How Realistic is Photorealistic?* IEEE Transactions on Signal Processing, 53(2):845–850, 2005.

[54] C. Maar und H. Burda, Hrsg. *Iconic Turn. Die neue Macht der Bilder.* DuMont, 2004.

[55] D. Marr. *Vision*. New York Freeman, 1982.

[56] E. McGinnies. *Emotionality and Perceptual Defense*. Psychological Review, (56):244–251, 1949.

[57] M. McLuhan. *Understanding Media*. Signet, 1964.

[58] M. Mendelssohn. *Schriften über Religion und Aufklärung*, Kapitel Jerusalem oder über religiöse Macht und Judentum. 1989.

[59] A. Milner und M. Goodale. *The Visual Brain in Action*. Oxford University Press, 1995.

[60] A. Nemcsics. *The Coloroid Color Order System*. Color Research and Application, (5):113–120, 1980.

[61] Ko Nishino und Shree K. Nayar. *Eyes for Relighting*. ACM Transactions on Graphics, 23(3):704–711, August 2004.

[62] P. Pérez, M. Gangnet und A. Blake. *Poisson Image Editing*. ACM Transactions on Graphics, 22(3):313–318, July 2003.

[63] G. Petschnigg, R. Szeliski, M. Agrawala, M. Cohen, H. Hoppe und K. Toyama. *Digital Photography with Flash and No-Flash Image Pairs*. ACM Transactions on Graphics, 23(3):664–672, August 2004.

[64] A.C. Popescu und H. Farid. *Exposing Digital Forgeries by Detecting Duplicated Image Regions*. Interner Bericht TR2004-515, Department of Computer Science, Dartmouth College, 2004.

[65] A.C. Popescu und H. Farid. *Exposing Digital Forgeries by Detecting Traces of Re-sampling*. IEEE Transactions on Signal Processing, 53(2):758–767, 2005.

[66] Deutscher Presserat. *Publizistische Grundsätze*. www.presserat.de, 2004.

[67] U. Pörksen. *Weltmarkt der Bilder. Eine Philosophie der Visiotype*. Klett-Cotta, 2006.

[68] S. Rusinkiewicz und M. Levoy. *QSplat: A Mulitresolution Point Rendering System for Large Meshes*. In: SIGGRAPH 2000 Conf. Proc., S. 343–352.

[69] K. Sachs-Hombach. *Das Bild als kommunikatives Medium. Elemente einer allgemeinen Bildwissenschaft*. Halem, 2006.

[70] O. Sacks. *Der Mann, der seine Frau mit einem Hut verwechselte*. Rowohlt, 1998.

[71] S. Schneider. *Wirklich wahr! Realitätsversprechen von Fotografien*. Hatje Cantz Verlag, 2004.

[72] A. Schreitmueller. *Alle Bilder lügen - Foto, Film, Fernsehen, Fälschung*. UVK Universitätsverlag Konstanz GmbH, 2005.

[73] H. Schumann und W. Müller. *Visualisierung. Grundlagen und allgemeine Methoden*. Springer, 2000.

[74] M. Spitzer. *Vorsicht Bildschirm*. Klett-Verlag, 2005.

[75] J. Sun, J. Jia, C. Tang und H. Shum. *Poisson Matting*. ACM Transactions on Graphics, 23(3), 2004.

[76] M. Tarr und I. Gauthier. *FFA: A Flexible Fusiform Area for Subordinate-Level Visual Processing Automatized by Expertise*. Nature Neuroscience, 3(8):764–769, 2000.

[77] E. Tufte. *The Visual Display of Quantitative Information*. Graphics Press, PO Box 430, Cheshire, Conneticut 06410, 1983, www.edwardtufte.com.

[78] W. Wang und H. Farid. *Exposing Digital Forgeries in Video by Detecting Double MPEG Compression*. In: ACM Multimedia and Security Workshop, Geneva, Switzerland, 2006.

[79] A. Watt und M. Watt. *3D Computer Graphics*. Addison-Wesley, 1992.

[80] L-Y. Wei und M. Levoy. *Fast Texture Synthesis using Tree-structured Vector Quantization*. In: Proceedings of SIGGRAPH 2000, S. 479–488.

[81] A. Wenger, A. Gardner, C. Tchou, J. Unger, T. Hawkins und P. Debevec. *Performance Relighting and Reflectance Transformation with Time-Multiplexed Illumination*. ACM Transactions on Graphics, 24(3):756–764, August 2005.

[82] R. White. *Visual Thinking in the Ice Age*. Scientific American, S. 92–99, 1989.

[83] R. Zajonc. *The Interaction of Affect and Cognition in Approaches of Emotion*. American Psychologist, 37:1019–1024, 1982.

[84] L. Zhang, Y. Wang, Sen Wang und D. Samaras. *Image-Driven Re-targeting and Relighting of Facial Expressions*. In: Computer Graphics International. IEEE, 2005.

Index

Y

Z